HZ BOOKS

华章图书

一本打开的书，
一扇开启的门，
通向科学殿堂的阶梯，
托起一流人才的基石。

U0178433

智能系统与技术丛书

Deep Learning
Convolutional Neural Network
Technology and Practice

深度学习
卷积神经网络技术与实践

高敬鹏 著

机械工业出版社
China Machine Press

图书在版编目（CIP）数据

深度学习：卷积神经网络技术与实践 / 高敬鹏著 . —北京：机械工业出版社，2020.6
（智能系统与技术丛书）

ISBN 978-7-111-65737-8

I. 深… II. 高… III. 机器学习 IV. TP181

中国版本图书馆 CIP 数据核字（2020）第 096652 号

深度学习：卷积神经网络技术与实践

出版发行：机械工业出版社（北京市西城区百万庄大街 22 号　邮政编码：100037）

责任编辑：陈佳媛　　　　　　　　　　　　　　责任校对：李秋荣

印　　刷：北京文昌阁彩色印刷有限责任公司　　版　　次：2020 年 7 月第 1 版第 1 次印刷

开　　本：186mm×240mm　1/16　　　　　　　印　　张：18

书　　号：ISBN 978-7-111-65737-8　　　　　　定　　价：79.00 元

客服热情：（010）88361066　88379833　68326294　　投稿热线：（010）88379604

华章网站：www.hzbook.com　　　　　　　　　　读者信箱：hzit@hzbook.com

Preface **前　言**

深度学习是人工智能领域中较为热门的一种机器学习技术。人工智能领域主要研究如何让机器完成通常利用人类智能才能完成的复杂工作，这是一个对人的意识、思维进行模拟和学习的过程。深度学习模仿人类神经网络的工作方式，广泛应用于图像识别、语音识别、自然语言处理等多个领域。常见的人工神经网络（Artificial Neural Network，ANN）有多层感知器（MultiLayer Perceptron，MLP）、卷积神经网络（Convolutional Neural Network，CNN）和循环神经网络（Recurrent Neural Network，RNN）等。

本书在 Windows 系统下，通过 Anaconda 搭建虚拟环境，以 TensorFlow 为框架，使用Python 语言，详细阐述了深度学习、强化学习与深度强化学习的实现方法。本书共 11 章，主要内容包括深度学习简介、Python 基础、神经网络基础、卷积神经网络、经典卷积网络结构、迁移学习、循环神经网络、强化学习、深度强化学习、基于策略的算法更新与趋势等，通过具体案例，将 Python 语言、深度学习思想、强化学习思想和实际工程完美地结合起来。

为了使初学者提高对人工智能的兴趣，并在短时间内掌握深度学习与强化学习的要点，作者在编写过程中注重内容的选择，使本书具有以下特点。

- ❑ **由浅入深，循序渐进**：在内容编排上遵循由浅入深、由易到难的原则，将基础知识与大量实例相结合，边学边练。
- ❑ **实例丰富，涉及面广**：提供了丰富的 Python 程序设计实例，内容涉及深度学习与强化学习等。
- ❑ **兼顾原理，注重实用**：精简理论内容，在介绍深度学习与强化学习理论知识的同时，更注重实际应用。

本书由哈尔滨工程大学的高敬鹏撰写，其中第 3~8 章和第 9~11 章的程序调试分别由哈尔滨工程大学的王旭和王晨悦完成。此外，为本书撰写工作提供帮助的还有宋一兵、管殿柱等，在此对他们表示衷心的感谢。

感谢读者选择了本书，希望本书对读者的工作和学习有所帮助。由于作者水平和经验有限，书中疏漏之处在所难免，敬请读者指正。我的电子邮箱是：heu_tongxin@163.com。

高敬鹏

2020 年 1 月于哈尔滨工程大学

Contents 目　　录

第 1 章 *Chapter 1*

深度学习简介

1.1 机器学习与深度学习

1. 机器学习

早在 20 世纪 50 年代，人们首次提出了人工智能（Artificial Intelligence，AI）。人工智能领域主要研究如何让机器完成通常由人类智能才能完成的复杂工作，这是一个对人的意识和思维进行模拟和学习的过程。

机器学习是人工智能的一个分支，它使用大量的数据通过算法进行训练进而得到相应的模型。当出现新的数据时，可通过训练完毕的模型对新数据进行预测。机器学习又可分为 3 类：有监督学习（Supervised Learning）、无监督学习（Unsupervised Learning）和强化学习（Reinforcement Learning）。

- ❑ 有监督学习：对于所有的训练样本，每个样本的标签都是人为标注的，即所有样本标签都是已知的。通过这些已知标签的样本去训练模型，将输入映射为相应的输出，使得模型拥有对训练样本识别分类的能力。有监督学习可分为统计分析与回归分析，其中统计分析又可分为二分类问题和多分类问题。
- ❑ 无监督学习：对于所有的训练样本，每个样本的标签都是未知的。对于需要训练的模型来说，只能根据样本间的相似性，将相似性高的样本分成一类，而无法进一步预测到底是哪一类别。
- ❑ 强化学习：强化学习强调如何基于环境而行动，以取得最大化的预期利益。强化学习能够让智能机器人在未知的环境中进行自我决策，并且这个决策过程不是间断性的，而是可以长期做出连续性的决策。也就是说只要涉及智能决策的问题，并且在符合强化学习的规则的情况下都可以应用。智能决策也就是在环境中连续不断地做出决策。在实际生活中，强化学习多应用于游戏博弈，最受瞩目的就是在围棋比赛中的 AlphaGO。在比赛前期它通过不断自我博弈、与他人博弈的强化学习，最终在与人类的对决中胜出。

2. 深度学习

深度学习模仿人类神经网络的工作方式，广泛应用于图像识别、语音识别、自然语言处理等多个领域。深度学习作为机器学习的一个分支，同样可以广泛应用于机器学习，如有监督学习、无监督学习和强化学习。目前，深度学习主要通过搭建神经网络架构的方式来实现，常用的神经网络有深度神经网络（Deep Neural Network，DNN）、卷积神经网络（Convolutional Neural Network，CNN）和循环神经网络（Recurrent Neural Network，RNN）。神经网络搭建完成后，通过大量的样本对该神经网络进行训练，在训练的过程中不断优化网络层中的超参数，训练结束后便可得到神经网络模型，用该网络模型便可对新的样本进行预测。

1.2 TensorFlow 概述

目前深度学习主要通过搭建神经网络架构的方式来实现。在深度学习中，数据的运算都是以张量（矩阵）形式来完成的，进而通过张量的运算来模拟神经网络。由 Google 公司开发的 TensorFlow 可以让张量运算达到最高性能。TensorFlow 是 Google 的开源机器学习库，主要用于机器学习、深度学习等方面的研究。TensorFlow 的通用性也可以使其应用于其他领域。

TensorFlow 拥有非常强大与灵活的功能，包括：

❏ TensorFlow 在 CPU、GPU 和 TPU 中都可执行。

❏ 在不修改代码的前提下，TensorFlow 可以在不同平台上执行，如 Windows、Linux、Android、iOS 和 Raspberry Pi 等。

❏ TensorFlow 具备分布式计算能力，可同时在数百台计算机上训练神经网络模型，大大缩短模型训练时间。

❏ 对于 TensorFlow 的执行语言来说，Python 的支持是最好的，也可以选择 C++ 等语言。关于 Python 的详细内容将在第 2 章中介绍。

❏ TensorFlow 在实现深度学习时，可以自行设计各种深度网络，较为灵活，但随之而来的是需要花更多的时间编写更多的程序。还可以选择以 TensorFlow 开发的高级

API，较为常用的高级 API 有 Keras。本书将主要以 Keras 实现深度学习，还可以选择 TF-Learn、TF-Slim 等 API。

关于 TensorFlow 编程的详细内容将在第 10 章中介绍。

1.3 环境搭建

Anaconda 是 Python 的一个开源发行版本，其包含了 conda、Python 等 180 多个科学包及其依赖项。本节将介绍如何在 Windows 系统下安装 Anaconda，如何在 Anaconda 虚拟环境下搭建 TensorFlow 与 Keras，以及一些常用编辑器的安装方法。

1.3.1 在 Windows 系统下安装 Anaconda

Anaconda 可以从其官网（https://www.anaconda.com/）下载并安装。由于 TensorFlow 需要 64 位的 Python 作为支持，所以在官网中需要选择 Windows 系统下的 64 位的 Python 3.7 版本的安装包进行下载。

安装包下载完成后，在相应文件夹中双击 .exe 文件，出现如图 1-1 所示 Anaconda 安装界面。

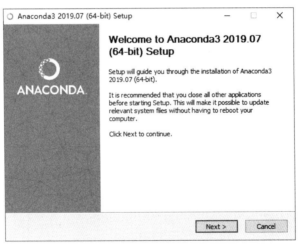

图 1-1 Anaconda 安装界面

单击 Next，出现如图 1-2 所示许可协议界面，

单击 I Agree 按钮，出现如图 1-3 所示选择安装类型界面。

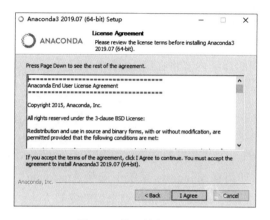

图 1-2　许可协议界面

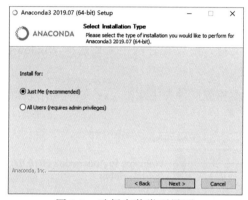

图 1-3　选择安装类型界面

选择两个单选项之一，然后单击 Next 按钮，出现如图 1-4 所示选择安装地址界面。

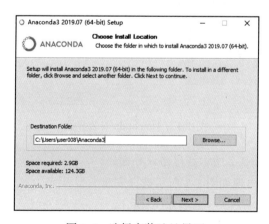

图 1-4　选择安装地址界面

安装地址默认为 C 盘的用户目录，也可以自行选择。单击 Next 按钮出现如图 1-5 所示高级安装选项界面。

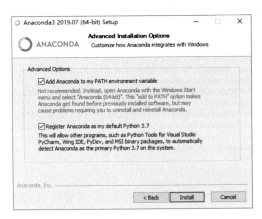

图 1-5 高级安装选项界面

勾选"Add Anaconda to my PATH environment variable（将 Anaconda 添加到我的路径环境变量）"，这一选项默认将用户变量直接添加上了，后续不用再添加。勾选"Register Anaconda as my default Python 3.7（将 Anaconda 注册为默认的 Python 3.7）。最后单击 Install 按钮进行安装，出现如图 1-6 所示安装界面。

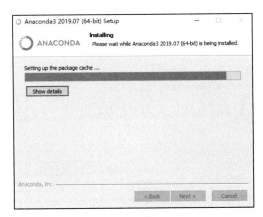

图 1-6 安装界面

安装完成后的界面如图 1-7 所示。

安装完成后，单击 Next 按钮，出现如图 1-8 所示 Anaconda3 2019.07（64-bit）Setup 界面。

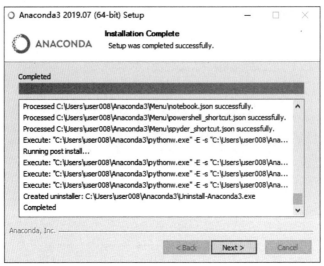

图 1-7　安装完成界面

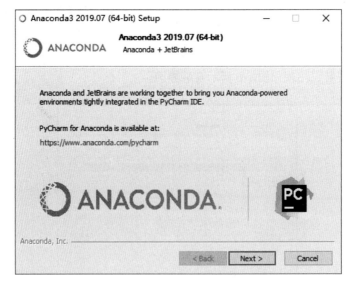

图 1-8　Anaconda3 2019.07（64-bit）Setup 界面

单击 Next 按钮，出现如图 1-9 所示安装结束界面。单击 Finish 按钮完成安装。

1.3.2　在 Anaconda 下安装 TensorFlow 与 Keras

Anaconda 安装完成后，可进一步安装 TensorFlow 与 Keras。运行 Anaconda Prompt，出现命令提示符窗口，如图 1-10 所示。

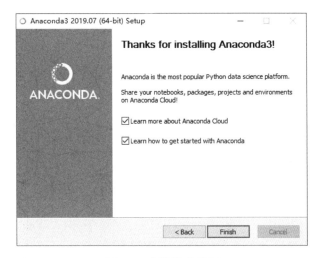

图 1-9　安装结束界面

图 1-10　命令提示符窗口

安装 TensorFlow 需要在命令提示符窗口中输入以下命令：

```
pip install tensorflow
```

TensorFlow 安装界面如图 1-11 所示。等待安装结束即可。

安装 Keras 需要在命令提示符窗口中输入以下命令：

```
pip install keras
```

Keras 安装界面如图 1-12 所示。

图 1-11　TensorFlow 安装界面

图 1-12　Keras 安装界面

1.3.3　Spyder 编辑器

在使用 Python 实现深度学习时，Anaconda 中有多个编辑器可供选择，例如 Jupyter Notebook、Spyder 等。本书选择 Spyder 为编辑器，Spyder 与其他编辑器相比最大的特点是可以较为方便地观察和修改数组的值。Spyder 编辑器的界面如图 1-13 所示。默认主界面由 3 个窗格构成，分别为 Editor（编辑器）、Variable explorer（变量管理器）和 console（控制台）。用户可在菜单 View 中设置是否显示这些窗格。

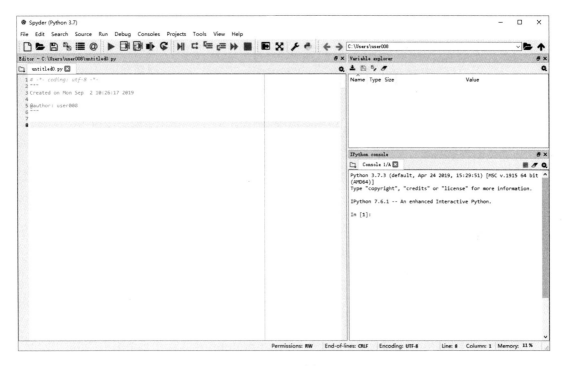

图 1-13 Spyder 编辑器界面

Editor（编辑器）用于编写代码，例如打印"python"，编辑器界面如图 1-14 所示。代码如下：

```
print('python')
```

图 1-14 编辑器界面

console（控制台）界面如图 1-15 所示。该窗口可用来评估代码，查看运行结果。图 1-15 中所显示的运行结果即为上述代码（打印"python"）的运行结果。

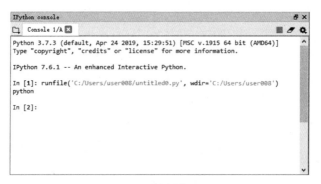

图 1-15　控制台界面

　　Variable explorer（变量管理器）界面如图 1-16 所示。在该窗口中，Spyder 可模仿 MATLAB 的"工作空间"的功能，可以很方便地观察和修改数组的值。

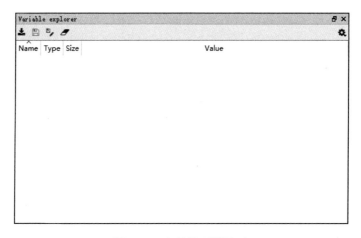

图 1-16　变量管理器界面

第 2 章 *Chapter 2*

Python 基础

Python 是一种面向对象、解释型的高级程序设计语言，其语法十分简洁、清晰，能够使初学者尽快从语法规则中走出来，从而更加注重解决问题方法的研究。Python 语言具有大量优秀的第三方函数模块，能够满足绝大多数应用领域的开发需求。目前，基于 Python 的相关技术正在飞速发展，用户的数量也在急速增长。

2.1 数据类型

根据数据所描述的信息，可以将数据分为不同的类型，称为数据类型。对于一种高级程序设计语言而言，它的数据类型都明显或隐含地规定了程序执行期间一个变量或一个表达式的取值范围和在这些值上所允许的操作。

Python 语言提供了一些内置的数据类型，在程序中可以直接使用。Python 的数据类型一般包括数值型、布尔型、字符串型等最基本的数据类型，这也是一般的编程语言都有的数据类型。此外，Python 还有列表、元组、字典和集合等特殊的复合数据类型，这也是 Python 的特色。

2.1.1 数值类型

数值类型一般用来存储程序中的数值。Python 支持 3 种不同的数值类型，分别是整型（int）、浮点型（float）和复数型（complex）。

1. 整型

整型就是我们常说的整数，没有小数点，但是可以有正负号。在 Python 中，可以对整型数据进行加（+）、减（−）、乘（*）、除（/）、乘方（**）操作。例如：

```
>>>2 + 3
5
>>>5 - 3
2
>>>2 * 3
6
>>>6 / 2
3
>>>2 ** 3
8
```

另外，Python 中还支持运算次序，因此可以在同一个表达式中使用多种运算，还可以使用括号来修改运算次序。如下所示：

```
>>>(2 + 3) * 2
10
>>>2 + 3 * 2
8
```

注意：在 Python 2.x 版本中有 int 型和 long 型之分。其中，int 表示的范围为 -2^{31} ～ $2^{31}-1$，而 long 型则没有范围限制。在 Python 3.x 中，只有一种整数类型，范围没有限制。

2. 浮点型

Python 将带小数点的数字都称为浮点数。大多数编程语言都使用了这个术语，它可以用来表示一个实数，通常可以分为十进制小数形式和指数形式。相信大家对于 5.32 这种十进制小数形式都了解。指数形式的浮点数以字母 e 或者（E）来表示以 10 为底的小数，e 之前为整数部分，之后为指数部分，而且两部分必须同时存在。例如：

```
>>>65e-5
0.00065
>>>6.6e3
660.0
```

对于浮点数来说，Python 3.x 提供了 17 位有效数字精度。

另外，请注意：上述例子的结果所包含的小数位数是不确定的。例如：

```
>>>5.01 *10
50.000999999999998
```

这种问题在所有的编程语言中都有所体现，虽说 Python 会尽可能地找到一种精确的表示方法，但是由于计算机内部表示数字方式的特殊性，在一些情况下很难做到。但是这并不影响我们的计算。

3. 复数型

在科学计算中经常会遇到复数型的数据，鉴于此，Python 提供了运算方便的复数类型。对于复数类型的数据来说，其一般的形式是 a+bj，其中 a 为实部，b 为虚部，j 为虚数单位。例如：

```
>>>x = 5 + 8j
>>>print(x)
(5+8j)
```

在 Python 中，可以通过 .real 和 .imag 来查看复数的实部和虚部，其结果为浮点型。例如：

```
>>>x.real
5.0
>>>x.imag
8.0
```

2.1.2　字符串类型

在 Python 中可以使用单引号、双引号、三引号来定义字符串，这为输入文本提供了很大的方便。基本操作如下：

```
>>>str1 = "hello Python"
>> print(srt1)
Hello Python
>>>print(str1[1])              # 输出字符串str1的第2个字符
e
>>>str2 = "I'm 'LiHua'"    # 在双引号的字符串中可以使用单引号表示特殊意义的词
>>>print(str2)
I'm 'LiHua'
```

在 Python 中，使用单引号或者双引号表示的字符串必须在同一行表示，而三引号表示的字符串可以用多行表示，这种情况多用于注释。例如：

```
>>>str3 = """hello
Python!"""
"""三引号
多行注释
"""
>>>print(srt3)
Hello Python!
```

在 Python 中，不可以对已经定义的字符串进行修改，只能重新定义字符串。

2.1.3　布尔类型

布尔类型（bool）的数据用于描述逻辑运算的结果，只有 True（真）和 False（假）两种取值。在 Python 中，一般用在程序中表示条件，满足为 True，反之为 False。例如：

```
>>>a = 100
>>> a < 99
False
>>>a > 99
True
```

2.2 变量与常量

计算机中的变量类似于一个存储东西的盒子。我们在定义了一个变量后，可以将程序中表达式所计算的值放入这个"盒子"中，就是将其保存到一个变量中。而在程序运行的过程中不能改变的数据对象称为常量。

在 Python 中使用变量要遵循一定的规则，否则程序会报错。其基本的规则如下：

1）变量名只包含字母、数字和下划线。变量名可以字母或下划线打头，但不能以数字打头。例如，可将变量命名为 singal_2，但不能将其命名为 2_singal。

2）变量名中不包含空格，但可使用下划线来分隔其中的单词。例如，变量名 open_cl 可行，但变量名 open cl 会引发错误。

3）变量名应既简短又具有描述性。例如，name、age、number 等变量名简短又易懂。

4）不要将 Python 的关键字和函数名用作变量名。例如，break、if、for 等为 Python 的关键字。

2.3 运算符

在 Python 中，运算符用于表达式中对一个或多个操作数进行计算并且返回结果。一般可以分为两类：算术运算符和逻辑运算符。

2.3.1 运算符概述

Python 中，如正负号运算符"+"和"-"接受一个操作数，可以称为一元运算符。而接受两个操作数的运算符可以称为二元运算符，如"*"和"/"等。

如果在计算过程中包含多个运算符，其计算的顺序需要根据运算符的结合顺序和优先级而定。优先级高的先运算，同级的则按照结合顺序从左到右依次计算。例如：

```
>>>10 + 2 *3
16                      # 计算顺序为先乘法，后加法
>>>(10 + 2) * 3
36                      # 计算顺序为先加法，后乘法
```

注意：赋值运算符为左右结合运算符，所以其计算顺序为从右往左计算。

2.3.2　运算符优先级

Python 语言定义了很多运算符，其优先级按从低到高的顺序排列如表 2-1 所示。

表 2-1　Python 运算符优先级

运算符	描　　述
or	布尔"或"
and	布尔"与"
not	布尔"非"
in, not in	成员测试
is, is not	同一性测试
<, <=, >, >=, !=, ==	比较
|	按位或
^	按位异或
&	按位与
<<, >>	移位
+, -	加法与减法
*, /, %, //	乘法、除法、取余、整数除法
~x	按位反转
**	指数 / 幂

2.4　选择与循环

在 Python 中，选择与循环都是比较重要的控制流语句。选择结构可以根据给定的条件是否满足来决定程序的执行路线，这种执行结构在求解实际问题时被大量使用。根据程序执行路线的不同，选择结构又可以分为单分支、双分支和多分支 3 种类型。要实现选择结构，就要解决条件表示问题和结构实现问题。而循环结构也是类似的，需要有循环的条件和循环所执行的程序即循环体两个方面。

2.4.1　if 语句

最常见的控制流语句是 if 语句。if 语句的子句将在语句的条件为 True 时执行；如果条件为 False，子句将跳过。

1. if 单分支结构

在 Python 中 if 语句可以实现单分支结构，其一般的格式为：

```
if 表达式（条件）:
    语句块（子句）
```

其执行过程如图 2-1 所示。

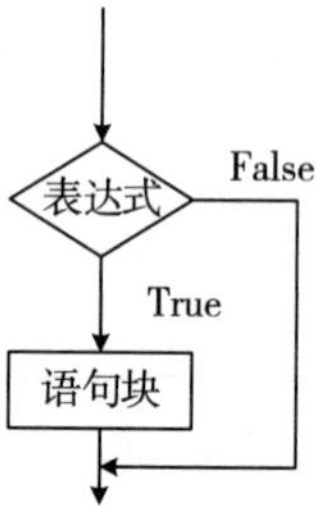

例如：判断一个人的名字是否为"xiaoming"。

```
>>>if name == "xiaoming":
>>>    print ("he is xiaoming")
```

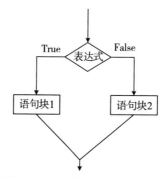

图 2-1　单分支 if
语句执行结构

2. if 双分支结构

在 Python 中 if 子句后面有时候也可以跟着 else 语句。只有 if 语句的条件为 False 时，才会执行 else 子句。

if 语句同样可以实现双分支结构，其一般格式为：

```
if 表达式（条件）:
    语句块1（if子句）
else:
    语句块2（else子句）
```

其执行过程如图 2-2 所示。

图 2-2　双分支 if 语句执行结构

回到上面的例子，在名字不是"xiaoming"时，else 关键字后面的缩进代码就会执行。

```
>>>if name =="xiaoming":
>>>    print ("he is xiaoming")
>>>else:
>>>    print("he is not xiaoming")
```

3. if 多分支结构

虽然只有 if 或 else 子句会被执行，但当希望有更多可能的子句中有一个被执行时，elif 语句就派上用场了。elif 语句是"否则如果"，总是跟在 if 或另一条 elif 语句后面。它提供了另一个条件，仅在前面的条件为 False 时才检查该条件。

if 语句也可以实现多分支结构，它的一般格式为：

```
if表达式1（条件1）:
    语句块1
elif表达式2（条件2）:
    语句块2
......
elif表达式m（条件m）:
    语句块m
[else:
    语句块n]
```

其执行过程如图 2-3 所示。

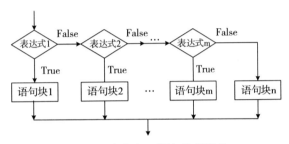

图 2-3　多分支 if 语句执行结构

回到上面的例子。当判断 name 是否为 "xiaoming" 之后，结果为 False，还想要继续判断其他的条件，此时就可以使用 elif 语句。

```
>>>if name =="xiaoming":
>>>    print ("he is xiaoming")
>>>elif age > 18
>>>    print("he is an adult")
```

当 "name == "xiaoming"" 为 False 时，会跳过 if 的子句转而判断 elif 的条件，当 "age>18" 为 True 时，会输出 he is an adult。当然，如果还有其他的条件，还可以在后面继续增加 elif 语句，但是，一旦有一个条件满足，就会自动跳过余下的代码。下面，我们分析一个完整的实例。

【例 2-1】学生成绩等级判定。

输入学生的成绩，90 分以上为优秀，80~90 为良好，60~80 为及格，60 以下为不及格。程序代码如下：

```
score = float(input("请输入学生成绩: "))        # input为Python内置函数
# if多分支结构，判断输入学生成绩属于哪一等级
if score > 90:
    print("优秀")
elif score > 80:
    print("良好")
elif score >= 60:
```

```
    print("及格")
else:
    print("不及格")
```

程序的一次运行结果如图 2-4 所示。

另外一次的运行结果如图 2-5 所示。

```
请输入学生成绩：90
良好
```

图 2-4 学生成绩等级判定
一次显示结果（1）

```
请输入学生成绩：66
及格
```

图 2-5 学生成绩等级判定
另一次显示结果（2）

2.4.2 while 循环

while 循环结构是通过判断循环条件是否成立来决定是否要继续进行循环的一种循环结构。它先判断循环的条件是否为 True，若为 True 则继续进行循环，若为 False，则退出循环。

1. while 语句基本格式

在 Python 中，while 语句的一般格式为：

```
while 表达式（循环条件）:
语句块
```

在 Python 中 while 循环的执行过程如图 2-6 所示。

while 语句会先计算表达式的值，判定是否为真，结果为 True，则重复执行循环体中的代码，直到结果为 False，退出循环。

注意：在 Python 中，循环体中的代码必须用缩进对齐的方式组成语句块。

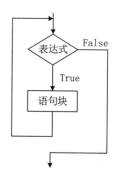

【例 2-2】利用 while 循环求 1~100 的累加和。

图 2-6 while 循环结构

```
i = 1
sum_all = 0
while i <=100:                # 当i<=100时，条件为True，执行循环体的语句块
    sum_all += i             # 对i进行累加
    i += 1                   # i每次循环都要+1，这也是循环退出的条件
print(sum_all)               # 输出累加的结果
```

运行结果为：5050

注意：在使用 while 语句时，一般情况下要在循环体内定义循环退出的条件，否则会出现死循环。

【例 2-3】死循环实例演示。

```
num1= 10
num2 = 20
while num1 < num2:
    print("死循环")
```

运行结果如图 2-7 所示。

可以看出程序会持续输出"死循环"。

2. while 语句中的 else 语句

在 Python 中，可以在 while 语句之后使用 else 语句。在 while 语句的循环体正常结束退出循环后会执行 else 语句的子句。但是当循环用 break 语句退出时，else 的子句不会被执行。

【例 2-4】while...else 语句实例演示。

```
i =1
while i < 6:
    print(i, "< 6")
    i+=1              # 循环计数作为循环判定条件
else:
    print(i, "不小于 6")
```

程序的运行结果如图 2-8 所示。

当程序改为如下代码时：

```
i =1
while i < 6:
    print(i, "< 6")
    i+=1            # 循环计数作为循环判定条件
    if i == 5:   # 当i=5时，循环结束
        break
else:
    print(i, "不小于 6")
```

程序的运行结果如图 2-9 所示。

```
1 < 6
2 < 6
3 < 6
4 < 6
5 < 6
6 不小于 6
```

图 2-8　while...else
显示结果（1）

```
1 < 6
2 < 6
3 < 6
4 < 6
```

图 2-9　while...else
显示结果（2）

```
死循环
死循环
死循环
死循环
死循环
死循环
死循环
死循环
死循环
死循环
死循环
```

图 2-7　死循环
显示结果

可以看出，当 i=5 时程序跳出循环，并不会执行 else 下面的子句。

2.4.3 for 循环

当我们想在程序中实现计数循环时，一般会采用 for 循环。在 Python 中，for 循环是一个通用的序列迭代器，可以遍历任何有序的序列对象的元素。

1. for 循环的格式

for 语句的一般格式为：

```
for 目标变量 in 序列对象:
    语句块
```

for 语句定义了目标变量和需要遍历的序列对象，接着的是缩进对齐的语句块作为 for 循环的循环体。其具体执行过程如图 2-10 所示。

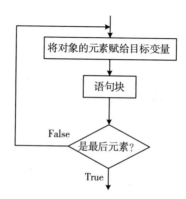

图 2-10　for 循环执行结构

for 循环首先将序列中的元素依次赋给目标变量，每赋值一次都要执行一次循环体中的代码。当序列的每一个元素都被遍历过后，循环结束。

2. range 在 for 循环中的应用

for 循环经常和 range 联用。range 是 Python 3.x 内部定义的一个迭代器对象，可以帮助 for 语句定义迭代对象的范围。其基本格式为：

```
range(start,stop[,step])
```

range 的返回值从 start 开始，到 stop 结束，以 step 为步长，step 为可选参数，默认为 1。

【例 2-5】for 循环与 range 的联用。

```
for i in range(1,10):
    print(i,end=' ')      # end=表示输出结果不换行
```

输出结果如图 2-11 所示。

参数改为间隔输出，代码如下：

```
for i in range(1,10,2):
    print(i,end=' ')
```

输出结果如图 2-12 所示。

```
1 2 3 4 5 6 7 8 9
```

```
1 3 5 7 9
```

图 2-11　for 循环一次显示结果　　　　图 2-12　for 循环间隔输出显示结果

【例 2-6】利用 for 循环求 1~100 中所有可以被 4 整除的数的和。

```
sum_4 =0
for i in range(1,100):    # for循环，范围1~100
    if i % 4==0:          # 判定能否被4整除
        sum_4 +=i
print("1~100内能被4整除的数和为: ", sum_4)
```

程序输出结果如图 2-13 所示。

```
1~100内能被4整除的数和为:  1300
```

图 2-13　整除显示结果

2.4.4　break 和 continue

break 语句和 continue 语句均是循环控制语句，可以改变循环的执行路径。

1. break 语句

break 语句多用于 for、while 循环的循环体中，作用是提前结束循环，即跳出循环体。当多层循环嵌套时，break 只是跳出最近的一层循环。

【例 2-7】使用 break 语句结束循环。

```
i =1
while i < 6:
    print("output number is ",i)
    i = i +1          # 循环计数作为循环判定条件
    if i == 3:        # i=3时结束循环
    break
print("输出结束")
```

```
output number is  1
output number is  2
输出结束
```

图 2-14　break 结束
循环显示结果

运行结果如图 2-14 所示。

【例 2-8】判断所输入的任意一个正整数是否为素数。

素数是指除了 1 和该数本身以外不能被其他任何数整除的正整数。如果要判断一个正整数 n 是否为素数，只要判断其是否可以被 $2 \sim \sqrt{n}$ 之间的任何一个正整数整除即可，如果都不能则其为素数。

```python
import math
n = int(input("请输入一个正整数: "))
k = int(math.sqrt(n))        # 求出输入整数的平方根后取整
for i in range(2,k+2):
    if n % i ==0:            # 判断是否能被整除
        break
if i == k+1:
    print(n, "是素数")
else:
    print(n, "不是素数")
```

程序的一次运行结果如图 2-15 所示。

程序的另一次运行结果如图 2-16 所示。

```
请输入一个正整数: 100
100 不是素数
```

图 2-15 素数判断不是
素数运行结果

```
请输入一个正整数: 13
13  是素数
```

图 2-16 素数判断是
素数运行结果

2. continue 语句

continue 语句类似于 break 语句，必须在 for 和 while 循环中使用，但是，与 break 语句不同的是，continue 语句仅仅是跳出本次循环，返回到循环条件判断处，并且根据判断条件来确定是否继续执行循环。

【例 2-9】使用 continue 语句跳出循环。

```python
i =0
while i < 6:
    i = i +1
    if i == 3:            # 当i=3时，跳出本次循环
        continue
    print("output number is ",i)
print("输出结束")
```

```
output number is  1
output number is  2
output number is  4
output number is  5
output number is  6
输出结束
```

图 2-17 continue 跳出
循环显示结果

运行结果如图 2-17 所示。

从图 2-17 中的输出结果可以看出，i=3 时 continue 跳出了循环。

【例 2-10】计算 0~100 之间不能被 3 整除的数的平方和。

```python
sum_all = 0
for i in range(0,101):
    if i%3 ==0:
        continue                # 条件成立时，跳出本次循环
    else:
        sum_all = sum_all + i** 2
print("平方和为: ", sum_all)
```

程序运行结果如图 2-18 所示。

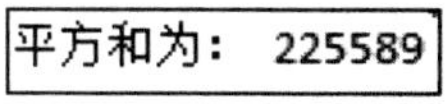

平方和为： 225589

图 2-18　平方和显示结果

2.5　列表与元组

在 Python 中，每个元素按照位置编号来顺序存取的数据类型称为序列类型，这就类似于 C 语言中的数组。不同的是，在 Python 中，列表和元组这两种序列可以存储不同类型的元素。

对于列表和元组来说，它们的大部分操作是相同的，不同的是列表的值是可以改变的，而元组的值是不可变的。Python 中，这两种序列在处理数据时各有优缺点。元组适合于**数据不希望被修改的情况**，而列表则适合于数据希望被修改的情况。

2.5.1　创建

1. 列表创建

列表创建采用在方括号中用逗号分隔的定义方式，基本形式如下：

```
[x1,[x2, …,xn]]
```

列表也可以通过 list 对象来创建，基本形式如下：

```
list()          # 创建一个空列表
list(iterable)  #  创建一个空列表，iterable为枚举对象的元素
```

列表创建示例如下：

```
>>>[ ]                 # 创建一个空列表
>>>[1, 2, 3]           # 创建一个元素为1、2、3的列表
>>>list()              # 使用list创建一个空列表
>>>list((1, 2, 3))     # 使用list创建一个元素为1、2、3的列表
>>>list("a, b, c")     # 使用list创建一个元素为a、b、c的列表
```

2. 元组创建

元组创建采用在圆括号中用逗号分隔的定义方式，其中，圆括号可以省略。基本形式如下：

```
(x1,[x2, …,xn])
```

或者

```
x1,[x2, …,xn]
```

注意：当元组中只有一个项目时，其后面的逗号不可以省略，否则，Python 解释器会把 (x1) 当作 x1。

元组也可以通过 tuple 对象来创建，基本形式如下：

```
tuple()              # 创建一个空元组
tuple(iterable)      # 创建一个空元组，iterable为枚举对象的元素
```

元组创建示例如下：

```
>>> [ ]                # 创建一个空元组
>>>[1, 2, 3]           # 创建一个元素为1、2、3的元组
>>>tuple ()            # 使用tuple创建一个空元组
>>>tuple ((1, 2, 3))   # 使用tuple创建一个元素为1、2、3的元组
>>>tuple ("a,b,c")     # 使用tuple创建一个元素为a、b、c的元组
```

2.5.2 查询

列表和元组都支持查询（访问）其中的元素。在 Python 中，序列的每一个元素被分配一个位置编号，称为索引（index）。第 1 个元素的索引是 0，序列的元素都可以通过索引进行访问。其一般格式为：

```
序列名[索引]
```

列表与元组的正向索引查询示例如下：

```
>>>list_l = [1,2,3]
>>>list_l[1]
2
>>>tuple_l = ((1,2,3))
>>>tuple_1[0]
1
```

另外，Python 序列还支持反向索引（负数索引）。这种索引方式可以从最后一个元素计数，倒数第 1 个元素的索引是 –1。这种方法可以在不知道序列的长度时访问序列最后面的元素。

列表与元组的反向索引查询示例如下：

```
>>>list_l = [1,2,3]
>>>list_l[-1]
3
>>>tuple_l = ((1,2,3))
>>>tuple-1[-2]
2
```

2.5.3 修改

对于修改操作，由于元组的不可变性，所以元组的数据不可以被改变，除非将其改为列表类型。

对于列表来说，修改其中某一个值可以采用索引的方式，这种操作也叫赋值。

```
>>>list_l = [1,2,3]
>>>list_l[1] = 9
>>>list_l
[1,9,3]
```

注意：在对列表进行赋值操作时，不能为一个没有索引的元素赋值。

下面再介绍两个 Python 自带的函数 append、extend。append 函数的作用是在列表末尾添加一个元素。

```
>>>list_l = [1,2,3]
>>>list_l.append(4)
>>>list_l
[1,2,3,4]
```

在 Python 中，extend 函数是将一个列表添加到另一个列表的尾部。

```
>>>list_l = [1,2,3]
>>>list_l.extend('a,b,c')
>>>list_l
[1,2,3,a,b,c]
```

由于元组的不可变性，我们不能改变元组的元素，但是，可以将元组转换为列表进行修改。

```
>>>tuple_l = [1,2,3]
>>>list_l = list(tuple)        # 元组转列表
>>>list_l[1] = 8
>>>tuple_1 = tuple(list_1)     # 列表转元组
>>>tuple_1
(1,8,3)
```

列表作为一种可变对象，在 Python 中有很多方法可以对其进行操作，如表 2-2 所示。

表 2-2　列表对象的主要方法

方　　法	方 法 说 明
s.append(x)	把对象 x 追加到列表 s 尾部
s.clear()	删除所有元素
s.copy()	复制列表
s.extend(t)	把序列 t 附加到列表 s 尾部
s.insert(i,x)	在下标 i 的位置插入对象 x
s.pop([i])	返回并移除下标 i 位置的对象，省略 i 时为最后的对象
s.remove(x)	移除列表中第 1 个出现的 x
s.reverse()	列表反转
s.sort()	列表排序，默认升序

2.5.4 删除

元素的删除操作也只适用于列表，而不适用于元组。同样，将元组转换为列表后便可以进行删除操作。

从列表中删除元素很容易，可以使用 del、clear、remove 等操作。下面一一举例。

```
>>>x = [1,2,3, 'a']
>>>del x[3]
>>>x
[1,2,3]
```

del 不仅可以删除某个元素，还可以删除对象。例如：

```
>>>x = [1,2,3, 'a']
>>>del x
>>>x            # 错误语句
```

上面的程序中因为 x 对象已被删除，所以会提示：

```
NameError: name 'x' is not defined
```

clear 操作可删除列表中所有的元素。

```
>>>x = [1,2,3, 'a']
>>>x.clear()
>>>x
[]
```

remove(x) 操作会将列表中出现的第 1 个 x 对象删除。

```
>>>x = [1,2,3, 'a']
>>>x.remove(2)
>>>x
[1,3, 'a']
```

列表的基本操作还有很多，在此就不再一一举例，感兴趣的读者可以在网上查阅。

2.6 字典

本节将介绍能够将相关信息关联起来的 Python 字典。主要介绍如何访问、修改字典中的信息。鉴于字典可存储的信息量几乎不受限制，因此我们会演示如何遍历字典中的数据。

理解字典后，就能够更准确地为各种真实物体建模。例如，可以创建一个表示人的字典，然后想在其中存储多少信息就能存储多少信息。字典可存储姓名、年龄、地址、职业，以及要描述的任何信息。

2.6.1　字典的创建

字典就是用大括号括起来的"关键字 : 值"对的集合体，每一个"关键字 : 值"对被称为字典的元素。

创建字典的一般格式为：

字典名={[关键字1:值1[,关键字2:值2,……,关键字n:值n]]}

其中，关键字与值之间用"："分隔，元素与元素之间用逗号分隔。字典中关键字必须是唯一的，值可以不唯一。字典的元素可以是列表、元组和字典。

```
>>>d1 = {'name':{ 'first': 'Li', 'last': 'Hua'},'age':18}
>>>d1
{'name':{ 'first': 'Li', 'last': 'Hua'},'age':18}
>>>d2 = {'name': 'LiHua', 'score':[80,65,98]}
>>>d2
{'name': 'LiHua', 'score':[80,65,98]}
>>>d3={'name': 'LiHua', 'score':(80,65,98)}
>>>d3
{'name': 'LiHua', 'score':(80,65,98)}
```

当"关键字 : 值"对都省略时，会创建一个空的字典。例如：

```
>>>d4 = {}
>>>d5={'name': 'LiHua', 'age': '18'}
>>>d4,d5
{{},{'name': 'LiHua', 'age': '18'}}
```

另外，在 Python 中还有一种创建字典的方法，就是 dict 函数法。

```
>>>d6=dict()                               # 使用dict创建一个空的字典
>>>d6
{}
>>>d7=dict((['LiHua',100],['LiMing',95]))  # 使用dict和元组创建一个字典
>>>d7
{'LiHua':100, 'LiMing': 95}
>>>d8=([['LiHua',100],['LiMing',95]])      # 使用dict和列表创建一个字典
>>>d8
{'LiHua':100, 'LiMing': 95}
```

2.6.2　字典的常规操作

在 Python 中定义了很多字典的操作方式，下面介绍其中几个比较主要的方式，更多的字典操作可以从网络上查询。

1. 访问

在 Python 中可以通过关键字进行访问，一般格式为：

```
字典[关键字]
```

当然，如果字典中没有这个关键字，Python 会报告一个错误。

```
>>>dict_1={'name': 'LiHua', 'score':95}      # 以字典中的关键字为索引
>>>dict_1['score']
95
```

2. 更新

在 Python 中更新字典的格式为：

```
字典名[关键字]=值
```

如果在字典中已经存在这个关键字，则修改它，如果不存在，则向字典中添加一个这样的新元素。

```
>>>dict_2={'name': 'LiHua', 'score':95}      # 创建一个字典
>>>dict_2['score'] = 85                       # 字典中已存在'score'关键字，修改
>>>dict_2
{'name': 'LiHua', 'score':85}
>>>dict_2['age'] = 18                         # 字典中不存在'age'关键字，添加
>>>dict_2
{'name': 'LiHua', 'score':85, 'age':18}
```

3. 删除

在 Python 中删除字典有很多方法，这里介绍 del 函数和 clear 方法。其中，del 的一般格式如下：

```
del字典名[关键字]        # 删除关键字对应的元素
del字典名                # 删除整个字典
```

字典的删除如下：

```
>>>dict_3={'name': 'LiHua', 'score':95, 'age':18}     # 创建一个字典
>>>del dict_3['score']                  # 用del函数删除score关键字
>>>dict_3
{'name': 'LiHua', 'age':18}
>>>dict_3.clear()                       # 用clear方法删除字典内容
>>>dict_3
{}
```

4. 其他操作方法

在 Python 中，字典实际上也是对象，因此，Python 定义了很多比较实用的操作方法，具体如表 2-3 所示。

表 2-3　字典常用方法

方　　法	方 法 说 明
d.copy()	复制字典，返回 d 的副本
d.clear()	删除字典，清空字典
d.pop(key)	从字典 d 中删除关键字 key 并返回删除的值
d.popitem()	删除字典的"关键字：值"对，并返回关键字和值构成的元组
d.fromkeys()	创建并返回一个新字典
d.keys()	返回一个包含字典所有关键字的列表
d.values()	返回一个包含字典所有值的列表
d.items()	返回一个包含字典所有（关键字，值）的列表
len()	计算字典中所有"关键字：值"对的数目

2.6.3　字典的遍历

字典的遍历一般使用 for 循环，但建议在遍历之前使用 in 或 not in 判断一下字典的关键字是否存在。字典的遍历操作如下：

```
>>>dict_4={'name': 'LiHua', 'score':95 }          # 创建一个字典
>>>for key in dict_4.keys():                       # 遍历字典的关键字
>>>print(key,dict_4[key])
name LiHua
score 95
>>>for value in dict_4.values():                   # 遍历字典的值
>>>print(value)
LiHua
95
>>>for item in dict_4.items():                     # 遍历字典的（关键字，值）
>>>print(item)
('name', 'LiHua')
('score', 95)
```

2.7　函数

在本节中，我们将介绍如何编写函数。函数是带有名字的代码块，用于完成具体的工作。要执行函数定义的特定任务，可调用该函数。如果需要在程序中多次执行同一项任务，只需调用执行该任务的函数，让 Python 运行其中的代码即可。可以发现，通过使用函数，程序的编写、阅读、测试和修复都变得更容易。此外，在本节中，还可以学习到向函数传递参数的方式。

2.7.1 函数的定义与调用

在 Python 中，函数是一种运算或处理过程，即将一个程序段完成的运算或处理过程放在一个自定义的函数中完成。这种操作首先要定义一个函数，然后根据实际需要可以多次调用它，而不用再次编写，可以减少很大的工作量。

1. 函数的定义

下面我们来看一个编程语言中最经典的例子。

【例 2-11】 创建打招呼函数。

```
def greet():                    # 定义一个greet函数
    print("Hello World")        # 打印输出 "Hello World"
    print("Hello Python")       # 打印输出 "Hello Python"
greet()     # 函数调用
```

程序运行结果如图 2-19 所示。

```
Hello World
Hello Python
```

图 2-19　打招呼显示结果

在上面的函数中，关键字 def 来告诉 Python 要定义一个函数，这就是函数定义。它向 Python 指出了函数名，在这里，函数名为 greet()，它不需要任何信息就能完成其工作，因此括号中是空的（必不可少）。最后，定义以冒号结尾。紧跟在 "def greet():" 后面的所有缩进语句构成函数体。该函数只做一项工作：打印 "Hello World" 和 "Hello Python"。

经过上面的实例分析，可以得到 Python 函数定义的一般格式为：

```
def 函数名([形式参数]):
    函数体
```

2. 函数的调用

有了函数的定义后，在之后的编程中，但凡需要用到这个函数都可以直接调用。函数调用的一般格式为：

```
函数名(实际参数表)
```

如果定义的函数有形式参数，那么可以在调用函数时传入实际参数。当然，如果没有，可以不传，只是一个空括号。但是需要注意的是，无论有没有参数的传递，函数名后的括号都不可以省略。

【例 2-12】定义一个没有形参的函数，然后调用它。

```
def sayHello():                 # 定义一个sayHello函数
    print("***************")    # 打印分隔线
    print("Hello World")
    print("Hello Python")
    print("***************")
```

```
#  调用sayHello函数
sayHello()
```

程序运行结果如图 2-20 所示。

【例 2-13】已知三角形三边长 a、b、c，求三角形面积。

根据海伦公式计算三角形面积。

```
import math
def angle_area(a,b,c):                          # 定义一个angle_area函数
    p = (a+b+c)/2
    s = math.sqrt(p*(p-a)*(p-b)*(p-c))          # 利用海伦公式计算三角形面积
    return s
#  调用angle_area函数
area_s = angle_area (3,4,5)
print("三角形面积为: ", area_s)
```

程序运行结果如图 2-21 所示。

```
****************
Hello World
Hello Python
****************
```

```
三角形面积为:  6.0
```

图 2-20　sayHello 显示结果 　　　图 2-21　三角形面积显示结果

2.7.2　参数传递

在调用带有参数的函数时会有函数之间的数据传递。其中，形参是函数定义时由用户定义的形式上的变量，实参是函数被调用时主调函数为被调函数提供的原始数据。

鉴于函数定义中可能包含多个形参，因此函数调用中也可能包含多个实参。向函数传递实参的方式很多，可使用位置实参，这要求实参的顺序与形参的顺序相同；也可使用关键字实参，其中每个实参都由变量名和值组成。下面来依次介绍这些方式。

1. 位置实参

在调用函数时，Python 必须将函数调用中的每个实参都关联到函数定义中的一个形参。为此，最简单的关联方式是基于实参的顺序。这种关联方式被称为位置实参。

【例 2-14】位置实参演示。

```
def person(name_n, sex_o):              # 定义一个person函数
    print("My name is " ,name_n )
    print("I am a " ,sex_o)
#  调用函数
person('LiHua', 'man')
```

```
My name is  LiHua
I am a  man
```

程序运算结果如图 2-22 所示。

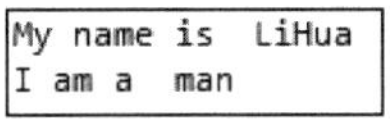

图 2-22　位置实参
演示结果

这个函数的定义表明，它需要一个名字和一个性别。调用 person() 时，需要按顺序提供一个名字和一个性别。

可以根据需要调用函数任意多次。要再描述一个人，只需再次调用 person() 即可。

【例 2-15】函数调用演示。

```
def person(name_n, sex_o):          # 定义一个person函数
    print("My name is " ,name_n )   # 输出名字
    print("I am a " ,sex_o)          # 输出性别
# 调用函数
person('LiHua', 'man')
person('xiaoming', 'man')
```

程序输出结果如图 2-23 所示。

在函数中，可根据需要使用任意数量的位置实参，Python 将按顺序将函数调用中的实参关联到函数定义中相应的形参。

```
My name is  LiHua
I am a  man
My name is  xiaoming
I am a  man
```

图 2-23　函数调用演示结果

2. 关键字参数

关键字参数是传递给函数的名称。由于直接在实参中将名称和值关联起来了，因此向函数传递实参时不会混淆。使用关键字实参时无需考虑函数调用中的实参顺序，而且还可清楚地指出函数调用中各个值的用途。

在 Python 中，关键字参数的形式为：

形参名=实参值

【例 2-16】关键字参数演示。

```
def person(name_n, sex_o):          # 定义一个person函数
    print("My name is " ,name_n )
    print("I am a ", sex_o)
# 调用函数
person(name_n = 'LiHua',sex_o= 'man')
```

程序运行结果如图 2-24 所示。

```
My name is  LiHua
I am a  man
```

图 2-24　关键字参数演示结果

3. 默认值参数

编写函数时，可给每个形参指定默认值。在调用函数中给形参提供实参时，Python 将使用指定的实参值；否则，将使用形参的默认值。因此，给形参指定默认值后，可在函数调用中省略相应的实参。

在 Python 中，默认值参数的形式为：

形参名=默认值

【例 2-17】默认值参数演示。

```
def person(name_n, sex_o= 'man'):          # 定义一个person函数
```

```
    print("My name is " ,name_n )
    print("I am a ", sex_o)
# 调用函数
person(name_o = 'LiHong',sex_o='women')      # 修改第2个参数
person(name_o = 'LiHua')                     # 采用默认值参数
```

程序运行结果如图 2-25 所示。

在调用带默认值参数的函数时，可以不对默认值参数赋值，也可以通过赋值来代替默认值参数的值。

注意：在使用默认值参数时，默认值参数必须出现在形参表的最右端，否则会出错。

```
My name is  LiHong
I am a  women
My name is  LiHua
I am a  man
```

图 2-25　默认值参数演示结果

2.8　面向对象编程

面向对象编程是最有效的软件编写方法之一。在面向对象编程中，首先编写表示现实世界中的事物和情景的类，并基于这些类来创建对象。在编写类时，往往要定义一大类对象都有的通用行为。基于类创建对象时，每个对象都自动具备这种通用行为，然后可根据需要赋予每个对象独特的个性。

根据类来创建对象被称为实例化，实例化是面向对象编程不可或缺的一部分。在本节中，将会编写一些类并创建其实例。理解面向对象编程有助于我们像程序员那样看世界，还可以帮助我们真正明白自己编写的代码。了解类背后的概念可培养逻辑思维，让我们能够通过编写程序来解决遇到的几乎任何问题。

2.8.1　类与对象

类是一种广义的数据，这种数据类型的元素既包含数据，也包含操作数据的函数。

1. 类的创建

在 Python 中，我们通过 class 关键字来创建类。类的格式一般如下：

```
class 类名:
    类体
```

类一般由类头和类体两部分组成。类头由关键字 class 开头，后面紧跟着类名，类体包括所有细节，向右缩进对齐。

下面来编写一个表示小狗的简单类 Dog。它表示的不是特定的小狗，而是任何小狗。对于小狗来说，它们都有名字和年龄；我们还知道，大多数小狗还会蹲下和打滚。由于大多数小狗都具备上述两项信息和两种行为，Dog 类将包含它们。编写这个类后，我们将使用它来创建表示特定小狗的实例。

【例 2-18】 Dog 类创建。

```
class Dog():
    def __init__(self, name, age):          # 初始化Dog类
        self.name = name
        self.age = age
    def sit(self):                          # 定义类方法
        print(self.name.title() + " is now sitting.")
    def roll_over(self):                    # 定义类方法
        print(self.name.title() + " rolled over!")
```

根据 Dog 类创建的每个实例都将存储狗的名字和年龄。我们赋予了每条小狗蹲下 sit() 和打滚 roll_over() 的能力。

类中的函数称为方法，之前或今后学过的方法都适用于它。__init__() 是一个特殊的方法，每当根据 Dog 类创建新实例时，Python 都会自动运行它。

2. 类的使用（实例化）

我们可将类视为有关如何创建实例的说明。例如：Dog 类是一系列说明，让 Python 知道如何创建表示特定小狗的实例。下面我们根据 Dog 类创建一个实例。

紧接着例 2-18，建立 Dog 类的实例化。

```
my_dog = Dog('wangcai', 6)
print("My dog's name is " + my_dog.name.title())
print("My dog is " + str(my_dog.age) + " years old.")
```

```
My dog's name is Wangcai
My dog is 6 years old.
```

图 2-26　Dog 类实例化
显示结果

程序运行结果如图 2-26 所示。

3. 属性和方法的访问

要访问实例的属性和方法，可使用句点表示法。例如：

```
my_dog.name
my_dog.age
```

这两句代码可以访问 Dog 类中定义的 name 和 age 属性。

根据 Dog 类创建实例后，就可以使用句点表示法来调用 Dog 类中定义的任何方法。例如：

```
my_dog = Dog('wangcai', 6)
my_dog.sit()
my_dog.roll_over()
```

后两句代码可以访问 Dog 类中定义的 sit 和 roll_over 方法。

2.8.2　继承与多态

继承与多态是类的特点之一。我们在前一节简单介绍了类的创建和简单使用，下面继

续介绍类的继承与多态。

1. 继承

如果我们要编写的类是另一个现成类的特殊版本，可使用继承的方法。一个类继承另一个类时，它将自动获得另一个类的所有属性和方法。原有的类称为父类，新创建的类称为子类。子类除了继承父类的属性和方法以外，也有自己的属性和方法。

在 Python 中定义继承的一般格式为：

```
class 子类名(父类名):
    类体
```

【例 2-19】类的继承实例演示。

以学校成员为例，定义一个父类 SchoolMember，然后定义子类 Teacher 和 Student 继承 SchoolMember。

程序代码如下：

```
class SchoolMember(object):            # 定义一个父类
    '''学校成员父类'''
    member = 0                         # 定义一个变量记录成员的数目
    def __init__(self, name, age, sex):# 初始化父类的属性
        self.name = name
        self.age = age
        self.sex = sex
        self.enroll()
    def enroll(self):    # 定义一个父类方法，用于注册成员
        '注册成员信息'
        print('just enrolled a new school member [%s].' % self.name)
        SchoolMember.member += 1
    def tell(self):      # 定义一个父类方法，用于输出新增成员的基本信息
        print('----%s----' % self.name)
        for k, v in self.__dict__.items(): # 使用字典保存信息
            print(k, v)
        print('----end-----')    # 分隔线
    def __del__(self):              # 删除成员
        print('开除了[%s]' % self.name)
        SchoolMember.member -= 1
class Teacher(SchoolMember):     # 定义一个子类，继承SchoolMember类
    '教师信息'
    def __init__(self, name, age, sex, salary, course):
        SchoolMember.__init__(self, name, age, sex)# 继承父类的属性
        self.salary = salary
        self.course = course    # 定义子类自身的属性
    def teaching(self):              # 定义子类的方法
        print('Teacher [%s] is teaching [%s]' % (self.name, self.course))
class Student(SchoolMember):        # 定义一个子类，继承SchoolMember类
    '学生信息'
    def __init__(self, name, age, sex, course, tuition):
```

```
                SchoolMember.__init__(self, name, age, sex)# 继承父类的属性
                self.course = course          # 定义子类自身的属性
                self.tuition = tuition
                self.amount = 0
        def pay_tuition(self, amount):    # 定义子类的方法
                print('student [%s] has just paied [%s]' % (self.name, amount))
                self.amount += amount
# 实例化对象
t1 = Teacher('Mike', 48, 'M', 8000, 'python')
t1.tell()
s1 = Student('Joe', 18, 'M', 'python', 5000)
s1.tell()
s2 = Student('LiHua', 16, 'M', 'python', 5000)
print(SchoolMember.member)    # 输出此时父类中的成员数目
del s2                        # 删除对象
print(SchoolMember.member)    # 输出此时父类中的成员数目
```

程序的输出结果如图 2-27 所示。

```
just enrolled a new school member [Mike].
----Mike----
name Mike
age 48
sex M
salary 8000
course python
----end-----
just enrolled a new school member [Joe].
----Joe----
name Joe
age 18
sex M
course python
tuition 5000
amount 0
----end-----
just enrolled a new school member [LiHua].
3
开除了[LiHua]
2
```

图 2-27　类的继承显示结果

2. 多态

多态是指不同的对象收到同一种消息时产生的不同的行为。在 Python 中，消息就是指函数的调用，不同的行为是指执行不同的函数。

【例 2-20】多态程序实例。

```
class Animal(object):          # 定义一个父类Animal
    def __init__(self, name):  # 初始化父类属性
        self.name = name
    def talk(self):            # 定义父类方法，抽象方法，由具体而定
        pass
class Cat(Animal):             # 定义一个子类，继承父类Animal
    def talk(self):            # 继承重构类方法
        print('%s: 喵!喵!喵!' % self.name)
class Dog(Animal):   # 定义一个子类，继承父类Animal
    def talk(self):  # 继承重构类方法
```

```
        print('%s: 汪! 汪! 汪! ' % self.name)
def func(obj):        # 一个接口, 多种形态
    obj.talk()
# 实例化对象
c1 = Cat('Tom')
d1 = Dog('wangcai')
func(c1)
func(d1)
```

```
Tom: 喵!喵!喵!
wangcai: 汪!汪!汪!
```

图 2-28　多态显示结果

程序运算结果如图 2-28 所示。

在上面的程序中, Animal 类和两个子类中都有 talk() 方法, 虽然同名, 但是在每个类中所调用的函数是不一样的。当调用该方法时, 所得结果取决于不同的对象。同样的信息在不同的对象下所得的结果不同, 这就是多态的体现。

2.9　思考与练习

1. 概念题

1)简述一下数据类型分类, 并针对每一类举一个例子。

2)什么是变量? 什么是常量? 二者的区别是什么?

3)什么是列表? 什么是元组? 二者的区别是什么?

4)简要介绍一下函数的概念、函数的建立和函数的调用方法。

5)什么是继承? 什么是多态? 二者的关系是什么?

2. 操作题

1)编写程序, 设计一个快递费计算器。规则为:

首重 3 公斤, 未超过 3 公斤:

　　本地区 10 元

　　A 地、B 地、C 地、D 地 12 元

　　E 地、F 地 20 元

　　不接受 G 地、H 地寄件

超过 3 公斤每公斤加价:

　　本地区 5 元 / 公斤

　　A 地、B 地、C 地、D 地 10 元 / 公斤

　　E 地、F 地 15 元 / 公斤

重量向上取整数计算。

2)编写程序, 实现打印九九乘法表。

3)编写程序, 对数组 [12,45,7,5,65,12,33,45,78,95,100] 进行排序。

神经网络基础

人工神经网络（Artificial Neural Network，ANN）是由大量简单计算单元按照一定规则相互连接组成的非线性网络，对生物神经网络进行了高度抽象的符号性概括。ANN 也可简称为"神经网络"，作为复杂的网络计算系统，其基本组成主要是众多高度互联的处理单元——神经元。神经网络有众多优点，如具有大规模并行、分布式存储和处理、自组织、自适应和自学习能力。这些特点使其在实际应用中具有很大的优越性，尤其是当我们需要处理的信息因众多因素的影响而变得模糊时。近年来，神经网络不断取得突破性的进展，成为一门涉及生物、数理、计算机、人工智能等不同领域的新兴的边缘交叉学科。

根据神经元之间的连接拓扑结构不同，神经网络可分为前馈网络和反馈网络。前馈网络指网络中的神经元分层排列，每一层的神经元只接收前一层神经元的输入，输入向量经过各层顺序变换后，由输出层得到输出向量。反馈网络指输入层会接收到输出层的反馈，每层的神经元除了接收前一层神经元的输出以外，还要接收本层神经元的反馈。

本章主要介绍前馈神经网络相关的基础知识，以感知器为例介绍单层及多层感知器的相关理论，并结合实例在 Keras 中实现单层及多层感知器。

3.1 单层神经网络

计算科学家 Rosenblatt 于 1958 年提出了由两层神经元组成的简单的单层神经网络，并称之为感知器。

感知器的输入和输出均为二进制数据。Rosenblatt 提出了一种计算方式，对每个输入都乘以相应的权重，所得结果的大小与阈值（threshold）相比较，并由阈值决定输出结果是 0 还是 1。感知器可以有多个输入，如图 3-1 所示为简单的单层神经网络。图中以 3 个输入 (x_1, x_2, x_3) 为例，每个输入对应的权重分别为 (w_1, w_2, w_3)，输入数据经过权重分配后可得 $\sum_{i=1}^{3} w_i x_i$。

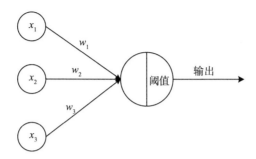

图 3-1　简单的单层神经网络

将该结果与阈值相比较，得到最终输出结果如下：

$$输出 = \begin{cases} 0 & 若 \sum_i w_i x_i \leq 阈值 \\ 1 & 若 \sum_i w_i x_i > 阈值 \end{cases} \tag{3.1}$$

单层感知器适合用来分类线性可分的数据。从图 3-1 中可以看出，这个感知器有两层，但第 1 层仅仅是输入数据，只有第 2 层参与了数据的计算。由于只有一层参与计算，所以该感知器被称为单层神经网络。

3.2　多层神经网络

从结构上划分，神经网络由 3 部分组成，分别是输入层（Input Layer）、隐藏层（Hidden Layer）、输出层（Output Layer）。以如图 3-2 所示的神经网络结构为例，该神经网络有 1 个输入层、3 个隐藏层、1 个输出层。

3.2.1　隐藏层

在一个完整的神经网络中，除去第 1 层的输入层和最后一层的输出层以外，二者之间的所有网络层都称为隐藏层。隐藏的含义可以理解为，这些网络层既不从外界直接接收数据，也不向外界直接发送数据，处于网络的内部。隐藏层的作用是对于输入层传递进来的数据进行特定的处理，并将处理后的数据传递给输出层。

输入层　隐藏层1　隐藏层2　隐藏层3　输出层

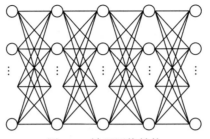

图 3-2　神经网络结构

如图 3-3 所示是单个神经元工作方式示意图。当神经元有输入到来时，神经网络会给输入数据分配两个线性分量：权重（weight）和偏置（bias）。

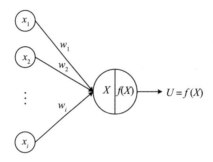

图 3-3　单个神经元工作方式示意图

对于神经元的每个输入 x_i，都会被分配与之相对应的权重 w_i，则该神经元的输入为：

$$\sum x_i w_i \tag{3.2}$$

偏置 b 则被加到输入与权重相乘的结果中，目的是改变结果的范围。经过偏置 b 后产生的值为：

$$X = \sum x_i w_i + b \tag{3.3}$$

对输入的线性分量变换结束后，此时的神经网络是一个线性模型。在实际应用中，神经网络模型所要解决的问题往往都是复杂的、非线性的。为了弥补线性模型表达能力不足的缺点，需要在线性分量变换后增加一个非线性函数，称为激活函数（activation function）。假设激活函数为 f，则最终从神经元得到的输出为：

$$U = f(X) \tag{3.4}$$

从图 3-3 的例子可知，每个神经元只有一个输出。但从图 3-2 可以看出，每个神经元可以有多个输入和多个输出，实际上这并不矛盾。图 3-2 的网络层采用了全连接方式，即每个神经元的输入都是上一层所有神经元的输出的加权，每个神经元的输出都与下一层中的每个神经元相连，作为下一层中每个神经元的输入。也就是说，一个神经元的输出可以作为下一个网络层中多个神经元的输入，故可以理解为一个神经元有多个相同的输出。

当神经网络中网络层之间采用全连接方式时，往往会再采用 Dropout 来防止神经网络过拟合的现象。

不同复杂程度的神经网络拥有不同数量的隐藏层，每个隐藏层所拥有的神经元个数也不尽相同。隐藏层的层数与每个隐藏层中神经元个数的设定都可由神经网络搭建者自行完成，但不同的参数数值对所搭建的神经网络整体性能都有着不同程度的影响。关于如何确定隐藏层层数与神经元个数的问题，目前并无完善的理论支撑，往往需要根据经验而定。寻找合适数值的过程也是一个试错的过程，进而得到一个较为合适的网络层数和神经元个数。

3.2.2　输入层与输出层

输入层又称可视层，是神经网络暴露在外部的网络层。输入层由若干个神经元组成，这些神经元的作用是从外部数据集中获取数据并输入神经网络，将输入值传递给隐藏层。因此，输入层的神经元个数也需要与输入数据的维度相对应。

神经网络的最后一层即为输出层，输出层的神经元个数由具体问题所决定。若神经网络用于解决回归类问题或二分类问题，输出层的神经元个数可能为一个；若神经网络用于解决多分类问题，输出层的神经元个数则由所分类的类别个数决定。例如，手写体数据集（MNIST）分类问题共分 10 类（数字 0 ~ 9），则输出层的神经元个数为 10 个。

通常输出层会结合激活函数完成输出任务。当神经网络用于解决回归问题时，可能没有激活函数；当神经网络用于解决二分类问题时，可以使用激活函数 Sigmoid；当神经网络用于解决多分类问题时，可以使用激活函数 Softmax。

基于 Keras 搭建神经网络，可以选择函数 API 模型和序贯 Sequential 模型。函数 API 模型较为复杂和灵活，可以分阶段输入和分阶段输出，层与层之间可任意连接，编译速度较慢；序贯 Sequential 模型是函数 API 模型的一个特例，单输入、单输出，层与层之间不能跨层连接，只能相邻层连接，编译速度较快。

全连接方式将通过 Dense 神经网络层实现。为方便后续直接调用 Dense，先对 Dense 做详细介绍。代码及注释如下：

```
keras.layers.Dense(
        units,              #该层神经元个数，也是该层输出神经元个数
        activation=None,    #选择激活函数
        use_bias=True,      #是否添加偏置
        kernel_initializer='glorot_uniform', #权重初始化方法
        bias_initializer='zeros', #偏置初始化方法
```

```
                    kernel_regularizer=None,      #对权重施加正则项
                    bias_regularizer=None,        #对偏置施加正则项
                    activity_regularizer=None,    #对输出施加正则项
                    kernel_constraint=None,       #对权重施加约束项
                    bias_constraint=None          #对偏置施加约束项
)
```

下面以一个简单的神经网络结构为例，即网络结构中包含一个输入层、一个隐藏层、一个输出层，隐藏层激活函数选取 Relu 函数，输出层激活函数选取 Softmax 函数。

选择函数 API 模型搭建该网络，主要语句如下：

```
from keras.models import Model
from keras.layers import Input,Dense
#建立输入层，M为输入数据维度
inputs = Input(shape=(M,))
#建立隐藏层，隐藏层神经元个数为units，激活函数为activation
hidden1= Dense(units, activation= activation)(inputs)
#建立输出层，N为输出层神经元个数，即分类个数
predictions = Dense(N, activation= activation)( hidden1)
#通过Model定义网络模型的输入为inputs，输出为predictions，得到神经网络模型model
model = Model(inputs=inputs, outputs=predictions)
```

选择序贯 Sequential 模型搭建该网络，通过 model.add() 来添加所需的神经网络层。主要语句如下：

```
from keras.models import Sequential
from keras.layers.core import Dense, Activation
model = Sequential()
#建立输入层与隐藏层，M为输入数据维度
model.add(Dense(units,input_dim=M))
#激活函数选择Relu函数
model.add(Activation('relu'))
#建立输出层，N为输出层神经元个数，该层的输入神经元个数默认为上一层神经元的输出，不需要额外设置
model.add(Dense(N))
#激活函数选择Softmax函数
model.add(Activation('softmax'))
```

3.3 激活函数

激活函数的作用是增加神经网络的非线性，常用的激活函数有 Sigmoid、Relu、Softmax 等。下面介绍这几种函数。

3.3.1 Sigmoid 函数

在神经网络的搭建中，Sigmoid 函数较为常用，其定义如下：

$$\sigma(x) = \frac{1}{1 + e^{-x}} \tag{3.5}$$

Sigmoid 函数图像如图 3-4 所示。可以看出 Sigmoid 函数值在开区间 0 到 1 之间，自变量的绝对值越靠近 0，函数值变化越快；自变量的绝对值越大，函数值变化越缓慢。

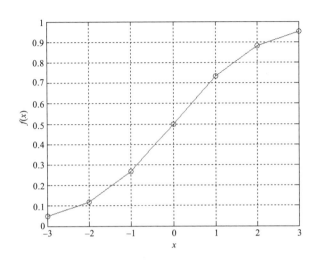

图 3-4　Sigmoid 函数图像

基于 Keras 搭建神经网络时，选择 Sigmoid 函数，可通过 model.add() 在指定的 Dense 层后添加该激活函数。主要语句如下：

```
model.add(Activation('sigmoid'))
```

Sigmoid 函数可以模仿生物神经元的神经对刺激信号的接收，当神经所接收的刺激程度过小时，可以忽略该刺激信号，即 Sigmoid 函数输出值接近于 0；当神经所接收的刺激程度在正常范围内时，可以接收该刺激信号，即 Sigmoid 函数输出 0 ~ 1 的函数值；当神经所接收的刺激程度过大时，神经会变得迟钝，维持之前的感觉不变，即 Sigmoid 函数输出值一直趋近 1。

Sigmoid 函数也有一些缺点，如在后续提到的神经网络反向传播中，该函数可能会造成梯度消失或梯度饱和；该函数需要进行指数运算，故在训练时运算量较大；该函数图像不是关于原点对称，不利于梯度下降等。

3.3.2　Tanh 函数

Tanh 函数也是一种常用的 S 型非线性激活函数，是 Sigmoid 的变种。其定义如下：

$$\sigma(x) = (e^x - e^{-x}) / (e^x + e^{-x}) \tag{3.6}$$

Tanh 函数图像如图 3-5 所示。Tanh 函数把一个实数压缩至 -1 到 +1 之间，对中部区的信号增益较大，对两侧区的信号增益小。它的输出有界，为神经网络带来了非线性。同时 Tanh 克服了 Sigmoid 非 0 均值输出的缺点，延迟了饱和期，拥有更好的容错能力，性能上要优于 Sigmoid。但是它存在梯度弥散的问题，而这种缺点是致命的。这也表明，不管是 Sigmoid 还是 Tanh 都存在极大的局限性。

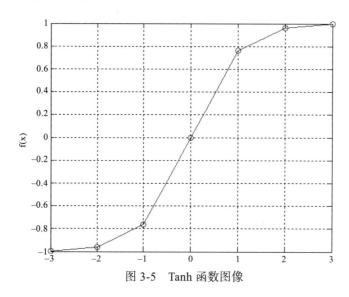

图 3-5　Tanh 函数图像

3.3.3　Relu 函数

Relu 函数也较为常用，其定义如下：

$$\sigma(x) = \begin{cases} x & x \geqslant 0 \\ 0 & x < 0 \end{cases} \tag{3.7}$$

Relu 函数图像如图 3-6 所示。只有当自变量值大于等于 0 时，函数值才有输出，否则为 0。类比于生物神经元的神经对刺激信号的接收，当刺激程度小于某临界值时，可忽略不计；当刺激程度大于某临界值时，神经才开始接收该刺激信号。

基于 Keras 搭建神经网络时，选择 Relu 函数，可通过 model.add() 在指定的 Dense 层后添加该激活函数。主要语句如下：

```
model.add(Activation('relu'))
```

相比于 Sigmoid 函数，Relu 函数不会在训练过程中造成梯度饱和，同时由于 Relu 函数的线性运算，运算速度也要比 Sigmoid 函数快。由于输入为负、输出为 0 的性质，在反向传播时，Relu 函数也会造成梯度消失。

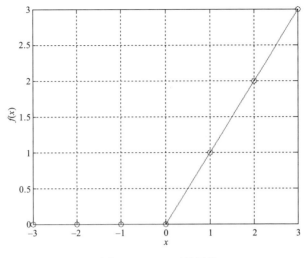

图 3-6 Relu 函数图像

3.3.4 Softmax 函数

Softmax 函数常用在输出层，配合输出层完成多分类输出的任务，其定义如下：

$$\sigma(x)_j = \frac{e^{x_j}}{\sum_{k=1}^{K} e^{x_k}} \tag{3.8}$$

$$j = 1, 2, \cdots, K$$

Softmax 函数又称为归一化指数函数，其输出值也是归一化的分类概率，可以得到每个类别的概率，范围为 (0, 1)，全部类别概率之和为 1。

Sigmoid 函数可以把数据映射到 (0, 1) 的区间内，可以用来完成二分类的任务。相比于 Sigmoid 函数，Softmax 函数可以被视为将数据 $(a_1, a_2, a_3, \cdots)$ 映射为 $(b_1, b_2, b_3, \cdots)$，其中 b_i 均为 0 到 1 的常数，进而可以根据 b_i 的大小来完成多分类的任务。

基于 Keras 搭建神经网络时，选择 Softmax 函数，可通过 model.add() 在输出层后添加该激活函数。主要语句如下：

```
model.add(Activation('softmax'))
```

3.4 神经网络工作过程

一个神经网络完整的工作状态应分为两部分：训练阶段和测试阶段。训练阶段是一个神经网络学习的过程；测试阶段是用来评估已经训练完成的神经网络，面对全新的数据集，该神经网络又会有怎样的表现呢？

针对神经网络的两个工作状态，需要将数据集事先分为独立的两个部分——训练集和测试集，而且二者之间不存在交集。训练集用于神经网络训练阶段；测试集用于神经网络测试阶段。有时根据需要，还可将训练集再细分为训练集和验证集，每完成一个训练时期（epoch），就用验证集来衡量本次 epoch 的训练好坏。

训练阶段主要由两个过程组成：神经网络的前向传播和反向传播。前向传播（forward-propagation）是指从输入层到隐藏层，再到输出层的顺序，数据沿着这一正向顺序运动，依次计算并存储各层的中间变量，这个过程中没有反向运动。反向传播（back-propagation）是指从输出层到隐藏层，再到输入层的顺序，依次计算并存储各层的中间变量及参数的梯度，这也是一个参数优化的过程。前向传播与反向传播交替进行，相互依赖，使得神经网络在训练阶段的参数不断优化，从而得到一个较好的性能。

神经网络训练阶段流程图如图 3-7 所示。

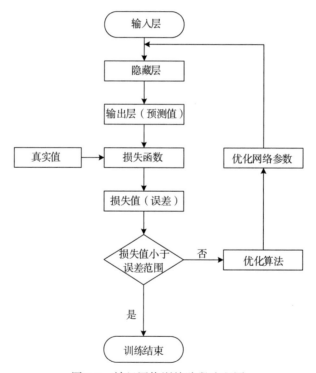

图 3-7　神经网络训练阶段流程图

神经网络在训练之前，各层参数会进行随机初始化，通过前向传播将输入数据映射为预测值输出。预测值与真实值之间一定会存在误差，误差的存在表明神经网络参数需要改进。这一误差可以通过损失函数计算得到，优化算法则可以根据误差在反向传播中调整并更新参数。理想的训练过程是经过反向传播的参数优化，在下一次前向传播结束后所得到的误差会更小，多次交替进行前向传播与反向传播，误差则可以达到收敛状态，最终满足所设定的误差范围。具体过程可总结为以下 5 个步骤：

　　1）确定合理的神经网络结构，用较小的非零随机数对权值进行初始化。

　　2）以随机或任意的顺序从训练集中选取训练样本，记录其真实值。

　　3）通过神经网络前向传播得到预测值，由损失函数计算出误差。

　　4）优化算法在神经网络反向传播过程中更新参数。

　　5）按顺序重复步骤 2）～ 4），直到所得误差小于某一阈值或训练次数达到设定的总训练次数的上限为止。

3.5　损失函数

　　当训练一个神经网络时，通常使用损失函数来衡量该网络输出的预测值与真实值之间的误差大小，并根据误差对网络进行反向优化。神经网络训练的目的是减少误差，提高预测准确度。因此，理想的输出状态是损失函数最小值的输出。本节将介绍两种损失函数：均方差函数和交叉熵函数。

3.5.1　均方差函数

　　均方差是均值平方差（Mean Squared Error，MSE）的简称，是指参数预测值与参数真实值之差平方的预期值。公式如下：

$$\text{MSE} = \sum_{i=1}^{n} \frac{1}{n} (f(x_i) - y_i)^2 \tag{3.9}$$

　　其中，$f(x_i)$ 是预测值，y_i 是对应的真实值。假设误差是正态分布，均方差更适用于线性分类问题，如回归问题。

3.5.2　交叉熵函数

　　交叉熵损失（Cross Entropy Loss）主要用于度量两个概率分布的差异性程度。公式如下：

$$\text{CE}(\theta) = -\sum_{i=1}^{n} y_i \log(\hat{y}_i) \tag{3.10}$$

$$\hat{y}_i = \text{Soft max}(\theta_i) = \frac{\exp(\theta_i)}{\sum_j \exp(\theta_i)} \tag{3.11}$$

　　其中，y_i 是真实概率分布，$\hat{y}_i$ 是预测概率分布。假设误差是二值分布，可以视为预测概率分布和真实概率分布的相似程度。交叉熵损失函数更适用于分类问题。

3.6 优化算法

当损失函数衡量出预测值与真实值之间的误差大小后，需要对神经网络进行参数优化，进而得到最小损失函数输出，这一过程将由梯度下降算法作为优化算法实现。梯度下降算法可以这样理解：一个人从山上某一点出发，需要找到山上的最低点。他先找到最陡的坡，往前走一步，接着再寻找下一个最陡的坡，再走一步，重复这两个步骤，直到走到最低点。这个最陡的坡就对应着优化算法中的梯度方向。

本节将介绍 3 种梯度下降算法：批量梯度下降法（Batch Gradient Descent，BGD）、小批量梯度下降法（Mini-Batch Gradient Descent，MBGD）、随机梯度下降法（Stochastic Gradient Descent，SGD）。

在介绍这 3 种算法之前，需要先介绍几个常见名词：批（batch），批尺寸（batchsize），迭代（iteration），时期（epoch）。

- ❑ 批：将训练集的全体样本分为若干批次，样本数目过大时，可考虑每次选取一批数据进行训练。
- ❑ 批尺寸：每批样本的数量。
- ❑ 迭代：对一批数据完成一次前向传播和一次反向传播。
- ❑ 时期：对训练集的全体样本完成一次前向传播和一次反向传播。

1. 批量梯度下降法

批量梯度下降法是梯度下降最原始的方法，针对整个数据集，其思路是在优化某个参数时使用所有的样本来更新，进而得到一个全局最优解。也正是因为每次都调用全体样本，使得该梯度下降法的迭代速度比较慢，尤其是当样本数目过大时。BGD 的损失函数公式如下：

$$\frac{\partial J(\theta)}{\partial \theta_j} = \sum_{i=1}^{m} (h_\theta(x^{(i)}) - y^{(i)}) x_j^{(i)} \tag{3.12}$$

由该损失函数可进一步得到 BGD 算法的迭代式，公式如下：

$$\theta_j' = \theta_j - \alpha \frac{\partial J(\theta)}{\partial \theta_j} = \theta_j - \alpha \sum_{i=1}^{m} (h_\theta(x^{(i)}) - y^{(i)}) x_j^{(i)} \tag{3.13}$$

2. 随机梯度下降法

由于批量梯度下降法每次运算数据量过大，迭代速度较慢，所以针对这一弊端，提出了随机梯度下降法。SGD 的思路是通过单个样本对神经网络参数进行优化更新，当样本数目过大时，可能只通过其中一部分的样本进行迭代就可达到最优值输出。也就是说，SGD 运算速度快，但其所能达到的最优值是局部最优值。

3. 小批量梯度下降法

BGD 运算较慢，SGD 容易陷入局部最优解，针对这两者的弊端，小批量梯度下降法采取了一种折中的思路：首先将样本随机打乱，分成若干批次，每个批次有若干样本，其样本数量一般为 2 的幂；每次训练时，选取一个批次进行迭代，进而加快了迭代的速度。

基于 Keras 搭建神经网络后，需要对该神经网络进行编译，即确定训练方式，包括损失函数的选择、优化算法的选择、评估标准的选择。损失函数有多种选择，如均方差（mse）、二分类交叉熵（binary_crossentropy）、多分类交叉熵（categorical_crossentropy）等；优化算法可选择随机梯度下降法（sgd）、小批量梯度下降法（mbgd），以及 adam、rmsprop 等；评估标准一般选取准确率。主要语句如下：

```
model.compile(
    #损失函数选择多分类交叉熵函数
    loss='categorical_crossentropy',
    #优化算法选择随机梯度下降法
    optimizer='sgd',
    #评估标准选择准确率
    metrics=['accuracy'],
)
```

编译完成之后，可以通过 model.fit 开始进行网络的训练。主要语句如下：

```
Training=model.fit(
#输入训练数据及训练标签
    X_train,Y_train,
    #设定批尺寸batch_size
    batch_size=BATCH_SIZE,
    #设定迭代次数
    epochs=N_EPOCHS,
    #设定验证集比例，评估模型训练准确度，只能反映训练集在模型上的准确度，不能反映算法对新数据的
预测结果
    validation_split=VALIDATION_SPLIT,
    verbose=2    #1为不显示训练过程，2为显示训练过程
)
```

3.7 反向传播

采用反向传播算法的神经网络也称为 BP 网络。本节以如图 3-8 所示的神经网络反向传播为例，介绍反向传播算法是如何进行参数优化的。

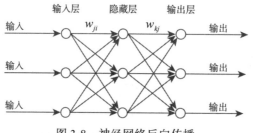

图 3-8 神经网络反向传播

设输入层第 i 个神经元的输出为 o_i，则对于隐藏层第 j 个神经元来说，可将其输入表示为：

$$\mathrm{net}_j = \sum_j w_{ji} o_i \tag{3.14}$$

隐藏层第 j 个神经元的输出为：

$$o_j = g(\mathrm{net}_i) \tag{3.15}$$

对于输出层中的第 k 个神经元来说，其输入表示为：

$$\mathrm{net}_k = \sum_j w_{kj} o_j \tag{3.16}$$

相应的输出为：

$$o_k = g(\mathrm{net}_k) \tag{3.17}$$

其中，$g = 1/[1 + \exp(-(x+\theta))]$ 表示 Sigmoid 函数，且 θ 为阈值或偏置值。从中不难看出，Sigmoid 函数的曲线随阈值 θ 的正负情况而变化，当 θ 为正值时，它就会沿着横坐标向左移动，反之，它将向右移动。因此，各神经元的输出应为：

$$o_j = 1 \Big/ \left\{ 1 + \exp\left[-\left(\sum_i w_{ji} o_i + \theta_j \right) \right] \right\} \tag{3.18}$$

$$o_k = 1 \Big/ \left\{ 1 + \exp\left[-\left(\sum_i w_{kj} o_j + \theta_k \right) \right] \right\} \tag{3.19}$$

BP 网络学习过程中的误差反向传播是通过使一个目标函数（实际输出与希望输出之间的误差平方和）最小化来完成的，可以利用梯度下降法导出公式。

接下来考虑 BP 网络的学习过程，不妨用 t_{pk} 来表示第 k 个输出神经元的期望输出，用 o_{pk} 来表示实际的网络输出，那么可以得到系统的平均误差如下：

$$E = \frac{1}{2p} \sum_p \sum_k (t_{pk} - o_{pk})^2 \tag{3.20}$$

实际中为了便于计算，略去下标 p，因此上式可进一步简化为：

$$E = \frac{1}{2p} \sum_k (t_k - o_k)^2 \qquad (3.21)$$

根据梯度下降法，权值（包括阈值）的变化项 Δw_{kj} 与 $\partial E/\partial w_{kj}$ 之间满足正比关系，这里将其表示为：

$$\Delta w_{kj} = -\eta \frac{\partial E}{\partial w_{kj}} \qquad (3.22)$$

由式（3.20）和式（3.22）可知：

$$\Delta w_{kj} = -\eta \frac{\partial E}{\partial w_{kj}} = \eta \left(-\frac{\partial E}{\partial \mathrm{net}_k} \right) \frac{\partial \mathrm{net}_k}{\partial w_{kj}} = \eta \left(-\frac{\partial E}{\partial o_k} \right) \frac{\partial o_k}{\partial \mathrm{net}_k} \frac{\partial \mathrm{net}_k}{\partial w_{kj}}$$

$$= -\eta \frac{\partial E}{\partial o_k} o_k (1 - o_k) o_j = \eta (t_k - o_k) o_k (1 - o_k) o_j \qquad (3.23)$$

对于隐藏层神经元，上式表示为：

$$\Delta w_{ji} = -\eta \frac{\partial E}{\partial w_{ji}} = \eta \left(-\frac{\partial E}{\partial o_j} \right) \frac{\partial o_j}{\partial \mathrm{net}_j} \frac{\partial \mathrm{net}_j}{\partial w_{jo}} = -\eta \frac{\partial E}{\partial o_j} o_j (1 - o_j) o_i$$

$$= \eta (t_j - o_j) o_j (1 - o_j) o_i \qquad (3.24)$$

这里，我们记

$$\delta_k = -\frac{\partial E}{\partial \mathrm{net}_k} = -\frac{\partial E}{\partial o_k} o_k (1 - o_k) \qquad (3.25)$$

$$\delta_j = -\frac{\partial E}{\partial \mathrm{net}_j} = -\frac{\partial E}{\partial o_j} o_j (1 - o_j) \qquad (3.26)$$

然而，不能直接对 $\partial E/\partial o_j$ 的值进行相关的计算，只能将它用参数的形式来表示。其具体表示如下：

$$-\frac{\partial E}{\partial o_j} = -\sum_k \frac{\partial E}{\partial \mathrm{net}_k} \frac{\partial \mathrm{net}_k}{\partial o_j} = \sum_k \left(-\frac{\partial \left(\sum_j w_{kj} o_j \right)}{\partial o_j} \right)$$

$$= \sum_k \left(-\frac{\partial E}{\partial \mathrm{net}_k} \right) w_{kj} = \sum_k \delta_k w_{kj} \qquad (3.27)$$

因此，可以将各个权值系数的调整量表示如下：

$$\Delta w_{kj} = \eta(t_k - o_k)o_k(1 - o_k)o_j \qquad (3.28)$$

$$\Delta w_{ji} = \eta\delta_j o_i \qquad (3.29)$$

其中$\delta_j = o_j(1 - o_j)\sum_k \delta_k w_{kj}$，$\delta_k = (t_k - o_k)o_k(1 - o_k)$，$\eta$ 为学习率（或称学习步长）。

在 BP 网络的学习过程中，通过这种前向计算输出、反向传播误差的多次迭代过程，可使网络实际输出与训练样本所期望的输出之间的误差随着迭代次数的增加而减小，最终使得该过程收敛到一组稳定的权值。

在实际应用过程中，参数 η 的选取是影响算法收敛性质的一个重要因素。通常情况下，如果学习率 η 取值太大，权值的改变量也越大，算法的收敛速度可能在一开始会比较快，但可能会导致算法出现振荡，从而出现不能收敛或收敛很慢的情况。为了在增大学习率的同时不至于产生振荡，我们可对式（3.29）中的权值更新法则进行修改，也就是在其右侧加入冲量项，可表示为：

$$\Delta w_{ji}(n + 1) = \eta\delta_j o_i + \alpha \Delta w_{ji}(n) \qquad (3.30)$$

其中，$n+1$ 代表第 $n+1$ 次迭代，n 是一个比例常数。该式说明在第 $n+1$ 次迭代中 w_{ji} 的变化有部分类似于第 n 次迭代中的变化，也就是对其设置了一些惯性。冲量项的设置可以抑制振荡的发生，但使得学习率相应地降低。

3.8　泛化能力

泛化能力是指经过训练的神经网络对于全新数据集的预测能力。理想的训练结果是神经网络具有较好的泛化能力，即在训练集中有良好的识别率，在测试集中同样有良好的识别率。

在训练集中识别效果良好，但在测试集中识别效果比较差，这种现象称为过拟合。过拟合现象产生的原因是多方面的，如训练数据不足、训练模型过于复杂等。针对这些原因，要解决过拟合现象的问题可以从增加训练数据、降低训练模型复杂度等方面入手。

当神经网络中的网络层采用全连接方式时，可采用 Dropout 策略来防止过拟合。预先设置 Dropout 的百分比数值，在训练过程中，带有 Dropout 的网络层会按百分比随机忽略部分神经元。即在前向传播中，被忽略的神经元对下一网络层中神经元的影响暂时消失，同时未被忽略的神经元会替代消失的神经元传递信息；在反向传播中，被忽略的神经元也不会有参数的更新。但在测试过程中，神经网络会保留所有神经元。Dropout 可以降低网络模型对神经元特定参数的敏感度，从而提升模型的泛化能力，不容易对训练数据过拟合。

基于 Keras 搭建神经网络时，可通过 model.add() 在激活函数后添加 Dropout。主要语句如下：

```
from keras.models import Sequential
from keras.layers.core import Dense, Activation
model = Sequential()
#建立输入层与隐藏层，M为输入数据维度
model.add(Dense(units,input_dim=M))
#激活函数选择Relu函数
model.add(Activation('relu'))
#Dropout设置为0.5，即该网络层每次都随机忽略50%的神经元
model.add(Dropout(0.5))
model.add(Dense(N))
#激活函数选择Softmax函数
model.add(Activation('softmax'))
```

3.9　多层感知器

前面已经介绍了与神经网络相关的基础理论，从本节开始，先主要介绍多层感知器的网络结构，再介绍 MNIST 手写体数据集以及如何进行数据集的预处理，最后介绍如何基于 Keras 搭建单层及多层感知器的网络结构，并实现感知器对于 MNIST 手写体数据集的分类任务。

单层感知器可以在有限的训练迭代次数中达到误差收敛，有良好的学习能力。单层感知器的输出结果需要与阈值函数相比较，由阈值决定该神经元的最终输出是 0 还是 1。因此，单层感知器更适用于线性可分的二分类问题。关于单层感知器的详细介绍可参考 3.1节。对于大多数线性不可分且复杂的分类问题，需要运用多层感知器，即拥有多个隐藏层；用非线性的激活函数代替线性的阈值函数，以增加神经网络的非线性，从而有更好的分类能力。以含有两层隐藏层的多层感知器为例，其结构图如图 3-9 所示。

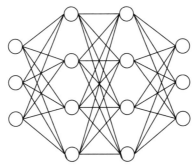

图 3-9　多层感知器结构图

从图 3-9 多层感知器结构图中可以看到，该网络结构含有一个输入层、两个隐藏层、一个输出层。其中输入层和输出层分别含有 3 个神经元，两个隐藏层分别含有 4 个神经元。相邻网络层之间的神经元采取全连接的方式。

3.10　MNIST 数据集

MNIST 数据集（Mixed National Institute of Standards and Technology database）是由 MNIST 提供的较大数据集合的一个子集，其中包括 60 000 个样本数量的训练集，10 000 个样本数量的测试集，以及对应的 60 000 个训练集样本标签和 10 000 个测试集样本标签。

数据集中是 0～9 的手写体数字图片，如图 3-10 所示。这些数字图片已经经过尺寸标准化处理，集中在固定尺寸大小为 28×28 的图像中。并且这些数字图片均为黑白色，这让后续数据预处理变得更加简单。对于想要尝试运用实际案例实现神经网络训练和识别的初学者来说，MNIST 数据集是非常合适的选择。

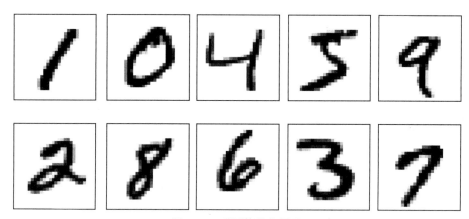

图 3-10　手写体数字图片

在将 MNIST 数据集送入神经网络训练之前，还需要对 MNIST 数据集进行一系列的处理，使得输入数据符合神经网络输入层的要求，这一过程统称为预处理。预处理流程图如图 3-11 所示。

3.10.1　下载 MNIST 数据集

Keras 提供了现成的数据模块，可从 Keras 中导入 MNIST 模块，程序如下所示。当执行该语句时，程序会检查用户目录下是否已下载 MNIST 数据集文件，若有则会直接调用该数据集，并将数据集分为训练集、训练标签、测试集、测试标签，分别赋给 X_train、Y_train、X_test、Y_test，过程用时较短；若没有该文件则会自动下载，并完成数据分配，过程用时较长。

【例 3-1】下载数据集。

```
from keras.datasets import mnist
```

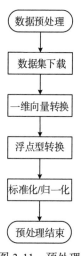

图 3-11　预处理流程图

```
(X_train,Y_train),(X_test,Y_test)=mnist.load_data()
```

未下载过数据集，第一次运行该语句时的情况如图 3-12 所示。

```
Using TensorFlow backend.
Downloading data from https://s3.amazonaws.com/img-datasets/mnist.npz
   442368/11490434 [>..............................] - ETA: 7:03
```

图 3-12　数据集下载

数据集下载完成，运行结果如图 3-13 所示。进度条右侧显示下载所用总时长。

```
Using TensorFlow backend.
Downloading data from https://s3.amazonaws.com/img-datasets/mnist.npz
11493376/11490434 [==============================] - 568s 49us/step
```

图 3-13　数据集下载完成

Windows 系统中，数据下载后会存储在 C 盘用户目录下 .keras 中的 datasets 文件夹中。
运行下面语句可查看各数据集形状：

```
print(X_train.shape)        #打印训练数据集形状
print(Y_train.shape)        #打印训练标签集形状
print(X_test.shape)         #打印测试数据集形状
print(Y_test.shape)         #打印测试标签集形状
```

```
X_train (60000, 28, 28)
Y_train (60000,)
X_test (10000, 28, 28)
Y_test (10000,)
```

运行结果如图 3-14 所示。

图 3-14　各数据集形状

从图 3-14 各数据集形状可以看出，训练集数据共 60 000 个，每个数据图片大小为 28×28，训练集标签共 60 000 个；测试集数据共 10 000 个，每个数据图片大小为 28×28，测试集标签共 10 000 个。

【例 3-2】查看指定个数数据图像。

定义 plot_image 函数，查看指定个数的数据图像，并以查看训练数据集中第 1 个数据图像为例。程序如下：

```
import matplotlib.pyplot as plt      #导入matplotlib.pyplot
def plot_image(image):               #输入参数为image
    fig=plt.gcf()                    #获取当前图像
    fig.set_size_inches(2,2)         #设置图片大小
    plt.imshow(image,cmap='binary')  #使用plt.imshow显示图片
    plt.show()                       #开始绘图
plot_image(X_train[0])               #查看测试数据集中第1个数据图像
```

运行结果如图 3-15 所示。

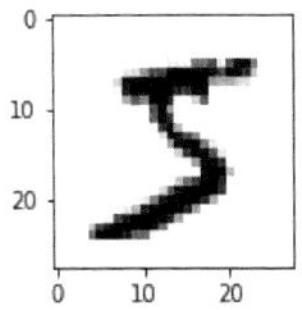

从图 3-15 数据图像结果可以看出，训练集第 1 个数据图像为数字 5。

图 3-15　数据图像

3.10.2 数据预处理

神经网络的输入数据要求是向量形式，因此，在将 MNIST 手写体数据集送入神经网络训练之前，需要对这些图像数据进行预处理，使其变为一维向量。MNIST 数据集预处理分为图像数据预处理和标签数据预处理。

【例 3-3】数据预处理。

1. 图像数据预处理

首先通过 reshape 将 28×28 的二维数字图像转换为 784 的一维向量。程序如下：

```
import numpy as np
X_test1=X_test #备份未经数据预处理的测试数据，为最后预测阶段做准备
Y_test1=Y_test #备份未经数据预处理的测试标签，为最后预测阶段做准备
X_train=X_train.reshape(60000,784)    #将28×28的二维数据转换为784的一维向量
X_test=X_test.reshape(10000,784)      #将28×28的二维数据转换为784的一维向量
```

再将一维向量数值转换为浮点型。程序如下：

```
X_train=X_train.astype('float32')
X_test=X_test.astype('float32')
```

以训练集中的第 1 张图像为例，观察此时数据的具体内容。程序如下：

```
print(X_train[0])
```

由于运行结果篇幅较大，这里仅放置部分运行结果，如图 3-16 所示。

```
[  0.   0.   0.   0.   0.   0.   0.   0.   0.   0.   0.   0.   0.   0.
   0.   0.   0.   0.   0.   0.   0.   0.   0.   0.   0.   0.   0.   0.
   0.   0.   0.   0.   0.   0.   0.   0.   0.   0.   0.   0.   0.   0.
   0.   0.   0.   0.   0.   0.   0.   0.   0.   0.   0.   0.   0.   0.
   0.   0.   0.   0.   0.   0.   0.   0.   0.   0.   0.   0.   0.   0.
   0.   0.   0.   0.   0.   0.   0.   0.   0.   0.   0.   0.   0.   0.
   0.   0.   0.   0.   0.   0.   0.   0.   0.   0.   0.   0.   0.   0.
   0.   0.   0.   0.   0.   0.   0.   0.   0.   0.   0.   3.  18.
  18.  18. 126. 136. 175.  26. 166. 255. 247. 127.   0.   0.   0.   0.
   0.   0.   0.   0.   0.   0.   0.   0.  30.  36.  94. 154. 170. 253.
 253. 253. 253. 253. 225. 172. 253. 242. 195.  64.   0.   0.   0.   0.
   0.   0.   0.   0.   0.  49. 238. 253. 253. 253. 253. 253.
 253. 253. 253. 251.  93.  82.  82.  56.  39.   0.   0.   0.   0.   0.
```

图 3-16 浮点型转换结果

由图 3-16 浮点型转换结果可以看出，该数据内容已由 28×28 的二维数据转换为一维向量，该一维向量由 784 个 0～255 的浮点数组成，大部分为 0，少部分有数字，数值大小代表图形每个点灰度的深浅。

若想提高训练结果的准确率，应该对一维向量的内容再进行数字标准化。由上述运行结果可知，一维向量中的数值范围为 0～255，故可对每个数值进行归一化，即每个数值除以 255，使得每个数值范围都在 0～1 内。程序如下：

```
X_train=X_train/255
X_test/=255
```

同样，以查看训练集中的第 1 张图像为例，观察此时数据的具体内容。程序如下：

```
print(X_train[0])
```

由于运行结果篇幅较大，这里仅放置部分运行结果，如图 3-17 所示。

```
0.0000000e+00 0.0000000e+00 0.0000000e+00 0.0000000e+00 0.0000000e+00
0.0000000e+00 0.0000000e+00 0.0000000e+00 0.0000000e+00 0.0000000e+00
0.0000000e+00 0.0000000e+00 0.0000000e+00 0.0000000e+00 0.0000000e+00
0.0000000e+00 0.0000000e+00 0.0000000e+00 0.0000000e+00 0.0000000e+00
0.0000000e+00 0.0000000e+00 0.0000000e+00 0.0000000e+00 0.0000000e+00
0.0000000e+00 0.0000000e+00 0.0000000e+00 0.0000000e+00 0.0000000e+00
0.0000000e+00 0.0000000e+00 4.6136101e-05 2.7681663e-04 2.7681663e-04
2.7681663e-04 1.9377163e-03 2.0915035e-03 2.6912726e-03 3.9984621e-04
2.5528644e-03 3.9215689e-03 3.7985391e-03 1.9530950e-03 0.0000000e+00
0.0000000e+00 0.0000000e+00 0.0000000e+00 0.0000000e+00 0.0000000e+00
0.0000000e+00 4.6136102e-04 5.5363326e-04 1.4455979e-03 2.3683200e-03
```

图 3-17　标准化转换结果

由图 3-17 标准化转换结果可以看出，数值范围均已转换为 0 ~ 1。

上述几个步骤可合并实现。程序如下：

```
X_train=X_train.reshape(60000,784).astype('float32')/255
X_test=X_test.reshape(10000,784).astype('float32')/255
```

2. 标签数据预处理

MNIST 数据集中的标签数据是 0 ~ 9 的数字，同样需要将其转换为一维向量，可以通过一位有效编码（one-hot encoding）实现这一过程。

以训练集中的前 3 个标签为例，观察此时数据的具体内容。程序如下：

```
print(Y_train[:3])
```

运行结果如图 3-18 所示。

```
[5 0 4]
```

由图 3-18 训练集前 3 个标签结果可以看出，第 1 个标签为 5，第 图 3-18　训练集前
2 个标签为 0，第 4 个标签为 4。 3 个标签

对标签数据进行一位有效编码。程序如下：

```
from keras.utils import np_utils
N_CLASSES=10
Y_train=np_utils.to_categorical(Y_train, N_CLASSES)#编码位数为十位，对应分类的类别数目
Y_test=np_utils.to_categorical(Y_test, N_CLASSES)
```

同样以训练集中的前 3 个标签为例，观察此时数据的具体内容。程序如下：

```
print(Y_train[:3])
```

运行结果如图 3-19 所示。

```
[[0. 0. 0. 0. 0. 1. 0. 0. 0. 0.]
 [1. 0. 0. 0. 0. 0. 0. 0. 0. 0.]
 [0. 0. 0. 0. 1. 0. 0. 0. 0. 0.]]
```

图 3-19　标签转换结果

从图 3-19 标签转换结果可以看出，每个标签都转换为 10 位二进制编码，从 0 开始数，只有对应标签数的位置上数值为 1，其余为 0。如第 1 个标签数值为 5，对应标签转换后，第 1 行中从 0 开始数，第 5 个位置上数值为 1，其余为 0。

3.11　Keras 实现感知器的手写体识别

数据预处理完成之后，接着是神经网络的搭建，搭建完成之后还需对神经网络进行编译，即定义学习方式，最后再进行训练、测试、评估和预测。本节先介绍单层感知器实现 MNIST 分类，在单层感知器的基础上再介绍多层感知器实现 MNIST 分类。

3.11.1　单层感知器手写体识别

针对单层感知器所搭建的网络结构如图 3-20 所示。层与层之间采用全连接的方式。输入层神经元个数为 784，这由输入数据所决定，每个输入数据都是含有 784 个元素的一维向量；输出层神经元个数为 10，这由手写体数据集需要进行 10 项分类所决定。输出层将结合激活函数 Softmax 完成多分类输出。

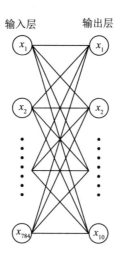

图 3-20　单层感知器网络结构

下面将建立 Keras 中的 Sequential 模型，通过 model.add() 来添加所需的神经网络层。

全连接方式将通过 Dense 神经网络层实现。

【例 3-4】搭建单层感知器网络结构。

首先搭建输入层。程序如下：

```
#从keras中导入sequential模块
from keras.models import Sequential
#从keras中导入layers模块，为搭建全连接层做准备
from keras.layers.core import Dense, Activation
model = Sequential()
#设置第1个Dense层输入神经元个数为784，输出神经元个数为10，输出层结合激活函数为softmax，即可
获得最终输出结果
model.add(Dense(N_CLASSES, input_shape=(784,)))
model.add(Activation('softmax'))
```

在运行结果界面中显示神经网络的模型摘要，程序如下：

```
model.summary()
```

模型摘要如图 3-21 所示。由于输入层与隐藏层是一起建立的，所以没有显示输入层。在该神经网络中，隐藏层只有一层，且隐藏层也是输出层，共 10 个神经单元。摘要最右侧的 Param 是超参数（Hyper-Parameters），每层网络层参数个数都在最右侧显示。Total params 指该网络模型的总参数个数，Trainable params 指可以参与训练的参数个数，Non-trainable params 指不能参与训练的参数个数。

```
Layer (type)                    Output Shape              Param #
=================================================================
dense_1 (Dense)                 (None, 10)                7850
_____
activation_1 (Activation)       (None, 10)                0
=================================================================
Total params: 7,850
Trainable params: 7,850
Non-trainable params: 0
```

图 3-21　模型摘要

【例 3-5】对单层感知器进行编译和训练。

神经网络搭建完成后，开始对该网络进行编译，定义该网络的学习方式，选择损失函数，优化算法，设置评估模型标准。程序如下：

```
#编译可通过调用函数model.compile()完成
model.compile(
      loss='categorical_crossentropy',   #损失函数选择交叉熵函数
       optimizer='adam',                 #优化器选择adam
      metrics=['accuracy'],              #以准确率（accuracy）评估模型训练结果
)
```

编译完成后，可以开始进行神经网络的训练，同时可将训练过程存储在变量中（以 Training 为该变量为例）。程序如下：

```
#训练可通过model.fit()完成，分别输入：训练数据X_train，训练标签Y_train；batch_size的数值；
epochs的数值；validation_split为验证集比例，将从训练集中按该比例分出数据为验证集；verbose
为日志显示，0为不在标准输出流输出日志信息，1为输出进度条记录，2为每个epoch输出一行记录且无进度
条记录
N_EPOCHS=20
BATCH_SIZE=128
VALIDATION_SPLIT = 0.2
Training=model.fit(
      X_train,Y_train,                          #输入训练数据，训练标签
      batch_size=BATCH_SIZE,                    #设置batch_size为128
      epochs=N_EPOCHS,                          #设置epochs为4
      validation_split=VALIDATION_SPLIT,        #设置验证集比例为20%
      verbose=2                                 #每个epoch输出一行记录且无进度条记录
)
```

训练过程如图 3-22 所示。运行上述程序后，运行结果会显示训练样本为 48 000 个，验证样本为 12 000 个，以及每次迭代的训练误差、训练准确率、验证误差和验证准确率。

```
Train on 48000 samples, validate on 12000 samples
Epoch 1/20
 - 0s - loss: 2.2721 - acc: 0.3491 - val_loss: 2.2411 - val_acc: 0.4548
Epoch 2/20
 - 0s - loss: 2.2124 - acc: 0.5260 - val_loss: 2.1815 - val_acc: 0.5940
Epoch 3/20
 - 0s - loss: 2.1548 - acc: 0.6027 - val_loss: 2.1235 - val_acc: 0.6583
Epoch 4/20
 - 0s - loss: 2.0990 - acc: 0.6545 - val_loss: 2.0672 - val_acc: 0.6897
Epoch 5/20
 - 0s - loss: 2.0448 - acc: 0.6719 - val_loss: 2.0125 - val_acc: 0.7138
Epoch 6/20
 - 0s - loss: 1.9924 - acc: 0.7014 - val_loss: 1.9597 - val_acc: 0.7283
Epoch 7/20
 - 0s - loss: 1.9415 - acc: 0.7123 - val_loss: 1.9083 - val_acc: 0.7378
Epoch 8/20
 - 0s - loss: 1.8921 - acc: 0.7260 - val_loss: 1.8587 - val_acc: 0.7422
Epoch 9/20
 - 0s - loss: 1.8442 - acc: 0.7296 - val_loss: 1.8102 - val_acc: 0.7544
Epoch 10/20
 - 0s - loss: 1.7978 - acc: 0.7419 - val_loss: 1.7634 - val_acc: 0.7594
Epoch 11/20
 - 0s - loss: 1.7529 - acc: 0.7448 - val_loss: 1.7181 - val_acc: 0.7653
Epoch 12/20
 - 0s - loss: 1.7095 - acc: 0.7525 - val_loss: 1.6744 - val_acc: 0.7696
Epoch 13/20
 - 0s - loss: 1.6674 - acc: 0.7563 - val_loss: 1.6318 - val_acc: 0.7778
Epoch 14/20
 - 0s - loss: 1.6267 - acc: 0.7614 - val_loss: 1.5907 - val_acc: 0.7820
Epoch 15/20
 - 0s - loss: 1.5874 - acc: 0.7677 - val_loss: 1.5512 - val_acc: 0.7840
Epoch 16/20
 - 0s - loss: 1.5495 - acc: 0.7696 - val_loss: 1.5128 - val_acc: 0.7892
Epoch 17/20
 - 0s - loss: 1.5128 - acc: 0.7751 - val_loss: 1.4758 - val_acc: 0.7940
Epoch 18/20
 - 0s - loss: 1.4774 - acc: 0.7770 - val_loss: 1.4400 - val_acc: 0.7963
Epoch 19/20
 - 0s - loss: 1.4432 - acc: 0.7807 - val_loss: 1.4056 - val_acc: 0.8007
Epoch 20/20
 - 0s - loss: 1.4102 - acc: 0.7838 - val_loss: 1.3723 - val_acc: 0.8044
```

图 3-22　训练过程

【例 3-6】对单层感知器进行测试集评估。

神经网络训练完成后，可通过测试集进行评估。同时可将测试过程存储在变量中（以 Test 为该变量为例）。程序如下：

```
#评估可通过model.evaluate()完成，分别输入：测试数据X_test，测试标签Y_test；该函数会基于
X_test和Y_test计算model.compile中指定的metrics函数；该函数返回值为误差（loss）和准确率
（accuracy）
Test = model.evaluate(X_test, Y_test, verbose=1)
```

```
print("Test loss:",Test[0])          #打印测试误差
print('Test accuracy:', Test[1])     #打印测试准确率
```

测试结果如图 3-23 所示。测试样本为 10 000 个，测试误差约为 1.3742，测试准确率为 0.8059。

```
10000/10000 [==============================] - 0s 9us/step
Test loss: 1.3742007169723511
Test accuracy: 0.8059
```

图 3-23　测试结果

【例 3-7】使用单层感知器进行预测。

评估仅仅是对测试数据进行误差和准确率的计算，若想对测试数据进行预测，并输出预测结果，可通过两种函数完成：model.predict_classes() 和 model.predict()。二者的区别是前者直接输出类别号；后者输出的仍是标签编码，可通过 argmax() 输出类别号。以 model.predict_classes() 为例，将输出结果存储在变量中（以 prediction 为该变量为例），以测试集第 1 项数据图像为例。程序如下：

```
#调用model.predict_classes()完成预测，输入参数：测试集数据；预测结果存储在变量prediction中
prediction=model.predict_classes(X_test)
#定义pre_results()函数，查看指定图片、真实标签及预测结果
def pre_results(i):          #输入参数i，项数从0开始数，则该项数为i+1
    plot_image(X_test1[i])   #调用函数plot_image()，输入参数：测试集第i+1项，查看该图片
    print('Y_test1=',Y_test1[i])         #打印测试集第i+1项标签
    print('pre_result=',prediction[i])   #打印测试集第i+1项预测结果
pre_results(0)  #调用函数pre_results()，输入参数：i取0，即第1项
```

预测结果如图 3-24 所示。以测试集第 1 项数据图像为例，该图像为数字 7，对应标签为 7，预测结果为标签 7。

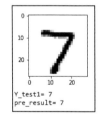

图 3-24　预测结果

3.11.2　多层感知器手写体识别

针对多层感知器所搭建的网络结构如图 3-25 所示。相比单层感知器，多层感知器的变化在于它有多个隐藏层。此处以 3 层感知器为例，共有两个隐藏层，每个隐藏层有 1000 个神经元，层与层之间仍采用全连接的方式。为防止过拟合，将在每层的激活函数后添加 Dropout。

与单层感知器相同，将建立 Keras 中的 Sequential 模型，通过 model.add() 来添加所需的神经网络层。全连接方式也将通过 Dense 神经网络层实现。

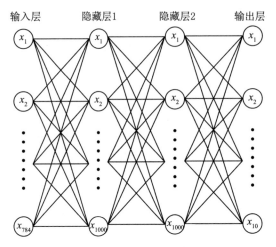

图 3-25 多层感知器网络结构

【例 3-8】搭建多层感知器。

1）搭建输入层和第 1 个隐藏层。程序如下：

```
#从keras中导入Sequential模块
from keras.models import Sequential
from keras.layers.core import Dense, Activation, Dropout
model=Sequential()
model.add(Dense(1000,input_dim=784))     #输入层为784个神经元，输入层所连接的第1个隐藏层有
1000个神经元，故该Dense层输出为1000
model.add(Activation('relu'))   #激活函数选择Relu函数
model.add(Dropout(0.5))         # Dropout设置为0.5
```

2）搭建第 2 个隐藏层。程序如下：

```
#第2个隐藏层无须设置输入，该输入默认为上一层隐藏层的输出；该层也有1000个神经元，故该层输出为
1000；激活函数选择Relu函数；Dropout设置为0.5
model.add(Dense(1000))
model.add(Activation('relu'))
model.add(Dropout(0.5))
```

3）搭建输出层。程序如下：

```
model.add(Dense(10))
model.add(Activation('softmax'))
```

4）在运行结果界面中显示神经网络的模型摘要。程序如下：

```
model.summary()
```

神经网络模型摘要如图 3-26 所示。该网络模型有两个隐藏层、一个输出层。每个隐藏层神经元个数为 1000；一个输出层，该输出层神经元个数为 10。

```
Layer (type)                    Output Shape              Param #
=================================================================
dense_1 (Dense)                 (None, 1000)              785000
_____
activation_1 (Activation)       (None, 1000)              0
_____
dropout_1 (Dropout)             (None, 1000)              0
_____
dense_2 (Dense)                 (None, 1000)              1001000
_____
activation_2 (Activation)       (None, 1000)              0
_____
dropout_2 (Dropout)             (None, 1000)              0
_____
dense_3 (Dense)                 (None, 10)                10010
_____
activation_3 (Activation)       (None, 10)                0
=================================================================
Total params: 1,796,010
Trainable params: 1,796,010
Non-trainable params: 0
```

图 3-26　神经网络模型摘要

【例 3-9】对多层感知器进行编译和训练。

神经网络搭建完成后，开始对该网络进行编译。程序如下：

```
#编译可通过调用函数model.compile()完成
model.compile(
        loss='categorical_crossentropy',    #损失函数选择交叉熵函数
          optimizer='adam',                  #优化器选择adam
        metrics=['accuracy'],                #以准确率（Accuracy）评估模型训练结果
)
```

编译完成后，可以开始进行神经网络的训练。程序如下：

```
N_EPOCHS = 10
BATCH_SIZE = 128
VALIDATION_SPLIT = 0.2
Training=model.fit(
        X_train,Y_train,               #输入训练数据、训练标签
        batch_size=BATCH_SIZE,         #设置batch_size为128
        epochs=N_EPOCHS,               #设置epochs为10
        validation_split=VALIDATION_SPLIT,    #设置验证集比例为20%
        verbose=2                      #每个epoch输出一行记录且无进度条记录
)
```

训练过程如图 3-27 所示。训练数据共有 48 000 项，验证数据共有 12 000 项，该神经网络一共迭代 10 次，每次迭代后显示训练误差、训练准确率、验证误差、验证准确率。

model.fit() 函数返回的是 history 对象，包含两个属性，分别为 epoch 和 history。其中 history 为字典类型，包含 4 个 key 值，分别为 loss、acc、val_loss、val_acc。其中，loss 和 acc 为每个 epoch 中训练数据的误差和准确率；val_loss 和 val_acc 为每个 epoch 中验证数据的误差和准确率。

```
Train on 48000 samples, validate on 12000 samples
Epoch 1/10
 - 7s - loss: 0.7352 - acc: 0.7848 - val_loss: 0.3593 - val_acc: 0.8930
Epoch 2/10
 - 6s - loss: 0.3301 - acc: 0.9035 - val_loss: 0.2758 - val_acc: 0.9207
Epoch 3/10
 - 7s - loss: 0.2662 - acc: 0.9214 - val_loss: 0.2200 - val_acc: 0.9381
Epoch 4/10
 - 7s - loss: 0.2149 - acc: 0.9367 - val_loss: 0.1953 - val_acc: 0.9413
Epoch 5/10
 - 7s - loss: 0.1749 - acc: 0.9481 - val_loss: 0.1685 - val_acc: 0.9500
Epoch 6/10
 - 6s - loss: 0.1490 - acc: 0.9548 - val_loss: 0.1433 - val_acc: 0.9568
Epoch 7/10
 - 7s - loss: 0.1246 - acc: 0.9623 - val_loss: 0.1349 - val_acc: 0.9613
Epoch 8/10
 - 6s - loss: 0.1064 - acc: 0.9680 - val_loss: 0.1179 - val_acc: 0.9635
Epoch 9/10
 - 6s - loss: 0.0944 - acc: 0.9713 - val_loss: 0.1092 - val_acc: 0.9682
Epoch 10/10
 - 7s - loss: 0.0806 - acc: 0.9756 - val_loss: 0.1025 - val_acc: 0.9688
```

图 3-27　训练过程

【例 3-10】画出训练过程随时期（epoch）变化曲线。

查看存储在 Training 中的训练过程，并分别画出 loss、acc、val_loss、val_acc 随着时期（epoch）变化的曲线。程序如下：

查看 history 的 4 个 key 值。

```
print(Training.history.keys())
```

4 个 key 值如图 3-28 所示。

```
dict_keys(['val_loss', 'val_acc', 'loss', 'acc'])
```

图 3-28　4 个 key 值

```
#以epoch为横坐标，在同一坐标轴下画出acc、val_acc随epoch变化而变化的曲线图
plt.plot(Training.history['acc'])         #训练数据(acc)执行结果
plt.plot(Training.history['val_acc'])     #验证数据(val_acc)执行结果
plt.title('model accuracy')               #显示图的标题model accuracy
plt.ylabel('accuracy')                    #显示y轴标签accuracy
plt.xlabel('epoch')                       #显示x轴标签epoch
#设置图例是显示'train'、 'validation'，位置在右下角
plt.legend(['train', 'validation'], loc='lower right')
plt.show()  #开始绘图
```

准确率变化图像如图 3-29 所示。随着迭代次数增加，训练准确率（实线）不断上升，验证准确率（虚线）也不断上升，且验证准确率始终大于训练准确率。训练后期，训练准确率略大于验证准确率，说明该神经网络出现了轻微的过拟合现象。可通过进一步调整网络超参数或调整网络结构来缓解过拟合现象。

```
#以epoch为横坐标，在同一坐标轴下画出loss、val_loss随epoch变化而变化的曲线图
plt.plot(Training.history['loss'])         #训练数据(loss)执行结果
plt.plot(Training.history['val_loss'])     #训练数据(val_loss)执行结果
plt.title('model loss')  #显示图的标题model loss
```

```
plt.ylabel('loss')        #显示y轴标签loss
plt.xlabel('epoch')       #显示x轴标签epoch
#设置图例是显示'train', 'validation', 位置在右上角
plt.legend(['train', 'test'], loc='upper right')
plt.show()                #开始绘图
```

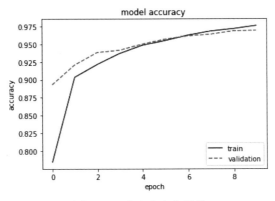

图 3-29　准确率变化图像

　　误差变化图像如图 3-30 所示。随着迭代次数的增加，训练误差（实线）不断减小，验证误差（虚线）也不断减小，且二者都达到了收敛。

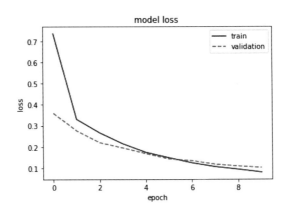

图 3-30　误差变化图像

【例 3-11】对多层感知器进行测试集评估。

神经网络训练完成后，可通过测试集进行评估。程序如下：

```
#评估可通过model.evaluate()完成, 分别输入: 测试数据X_test, 测试标签Y_test; 该函数会基于
X_test和Y_test计算model.compile中指定的metrics函数; 该函数返回值为误差（loss）和准确率
（accuracy）
Test = model.evaluate(X_test, Y_test, verbose=1)
```

```
print("Test score:",Test[0])        #打印测试误差
print('Test accuracy:', Test[1])     #打印测试准确率
```

测试结果如图 3-31 所示。测试样本共 10 000 个，测试误差最终约为 0.096，测试准确率为 0.97。

```
10000/10000 [==============================] - 1s 58us/step
Test score: 0.09641531385853887
Test accuracy: 0.97
```

图 3-31　测试结果

【例 3-12】使用多层感知器进行预测。

评估完成后，同样使用 model.predict_classes() 函数完成多层感知器的预测。以前两项测试数据为例，查看数字图像、真实标签和预测标签。程序如下：

```
#将预测结果存储在变量prediction中
prediction=model.predict_classes(X_test)
#定义pre_results()函数，查看指定图片、真实标签及预测结果
def pre_results(i):              #输入参数i，项数从0开始数，则该项数为i+1
    plot_image(X_test1[i])   #调用函数plot_image()，输入参数：测试集第i+1项，查看该图片
    print('Y_test1=',Y_test1[i])       #打印测试集第i+1项标签
    print('pre_result=',prediction[i]) #打印测试集第i+1项预测结果
pre_results(0)  #调用函数pre_results()，输入参数：i取0，即第1项
pre_results(1)  #调用函数pre_results()，输入参数：i取1，即第2项
```

预测结果 1 如图 3-32 所示。测试数据集中第 1 项数据图像为数字 7，标签为 7，预测结果为标签 7。

预测结果 2 如图 3-33 所示。测试数据集中第 2 项数据图像为数字 2，标签为 2，预测结果为标签 2。

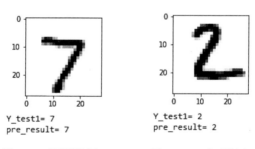

图 3-32　预测结果 1　　　图 3-33　预测结果 2

通过介绍单层感知器和多层感知器的相关原理，可以看出，多层感知器在网络结构上拥有更多的隐藏层。分别使用单层感知器和多层感知器实现 MNIST 数据集的分类，通过二者对 MNIST 数据集的识别率可以看出，多层感知器比单层感知器有着更好的识别分类能力，说明适当增加隐藏层有利于提高神经网络模型的性能。

3.12　思考与练习

1. 概念题

1）简述神经网络的网络结构组成。

2）简述神经网络的工作过程。

3）简述优化算法种类及相关原理。

4）推导反向传播算法。

5）简述多层感知器与单层感知器的不同。

6）简述多层感知器网络搭建过程。

2. 操作题

1）搭建多层感知器网络结构，不添加 Dropout 层，实现 MNIST 手写体数据集的识别分类，查看训练及测试结果。

2）设计一个含有 3 层隐藏层的多层感知器，并实现 MNIST 手写体数据集的识别分类，其中优化算法分别尝试 adam 和 SGD。

3）结合 Keras 中的 API 函数模型搭建多层感知器网络结构，并实现 MNIST 手写体数据集的识别分类。

Chapter 4 第4章

卷积神经网络

在前面的章节中已经介绍了传统的前馈神经网络。传统的神经网络结构通过增加隐藏层的结点个数，在一定程度上能够提高特征学习的能力。但是传统神经网络反向传播算法参数随机初始化，收敛速度很慢，而且在参数初始化不当的情况下会引起局部收敛，严重过拟合。卷积神经网络（Convolutional Neural Network，CNN）是通过模拟人脑视觉系统，采用卷积层和池化层依次交替的模型结构，卷积层使原始信号得到增强，提高信噪比，池化层利用图像局部相关性原理，对图像进行邻域间采样，在减少数据量的同时提取有用信息，同时参数减少和权值共享使得系统训练时间长的问题得到改善。本章将主要介绍卷积神经网络的网络结构及相关原理；基于 Keras 搭建简单的卷积神经网络，利用该网络实现 MNIST 数据集的识别分类；介绍新的数据集 CIFAR-10，并基于已搭建完成的卷积神经网络实现 CIFAR-10 数据集的识别分类。

4.1 卷积神经网络结构及原理

CNN 是一种多层网络，它的每一层由多个二维平面构成，卷积神经网络结构如图 4-1 所示。每一个二维平面由多个神经元构成。CNN 的网络结构也可分为 3 部分：输入层、隐藏层与输出层。CNN 的输入层是直接输入二维图像信息，这一点与传统的神经网络输入层需输入一维向量有所不同。隐藏层由 3 种网络组成——卷积层、池化层和全连接层。在卷积层中，该层的每个神经元与上层对应的局部感受域相连，通过滤波器和非线性变换来提取局部感受域的特征。当每个局部特征被提取之后，不同的局部特征间的空间关系也就确定下来了。在池化层中，可以对卷积层提取的特征进行降维，同时可以增加模型的抗畸变能力。

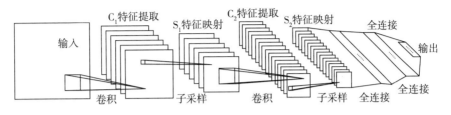

图 4-1　卷积神经网络结构

在全连接层中，连接层的神经元和传统的神经网络一样是全连接的，模型中一般至少有一层全连接层。这种模型每一层之间都不是进行显式的特征抽取，而是通过不断训练，隐式地得到输入样本的特征表示。输出层位于全连接层之后，对从全连接层得到的特征进行分类输出。

在 Keras 中搭建全连接层时，将二维数据转换为一维数据，可通过导入 keras.layers 模块中的 Flatten 完成。语句如下：

```
from keras.layers import Flatten
#搭建神经网络结构时，加入Flatten()层
model.add(Flatten())
#Flatten函数将返回一组拷贝数据，对于输入的二维数据，默认按行展开，输出一维数据。该函数可将卷积
过程中输出的二维数据转换成一维数据输入全连接层
```

4.1.1　卷积神经网络特点

1. 局部连接

受到早期研究人员提出的局部感受野的启发，即视觉皮层的神经元只响应特定的某些区域的刺激，卷积神经网络的神经元采用局部连接。图像的空间相关性与距离有关，距离近的像素之间相关性大，距离远的像素之间相关性很小。因此，局部特征显得极为重要，只需进行更加简便的局部感知。因为全局特征是通过综合底层局部特征得到的，神经元无须做到全局感知。因此只采用局部连接的方式，既符合视觉神经学理论又能有效地简化网络的复杂度。例如，对于全连接网络，假如有 1000×1000 像素的图像，隐藏层神经元的个数是 10^6，那么就有 $1000 \times 1000 \times 10^6 = 10^{12}$ 个权值参数。对于局部连接网络，每个神经元与上层 10×10 的窗口进行局部连接，则在相同数量隐藏层神经元的情况下，只有 $10 \times 10 \times 10^6 = 10^8$ 个权值参数。可见局部连接网络的权值参数比全连接网络降低了 4 个数量级。

2. 权值共享

权值共享，即同一个特征映射上的神经元使用相同的权值参数。在上面介绍的局部连接中，局部连接网络中的权值连接个数比全连接网络降低了 4 个数量级，但其实权值参数仍然过多，网络不容易训练。可以使用权值共享来进一步降低运算的复杂度。假定在上述的局部连接网络中每一个神经元都连接 10×10 的图像区域，即每个神经元都对应 100 个连接参数，如果每个神经元的这 100 个参数都是相等的，相当于每个神经元是用同一个卷积核去卷积图像，那么就变为只有 100 个参数。无论隐藏层的神经元个数有多少，两层间的连接都只有 100 个参数。

对于权值共享可以有如下的理解：把这 100 个参数看成提取特征的一种方式，可见这种方式是与位置无关的。这其中隐含在图像中某个部分的统计特性与另一个部分是相同的。这也就告诉我们，学习的特征是一种固有属性，为各个部分所共用，也就是说这个图像上的所有位置都可以使用一样的学习特征。

4.1.2　卷积层

图像信号具有内在的固有特性，卷积层负责完成对二维图像的特征提取。首先从大型图像中随机选取一些小块，学到了一些特征；然后用这些特征作为滤波器去扫描整张大图，对这个大图上的任一位置获得一个不同的特征激活值。这个过程就是特征提取的过程，即卷积。卷积过程既可以有效地减少网络参数数量，也可以大幅提高输入分类器的特征维数。

卷积层中卷积核的设计尤其重要，卷积核的大小（size）、数目（number）和步长（stride）都会对模型带来很大的影响。卷积核大小设置较大，需要训练的参数会增加，但卷积模型能够更加精细地处理图像，对图像的抽象能力会更好。较小的卷积核则意味着需要更多的非线性层，也就意味着整个结构更加具有识别力。卷积核数目代表从上一层中通过卷积滤波得到的特征图个数。所提取的特征图个数越多，就意味着所需要的卷积核越多，卷积网络学习能力越强，分类效果越好。但卷积核过多会增大网络的复杂度，增加参数的个数易出现过拟合现象。因此应根据具体的应用的数据集图像的大小来确定卷积核的个数。卷积核的步长大小决定了采集图像的步长大小和特征个数。不同的卷积核的参数不一样，可以提取输入图像的不同特征。为了提取图像的多种不同特征，可以采用多种卷积核。

卷积核对特征图像进行提取，计算方式为内积，即卷积核与特征图像中被卷积的区域对应位置相乘再求和。以 3×3 大小的卷积核对 4×4 大小的特征图像进行卷积为例，步长设置为 1，卷积运算过程如图 4-2 所示。

$$1 \times 0 + 2 \times 1 + 0 \times 0 + 0 \times 3 + 2 \times 2 + 1 \times 1 + 4 \times 2 + 0 \times 1 + 2 \times 2 = 19 \tag{4.1}$$

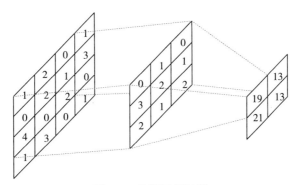

图 4-2　卷积运算过程

　　由上述例子可以看出，对于特征图中的像素点信息，位置处于 4 个顶点的 4 个像素信息点仅被卷积核卷积了 1 次，而位于中心 4 个点的 4 个像素信息点被卷积核卷积了 4 次，这在一定程度上会降低边缘信息的参考程度。为了更充分地利用特征图像的边缘信息，可对特征图像做 Padding 处理，即在特征图像的边缘补充 0。同样以图 4-2 所示卷积运算过程为例，Padding 处理如图 4-3 所示，Padding 层数为 1。以同样的卷积核进行卷积，以第 1 个卷积区域为例，过程及结果如图 4-4 所示。

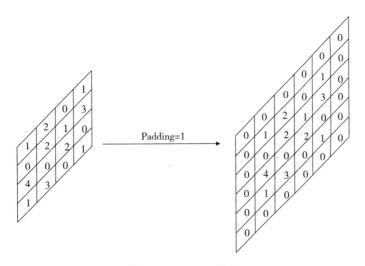

图 4-3　Padding 处理

$$0 \times 0 + 0 \times 1 + 0 \times 0 + 0 \times 3 + 1 \times 2 + 2 \times 1 + 0 \times 2 + 0 \times 1 + 2 \times 2 = 8 \tag{4.2}$$

　　当输入特征图像大小（$W_i \times H_i \times D_i$）、卷积核大小（$F \times F$）、卷积核个数（$K$），以及步长（$S$）、Padding 层数（$P$）都确定后，可通过计算得出输出特征图大小（$W_o \times H_o \times D_o$）。公式如下：

$$W_O = (W_i - F + 2P) / S + 1 \qquad (4.3)$$

$$H_O = (H_i - F + 2P) / S + 1 \qquad (4.4)$$

$$D_O = K \qquad (4.5)$$

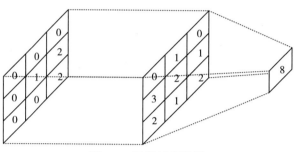

图 4-4　运算过程举例

在 Keras 中搭建卷积层时，可通过导入 keras.layers 模块中的 Conv2D 完成。语句如下：

```
from keras.layers import Conv2D
```

Conv2D 中的参数及参数解释如下：

```
keras.layers.convolutional.Conv2D(
filters,                #卷积核的数目（即输出的维度）
kernel_size,            #卷积核的宽度和长度
strides=(1, 1),         #卷积的步长
padding='valid',        #补0策略，为valid或same
data_format=None,       #channels_first或channels_last。channels_first对应的输入shape是
(batch, height, width, channels)，channels_last对应的输入shape是(batch, channels,
height, width)。默认是channels_last
dilation_rate=(1, 1),#指定dilated convolution中的膨胀比例。任何不为1的dilation_rate与
                        任何不为1的strides均不兼容
activation=None,        #激活函数
use_bias=True,          #是否使用偏置项
kernel_initializer='glorot_uniform', #权重初始化方法
bias_initializer='zeros',            #偏置初始化方法
kernel_regularizer=None,             #对权重施加正则项
bias_regularizer=None,               #对偏置施加正则项
activity_regularizer=None,           #对输出施加正则项
kernel_constraint=None,              #对权重施加约束项
bias_constraint=None                 #对偏置施加约束项
)
```

4.1.3　池化层

根据图像的局部性原理，图像每个像素点周围和该点具有较大的相似度。通过计算
图像一个区域上特征的平均值或最大值来描述大分辨率的图像，这种聚合的操作叫作池化

（Pooling）。池化层设置在卷积层之后，对卷积层输出的特征图像进行池化操作，又称下采样，可降低特征的维度，同时提高模型的泛化能力。经典的池化方式有两种——平均池化和最大池化。

在获得卷积特征之后，用大小为 m×n 的池化区域对卷积层输出的特征图进行下采样。对于特征图中被池化选中的 m×n 区域，平均池化指的是取该区域内所有像素信息点的平均值；最大池化指的是取该区域内所有像素信息点的最大值。最大池化和平均池化的下采样过程如图 4-5 所示。

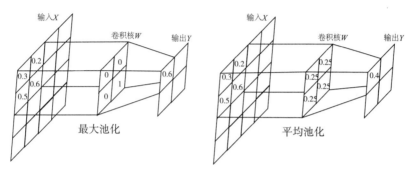

图 4-5 两种池化方式的下采样过程

在 Keras 中搭建池化层时，可通过导入 keras.layers 模块中的 MaxPool2D 完成。语句如下：

```
from keras.layers import MaxPool2D
```

MaxPool2D 中的参数及参数解释如下：

```
keras.layers.pooling.MaxPooling2D(
                     pool_size=(2, 2), #池化窗口的大小
                     strides=None,     #池化操作的步长
                     padding='valid',  #为valid或者same
                     data_format=None  # channels_last或channels_
                                         first, 默认为channels_last
)
```

4.1.4 全连接层

全连接层同传统的神经网络一样，神经元之间采用全连接的方式。在卷积神经网络模型中一般至少有一层是全连接层，全连接层连接着卷积神经网络中的卷积网络与输出层，将卷积网络部分输出的二维特征信息转换成一维特征信息，通过不断训练，隐式地得到输入样本的特征表示，再将这些特征表示送入输出层进行分类输出。

全连接层中的神经元个数通常为 4096、2048、1024 不等，全连接层也往往不止一层。前面已经介绍过，对于采用全连接的神经网络，过拟合现象是其存在的较为严重的问题，

尤其当网络结构复杂时。因此在全连接层中需要加入 Dropout 层，来防止卷积神经网络出现过拟合现象。

在 Keras 中搭建全连接层时，可通过导入 keras.layers 模块中的 Dense 完成。语句如下：

```
from keras.layers import Dense
```

Dense 中的参数及参数解释如下：

```
keras.layers.Dense(
                   units,                              #该层神经元个数，也是该层输出神经元个数
                   activation=None,                    #选择激活函数
                   use_bias=True,                      #是否添加偏置
                   kernel_initializer='glorot_uniform', #权重初始化方法
                   bias_initializer='zeros',           #偏置初始化方法
                   kernel_regularizer=None,            #对权重施加正则项
                   bias_regularizer=None,              #对偏置施加正则项
                   activity_regularizer=None,          #对输出施加正则项
                   kernel_constraint=None,             #对权重施加约束项
                   bias_constraint=None                #对偏置施加约束项
)
```

4.2 卷积神经网络工作过程

卷积神经网络同传统神经网络一样，工作状态分为两部分——训练阶段和测试阶段。训练阶段是卷积神经网络学习的过程，在训练阶段中参数不断被优化；测试阶段是用全新数据集来评估已经训练完成的卷积神经网络的学习能力。

卷积神经网络是有监督的识别任务，即图像标签已知，需要根据相同图像样本在空间中的分布，使得不相同类别的样本分布在不同的空间区域上。经过长时间地训练图像数据集，不断更新卷积神经网络中的参数，在网络中得到用以划分样本空间的分类边界的位置，来对图像进行分类。

卷积神经网络实质上是一种输入到输出的映射，可以用图像特征的算法并根据特定原则学习这种函数映射，该函数将一个输入图像块 X 映射到一个 K 维的特征向量 f 中。对卷积网络训练，得到网络之间的连接权值 W，通过激活函数网络就会学习到输入输出对之间的映射能力。为了防止网络中的神经元因为权值过大而进入饱和状态，一般在训练开始前将权值 W 使用 $0 \sim 1$ 的随机小数赋值。

前向传播先使用一组随机数对网络的权值参数进行初始化，然后使用训练数据进行迭代训练，通过误差函数计算出神经网络模型的实际输出与真实输出之间的误差。反向传播则根据前向传播所得误差，通过梯度下降算法对各层网络的权值进行优化更新。前向传播

与反向传播交替进行，直到所得误差满足一定误差范围为止。关于误差函数与优化算法的详细介绍可参考第 3 章。

训练过程流程图如图 4-6 所示。

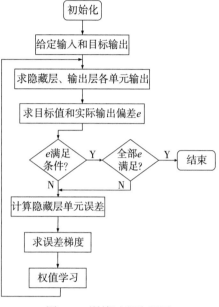

图 4-6　训练过程流程图

训练过程分为两个阶段，共 4 步。

第 1 阶段，前向传播阶段：

1）从样本数据集中随机取一个样本 X_p、Y_p，将 X 输入网络。

2）通过层次计算得到相应的输出值 O_p。

前向传播阶段时，网络随机初始化网络连接的权值，但是权值不能全部为 0，也不能全部相同；信息从输入层经过逐级的变换，传送到输出层。网络执行的计算就是输入与每层的权值矩阵相点乘，逐层运算后得到最后的输出结果，如式（4.6）所示。

$$O_P = F_n \left(\cdots F_2(F_1(X_P W^{(1)}) W^{(2)}) \cdots \right) W^{(N)} \tag{4.6}$$

第 2 阶段，反向传播阶段：

1）计算实际输出 O_p 与相应的真实值 Y_p 的差。

2）通过极小化误差的方法反向传播调整权值矩阵。

假设激活函数为 sigmoid 函数，其每层网络有 n 个神经元，且每个神经元具有 n 个权值。如第 K 层的第 i（$i = 1, 2, \cdots, n$）个神经元，其权值可表示为 $W_{i,1}$，$W_{i,2}$，$\cdots$，$W_{i,n}$。首先，对权值系数 $W_{i,j}$ 进行初始化，需要强调的是，要将 $W_{i,j}$ 初始化为一个接近 0 的随机数，这样梯度下降算法才可能收敛到局部最优解。输入训练数据样本 $X = (X_1, X_2, \cdots, X_n)$，对应真

实输出 $Y = (Y_1, Y_2, \cdots, Y_n)$。通过权值计算得出每一层的实际输出如下：

$$U_i^k = \sum_{j=1}^{n+1} W_{i,j} X_i^{k-1}, (X_{n+1}^{k-1} = 1, W_{i,n+1} = -\theta_i)$$

$$X_i^k = f(U_i^k) \tag{4.7}$$

其中，X_i^k 为第 K 层第 i 个神经元的输出，$W_{i,n+1}$ 用来表示阈值 θ_i。由期望输出及实际输出可求得各层的学习误差为 d_i^k，从而获得隐藏层和输出层的响应误差。假定输出层为 m，则表达式可写为：

$$d_i^m = X_i^m (1 - X_i^m)(X_i^m - Y_i) \tag{4.8}$$

根据梯度误差的计算方法，其他层的学习误差可写为：

$$d_i^k = X_i^k (1 - X_i^k) \sum_l W_{lj} d_l^{k+1} \tag{4.9}$$

判断误差是否满足条件要求，若满足则算法结束，否则继续通过学习误差对权值系数进行修改，其表达式可写为：

$$W_{ij}(t+1) = W_{ij}(t) - \eta \cdot d_i^k \cdot X_j^{k+1} + \alpha \Delta W_{ij}(t) \tag{4.10}$$

其中，$\Delta W_{ij}(t) = -\eta \cdot d_i^k \cdot X_j^{k-1} + \alpha W_{ij}(t-1) = W_{ij}(t) - W_{ij}(t-1)$，$\eta$ 为学习率。修改之后的权值则重新用于求解网络实际输出，直至误差满足要求为止。

4.3　简单卷积神经网络实现 MNIST 分类

前面已经介绍了卷积神经网络的网络结构及原理，卷积网络的前向传播与反向传播，接下来将介绍如何在 Keras 中实现卷积神经网络完成 MNIST 数据集分类。

4.3.1　MNIST 数据集预处理

1. 图像数据预处理

关于 MNIST 数据集的下载的详细介绍可参考 3.10 节。

【例 4-1】MNIST 数据预处理。

```
from keras.datasets import mnist
#数据集下载
(X_train,Y_train),(X_test,Y_test)=mnist.load_data()
X_test1=X_test      #备份未经数据预处理的测试数据，为最后预测阶段做准备
Y_test1=Y_test      #备份未经数据预处理的测试标签，为最后预测阶段做准备
```

与传统神经网络输入层需要一维向量形式输入的要求不同，卷积神经网络为后续卷积

与池化运算，必须保持输入图像的维数。训练数据有 60 000 个，每个是 28×28 大小的图像，图像为单色，则针对 MNIST 数据集中测试数据输入形式为 60 000（个数）×28（宽）×28（高）×1（单色）。程序如下：

```
# -1表示系统自动找样本个数（60 000个），1表示单色，在TensorFlow下，该通道默认channels_
last，即(28,28,1)，在Theano下则默认为channels_first，即(1,28,28)
X_train = X_train.reshape(-1, 28, 28, 1)
X_test = X_test.reshape(-1, 28, 28, 1)
```

输入图像数据经过维度转换后，需要将每个图像中的数值转换成浮点型，并进行数值标准化。程序如下：

```
X_train = X_train.astype('float32')   #对训练数据进行浮点型转换
X_test = X_test.astype('float32')     #对测试数据进行浮点型转换
X_train = X_train/255.0               #对训练数据（此时已为浮点型）进行标准化转换
X_test = X_test/255.0                 #对测试数据（此时已为浮点型）进行标准化转换
```

2. 标签数据预处理

关于 MNIST 数据集标签数据预处理的详细介绍可参考 3.10 节。程序如下：

```
#nb_class为分类类别数目，MNSIT为十分类
nb_class = 10
from keras.utils import np_utils
#对训练标签进行one-hot标签转换
Y_train = np_utils.to_categorical(Y_train, nb_class)
#对测试标签进行one-hot标签转换
Y_test = np_utils.to_categorical(Y_test, nb_class)
```

4.3.2 简单卷积神经网络搭建

数据经过预处理之后，接着是简单卷积神经网络的搭建，将搭建含有一个输入层、两个卷积层、两个池化层、一个全连接层、一个输出层的简单卷积网络，网络具体结构将会在模型摘要和模型可视化中展示。

完成之后还需对该神经网络进行编译，即定义学习方式，最后再进行训练、测试评估和预测。该卷积神经网络实现 MNIST 数据集分类的流程图如图 4-7 所示。

下面将建立 Keras 的 Sequential 模型，通过 model.add() 来添加所需的神经网络层。卷积层将通过 Convolution2D() 实现，池化层将通过 MaxPool2D() 实现，全连接层将通过 Dense 神经网络层实现。

【例 4-2】采用 Sequential 模型搭建简单卷积神经网络结构。

```
#从keras中导入sequential模块
from keras.models import Sequential
#从keras中导入layers模块，为搭建卷积层池化层输出层做准备
from keras.layers import Convolution2D, Activation, MaxPool2D, Flatten,
```

```
Dense,Dropout
model=Sequential()
# 第1层卷积层，输入图像格式为28×28×1，32个卷积核，每个卷积核大小为5×5，padding选择same方式
model.add(Convolution2D(
    filters=32,                #卷积核个数为32
    kernel_size=[5, 5],        #卷积核大小为5×5
    padding='same',            #像素填充方式选择same
    input_shape=(28, 28, 1)    #输入数据28×28×1
))
#激活函数选取Relu函数
model.add(Activation('relu'))
```

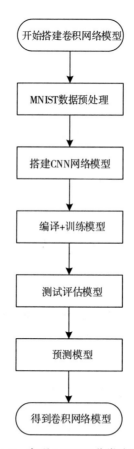

图 4-7   实现 MNIST 分类流程图

池化层采取最大池化层方式。程序如下：

```
model.add(MaxPool2D(
    pool_size=(2, 2),    #池化窗口大小为2×2
    strides=(2, 2),      #池化步长为2
    padding="same",      #像素填充方式选择same
))
```

接着搭建第 2 层卷积层和池化层。程序如下：

```
model.add(Convolution2D(
    filters=64,              #卷积核个数为64
    kernel_size=(5, 5),      #卷积核大小为5×5
    padding='same',          #像素填充方式选择same
))
model.add(Activation('relu')) #激活函数选择Relu函数
model.add(MaxPool2D(
    pool_size=(2, 2),        #池化窗口大小为2×2
    strides=(2, 2),          #池化步长为2
    padding="same",          #像素填充方式选择same
))
```

卷积层和池化层搭建完成，接着搭建全连接层。上一层池化层的输出是二维数据特征，可通过 Flatten() 语句将二维数据降维成一维数据，再将一维数据特征送入全连接层训练。搭建一层有 1024 个神经元的全连接层，激活函数选取 Relu 函数，Dropout 设置为 0.25。程序如下：

```
model.add(Flatten())          #卷积层输出为二维数组，全连接层输入为一维数组，Flatten默认按行降
维，返回一个一维数组
model.add(Dense(1024))        #全连接层，该层有1024个神经元
model.add(Activation('relu')) #激活函数选择Relu函数
model.add(Dropout(0.25))      #Dropout设置为0.25，每次数据传输随机忽略25%的神经元
```

全连接层搭建完成后，最后搭建十分类的输出层，激活函数选取 Softmax 函数。程序如下：

```
model.add(Dense(nb_class))       #输出层，神经元个数为10，对应MNSIT数据集的十分类
model.add(Activation('softmax')) #激活函数选择softmax函数
```

程序运行时显示网络模型摘要。程序如下：

```
model.summary()
```

卷积网络模型摘要如图 4-8 所示。从第 2 列可以看出每层网络层的输出形状，从第 3 列可以看出每层网络层所需要训练的参数。该网络模型一共有 3 274 634 个参数，其中需要训练的参数为 3 274 634 个，不可训练的参数为 0。

除了可以查看网络模型的摘要以外，还可以打印网络模型可视化文件。Keras 提供了模型可视化的函数 plot_model()，但需安装 pydot 插件，在 Anaconda Prompt 中输入 Pip install pydot，然后运行即可完成安装。

【例 4-3】网络模型可视化。

```
from keras.utils.vis_utils import plot_model
plot_model(model=model, to_file='model_cnn.png',show_shapes=True)
```

运行该程序后，会在该程序所在文件夹中自动生成 model_cnn.png 文件。

```
Layer (type)                 Output Shape              Param #
=================================================================
conv2d_1 (Conv2D)            (None, 28, 28, 32)        832
_________________________________________________________________
activation_1 (Activation)    (None, 28, 28, 32)        0
_________________________________________________________________
max_pooling2d_1 (MaxPooling2 (None, 14, 14, 32)        0
_________________________________________________________________
conv2d_2 (Conv2D)            (None, 14, 14, 64)        51264
_________________________________________________________________
activation_2 (Activation)    (None, 14, 14, 64)        0
_________________________________________________________________
max_pooling2d_2 (MaxPooling2 (None, 7, 7, 64)          0
_________________________________________________________________
flatten_1 (Flatten)          (None, 3136)              0
_________________________________________________________________
dense_1 (Dense)              (None, 1024)              3212288
_________________________________________________________________
activation_3 (Activation)    (None, 1024)              0
_________________________________________________________________
dropout_1 (Dropout)          (None, 1024)              0
_________________________________________________________________
dense_2 (Dense)              (None, 10)                10250
_________________________________________________________________
activation_4 (Activation)    (None, 10)                0
=================================================================
Total params: 3,274,634
Trainable params: 3,274,634
Non-trainable params: 0
```

图 4-8　卷积网络模型摘要

卷积网络模型可视化如图 4-9 所示。从该可视化图中可以清楚地看到依据上述步骤所搭建的网络模型结构，以及每层网络的输入形状和输出形状。

【例 4-4】对 LeNet 网络结构进行编译与训练。

简单卷积神经网络的结构搭建完成后，接着对该网络进行编译，定义该网络的学习方式，选择损失函数、优化算法，设置评估模型标准。程序如下：

```
#编译可通过调用函数model.compile()完成
model.compile(
      optimizer='adam',                    #优化器选择adam
      loss='categorical_crossentropy',     #损失函数选择交叉熵函数
      metrics=['accuracy'],                #以准确率（Accuracy）评估模型训练结果
)
```

对卷积神经网络的编译完成后，可以开始进行神经网络的训练，同时可将训练过程存储在变量中（以 Training 为该变量为例）。程序如下：

```
#训练可通过model.fit()完成，分别输入：训练数据X_train，训练标签Y_train；batch_size的数值；epochs的数值；validation_split为验证集比例，将从训练集中按该比例分出数据为验证集；verbose为日志显示，0表示不在标准输出流输出日志信息，1表示输出进度条记录，2表示每个epoch输出一行记录且无进度条记录
nb_epoch = 4
batchsize = 1024
validation_split=0.2
Training=model.fit(x=X_train,                           #输入训练数据
          y=Y_train,                                    #输入训练标签
          epochs=nb_epoch,                              #设置epochs为4
          batch_size=batchsize,                         #设置batch_size为1024
          verbose= 1,                                   #1为输出进度条记录
          validation_split= validation_split,           #设置验证集比例为20%
          )
```

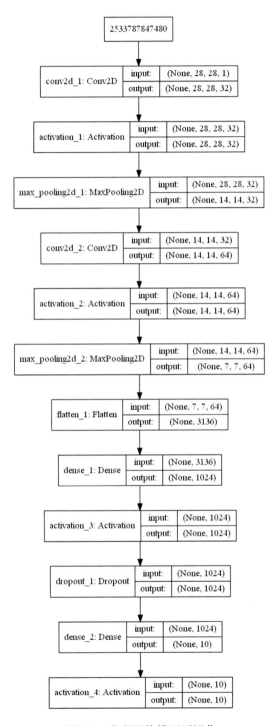

图 4-9　卷积网络模型可视化

训练过程如图 4-10 所示。

```
Train on 48000 samples, validate on 12000 samples
Epoch 1/4
48000/48000 [==============================] - 22s 454us/step - loss: 0.5202
- acc: 0.8402 - val_loss: 0.1365 - val_acc: 0.9610
Epoch 2/4
48000/48000 [==============================] - 21s 442us/step - loss: 0.1091
- acc: 0.9670 - val_loss: 0.0725 - val_acc: 0.9785
Epoch 3/4
48000/48000 [==============================] - 21s 443us/step - loss: 0.0667
- acc: 0.9793 - val_loss: 0.0537 - val_acc: 0.9846
Epoch 4/4
48000/48000 [==============================] - 21s 446us/step - loss: 0.0505
- acc: 0.9842 - val_loss: 0.0458 - val_acc: 0.9867
```

图 4-10　训练过程

整个训练过程共有 4 个时期（Epoch），训练集数据依照 20% 的比例划分出验证集，则训练数据有 48 000 个，验证数据有 12 000 个。每次迭代结束，显示本次迭代所用的时间、训练误差（loss）、训练准确率（acc）、验证误差（val_loss）、验证准确率（val_acc）。

以上 4 个训练过程产生的值存储在变量 Training 中，可分别画出 loss、acc、val_loss、val_acc 随着时期（Epoch）的变化曲线。

【例 4-5】画出训练过程随时期（Epoch）的变化曲线。

查看存储在 Training 中的训练过程，并分别画出 loss、acc、val_loss、val_acc 随时期（Epoch）的变化曲线。程序如下：

```
#以epoch为横坐标，在同一坐标下画出acc、val_acc随epoch变化的曲线图
#定义show_Training_history()函数，输入参数：训练过程所产生的Training_history
#导入matplotlib impont matplotlib.pyplot as plt
import matplotlib.pyplot as plt
def show_Training_history(Training_history,train,validation):
    plt.plot(Training.history[train] , linestyle='-', color='b')    #训练数据执行结
果，'-'表示实线，'b'表示蓝色
    plt.plot(Training.history[validation] , linestyle='--', color='r')    #验证数据
执行结果，'--'表示虚线，'r'表示红色
    plt.title('Training accuracy history') #显示图的标题Training accuracy history
    plt.xlabel('epoch')    #显示x轴标签epoch
    plt.ylabel('train')    #显示y轴标签train
    plt.legend(['train','validation'],loc='lower right')    #设置图例是显示'train'、
'validation'，位置在右下角
    plt.show()    #开始绘图
#调用show_Training_history()函数，输入参数：训练过程产生的Training、acc、val_acc
show_Training_history(Training,'acc','val_acc')
```

准确率变化曲线如图 4-11 所示。随着迭代次数的增加，训练准确率（实线）不断上升，验证准确率（虚线）也不断上升，且验证准确率始终大于训练准确率。若出现训练准确率大于验证准确率的现象，则说明该神经网络出现了过拟合现象。

图 4-11 准确率变化曲线

```
#以epoch为横坐标，在同一坐标下画出loss、val_loss随epoch变化的曲线图
#定义show_Training_history()函数，输入参数：训练过程所产生的Training_history
def show_Training_history(Training_history,train,validation):
    plt.plot(Training.history[train] , linestyle='-', color='b')  #训练数据执行结
果，'-'表示实线，'b'表示蓝色
    plt.plot(Training.history[validation] , linestyle='--', color='r')  #验证数据
执行结果，'--'表示虚线，'r'表示红色
    plt.title('Training loss history')  #显示图的标题Training loss history
    plt.xlabel('epoch')  #显示x轴标签epoch
    plt.ylabel('train')  #显示y轴标签train
    plt.legend(['train','validation'],loc='upper right')  #设置图例是显示'train'、
'validation'，位置在右上角
    plt.show()  #开始绘图
#调用show_Training_history()函数，输入参数：训练过程产生的Training, loss, val_loss
show_Training_history(Training,'loss','val_loss')
```

误差变化曲线如图 4-12 所示。随着迭代次数的增加，训练误差（实线）不断减小，验证误差（虚线）也不断减小，且最终二者都达到了误差收敛。

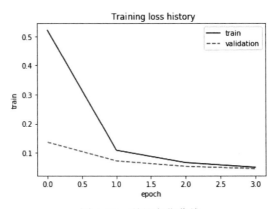

图 4-12 误差变化曲线

【例 4-6】用测试集对卷积网络模型进行评估。

神经网络训练完成后，可通过测试集进行评估。程序如下：

```
#评估可通过model.evaluate()完成，分别输入：测试数据X_test、测试标签Y_test；该函数会基于
X_test和Y_test计算model.compile中指定的metrics函数；该函数返回值为误差（loss）和准确率
（accuracy）
Test = model.evaluate(X_test, Y_test, verbose=1)
print("Test loss:", Test[0])      #打印测试误差
print('Test accuracy:', Test[1]) #打印测试准确率
```

测试集评估结果如图 4-13 所示。测试样本共 10 000 个，测试误差最终约为 0.0368，测试准确率为 0.9876。

```
10000/10000 [==============================] - 2s 158us/step
Test loss: 0.03683034811720718
Test accuracy: 0.9876
```
图 4-13　测试集评估结果

【例 4-7】卷积网络模型进行预测。

评估完成后，同样使用 model.predict_classes() 函数完成多层感知器的预测。以第 5 项测试数据为例，查看数字图像、真实标签和预测标签。程序如下：

```
#将预测结果存储在变量prediction中
prediction=model.predict_classes(X_test)
#定义plot_image函数，查看指定的图片
def plot_image(image):          #输入参数为image
    fig=plt.gcf()               #获取当前图像
    fig.set_size_inches(2,2)    #设置图像大小
    plt.imshow(image,cmap='binary')  #使用plt.imshow显示图像
    plt.show()   #开始绘图
#定义pre_results()函数，查看指定图像、真实标签及预测结果
def pre_results(i):   #输入参数i，项数从0开始，则该项数为i+1
    plot_image(X_test1[i])   #调用函数plot_image()，输入参数：测试集第i+1项，查看该图像
    print('Y_test1=',Y_test1[i])        #打印测试集第i+1项标签
    print('pre_result=',prediction[i])  #打印测试集第i+1项预测结果
pre_results(4)   #调用函数pre_results(),输入参数：i取4，即第5项
```

第 5 项预测结果如图 4-14 所示。测试数据集中第 5 项数据图像为数字 4，标签为 4，预测结果为标签 4。

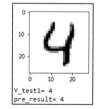

图 4-14　预测结果

4.4　CIFAR-10 数据集

在上一节中，一个隐藏层中含有两层卷积层，一层全连接层的简单卷积神经网络已经搭建完成，并基于 MNIST 数据集进行了训练与测试。在本节中，将介绍一个新的数据集 CIFAR-10，并构建与 4.3 节相似的简单卷积神经网络架构，基于该数据集

进行训练与测试。

CIFAR-10 被标记为 8000 万微小图像数据集的子集，由 Alex Krizhevsky、Vinod Nair 和 Geoffrey Hinton 收集。CIFAR-10 数据集共有 60 000 张图像，一共分为 10 个类别，每个类别有 6000 张图像，每张图像都是 32×32 彩色图像。CIFAR-10 数据集分为训练集和测试集，训练集有 50 000 张图像，测试集有 10 000 张图像。

CIFAR-10 分类举例如图 4-15 所示。CIFAR-10 共分为 10 类，分别为：飞机、汽车、鸟类、猫类、鹿、犬、蛙类、马、船舶、卡车。

0：飞机
1：汽车
2：鸟类
3：猫类
4：鹿
5：犬
6：蛙类
7：马
8：船舶
9：卡车

图 4-15　CIFAR-10 分类举例

4.4.1　下载 CIFAR-10 数据集

从 keras.datasets 中导入 CIFAR-10 数据集，并下载该数据集。程序如下所示。当执行该语句时，程序会检查用户目录下是否已下载 CIFAR-10 数据集文件，若有则会直接调用该数据集，并将数据集分为训练集、训练标签、测试集、测试标签，分别赋给 X_train、Y_train、X_test、Y_test，用时较短；若没有该文件则会自动下载，并完成数据分配，此过程用时较长。

【例 4-8】CIFAR-10 数据集下载。

```
from keras.datasets import cifar10
(X_train, Y_train), (X_test, Y_test) = cifar10.load_data()
X_test1=X_test #备份未经数据预处理的测试数据，为最后预测阶段做准备
```

```
Y_test1=Y_test#备份未经数据预处理的测试标签，为最后预测阶段做准备
```

未下载过数据集第 1 次运行该语句时的运行结果如图 4-16 所示。

```
Using TensorFlow backend.
Downloading data from https://www.cs.toronto.edu/~kriz/cifar-10-python.tar.gz
   319488/170498071 [..............................] - ETA: 41:48
```

图 4-16　数据集下载

数据集下载完成运行结果如图 4-17 所示。进度条右侧显示下载所用总时长。

```
Using TensorFlow backend.
Downloading data from https://www.cs.toronto.edu/~kriz/cifar-10-python.tar.gz
170500096/170498071 [==============================] - 9472s 56us/step
```

图 4-17　数据集下载完成

Windows 系统中，数据下载后会存储在 C 盘用户目录下 .keras 中的 datasets 文件夹中。
查看各数据集形状。程序如下：

```
#查看各数据集形状
print(X_train.shape)        #打印训练数据集形状
print(Y_train.shape)        #打印训练标签集形状
print(X_test.shape)         #打印测试数据集形状
print(Y_test.shape)         #打印测试标签集形状
```

```
(50000, 32, 32, 3)
(50000, 1)
(10000, 32, 32, 3)
(10000, 1)
```

图 4-18　各数据集形状

各数据集形状如图 4-18 所示。

训练集共 50 000 个，每个数据图像为 $32 \times 32 \times 3$，即大小 32×32，3 表示该图像数据为彩色图像（RGB）；训练标签 50 000 个。测试数据 10 000 个，每个数据图像为 $32 \times 32 \times 3$；测试标签 10 000 个。

【例 4-9】查看指定项数图像。

查看指定项数的图像，以训练集第 1 项数据图像为例，查看其图像及标签。程序如下：

```
import matplotlib.pyplot as plt          #导入matplotlib.pyplot
#定义plot_image函数，查看指定的图像
def plot_image(image):                    #输入参数为image
    fig=plt.gcf()                         #获取当前图像
    fig.set_size_inches(2,2)              #设置图像大小
    plt.imshow(image,cmap='binary')       #使用plt.imshow显示图像
    plt.show()                            #开始绘图
plot_image(X_train[0])                    #查看训练数据集中第1项数据图像
print(Y_train[0])                         #打印训练集第1项标签
```

第 1 项数据图像及标签运行结果如图 4-19 所示。该图像为青蛙，标签为 6。

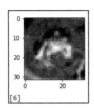

图 4-19　第 1 项数据图像及标签

4.4.2　CIFAR-10 数据集预处理

1. 图像数据预处理

【例 4-10】数据预处理。

以训练集第 1 项数据图像为例，查看数据图像具体内容。程序如下：

```
print(X_train[0])
```

由于运行结果篇幅较大，这里放置部分运行结果。

第 1 项数据内容运行结果如图 4-20 所示。未经数据预处理的数据内容均为 0 ~ 255 的整数值。

```
[[[ 59  62  63]
  [ 43  46  45]
  [ 50  48  43]
  ...
  [158 132 108]
  [152 125 102]
  [148 124 103]]

 [[ 16  20  20]
  [  0   0   0]
  [ 18   8   0]
  ...
  [123  88  55]
  [119  83  50]
  [122  87  57]]

 [[ 25  24  21]
  [ 16   7   0]
  [ 49  27   8]
  ...
  [118  84  50]
  [120  84  50]
  [109  73  42]]

 ...
```

图 4-20　第 1 项数据内容

为提高卷积神经网络的训练准确率，还需要对数据图像中的像素点数值进行浮点型转换及标准化。关于浮点型转换与标准化的详细介绍可参考第 3 章中数据预处理的内容。程序如下：

```
X_train = X_train.astype('float32')/255.0      #对训练数据进行浮点型和标准化转换
X_test = X_test.astype('float32')/255.0        #对测试数据进行浮点型和标准化转换
```

```
print(X_train[0])      #打印训练集第1项数据具体内容
```

由于运行结果篇幅较大，这里放置部分运行结果。

浮点型标准化转换结果如图 4-21 所示。数据经过预处理后，数值内容均转换为 0 ～ 1 的浮点型。

```
[[[0.23137255 0.24313726 0.24705882]
  [0.16862746 0.18039216 0.1764706 ]
  [0.19607843 0.1882353  0.16862746]
  ...
  [0.61960787 0.5176471  0.42352942]
  [0.59607846 0.49019608 0.4       ]
  [0.5803922  0.4862745  0.40392157]]

 [[0.0627451  0.07843138 0.07843138]
  [0.         0.         0.        ]
  [0.07058824 0.03137255 0.        ]
  ...
  [0.48235294 0.34509805 0.21568628]
  [0.46666667 0.3254902  0.19607843]
  [0.47843137 0.34117648 0.22352941]]

 [[0.09803922 0.09411765 0.08235294]
  [0.0627451  0.02745098 0.        ]
  [0.19215687 0.10588235 0.03137255]
  ...
  [0.4627451  0.32941177 0.19607843]
  [0.47058824 0.32941177 0.19607843]
  [0.42745098 0.28627452 0.16470589]]

 ...
```

图 4-21　浮点型标准化转换结果

2. 标签数据预处理

有关标签数据预处理的详细介绍可参考第 3 章中的内容。下面对 CIFAR-10 数据集的标签数据进行一位有效编码，并查看训练集第 1 项标签的编码转换结果，且已知第 1 项标签为 6。程序如下：

```
from keras.utils import np_utils
Y_train = np_utils.to_categorical(Y_train)    #对训练标签进行one-hot编码转换
Y_test = np_utils.to_categorical(Y_test)      #对测试标签进行one-hot编码转换
print(Y_train[0])      #打印编码转换完成后的训练集的第1项标签
```

标签编码运行结果如图 4-22 所示。从 0 开始数，第 6 位上的数值为 1，其余位上的数值为 0，则该标签对应标签 6。

`[0. 0. 0. 0. 0. 0. 1. 0. 0. 0.]`

图 4-22　标签编码

4.5　简单卷积神经网络实现 CIFAR-10 分类

对 CIFAR-10 数据集的数据预处理已经完成，下面将搭建简单卷积神经网络。关于简单卷积神经网络的搭建的详细介绍可参考 4.3.2 节。需要注意的是，应该将输入层（28, 28, 1）改为（32, 32, 3）。

【例 4-11】搭建卷积神经网络。

```
#从keras中导入Sequential模块
from keras.models import Sequential
#从keras中导入layers模块，为搭建卷积层池化层输出层做准备
from keras.layers import Convolution2D, Activation, MaxPool2D, Flatten,
Dense,Dropout
model=Sequential()
#搭建第1层卷积层与池化层，注意：输入层为(32，32，3)
model.add(Convolution2D(
    filters=32,                      #卷积核个数为32
    kernel_size=[3, 3],              #卷积核大小为3×3
    padding='same',                  #填充方式选择same
    input_shape=(32, 32, 3)          #输入数据形状为32×32×3
))
model.add(Activation('relu'))        #激活函数选择Relu函数
model.add(MaxPool2D(
    pool_size=(2, 2),                #池化窗口大小为2×2
    padding="same",                  #填充方式选择same
))
#搭建第2层卷积层与池化层
model.add(Convolution2D(
    filters=64,                      #卷积核个数为64
    kernel_size=(3, 3),              #卷积核大小为3×3
    padding='same',                  #填充方式选择same
))
model.add(Activation('relu'))        #激活函数选择Relu函数
model.add(MaxPool2D(
    pool_size=(2, 2),                #池化窗口大小为2×2
    strides=(2, 2),                  #池化步长为2
    padding="same",                  #填充方式选择same
))
#建立全连接层
model.add(Flatten())         #卷积层输出为矩阵，全连接层输入为一维数组，Flatten默认按行降维，返
回一个一维数组
model.add(Dense(1024))               #全连接层神经元个数为1024
model.add(Activation('relu'))        #激活函数选择Relu函数
model.add(Dropout(0.25))             #Dropout设置为0.25
#建立输出层
model.add(Dense(10))                 #输出层神经元个数为10
model.add(Activation('softmax'))     #激活函数选择softmax函数
#查看网络构架
model.summary()
```

卷积网络模型摘要如图 4-23 所示。该网络模型一共有 4 224 970 个参数，其中需要训练的参数为 4 224 970 个，不可训练的参数为 0。

【例 4-12】对卷积网络模型编译与训练。

卷积网络模型搭建完成后，对该网络进行编译、训练。程序如下：

```
#编译可通过model.compile()完成
model.compile(
```

```
        optimizer='adam',                  #优化器选择adam
        loss='categorical_crossentropy',   #损失函数选择交叉熵函数
        metrics=['accuracy'],              #以准确率（Accuracy）评估模型训练结果
)
nb_class = 10
nb_epoch = 10
batchsize = 1024
validation_split=0.2
Training=model.fit(x=X_train,          #输入训练数据
        y=Y_train,                     #输入训练标签
        epochs=nb_epoch,               #设置epochs为10
        batch_size=batchsize,          #设置batch_size为1024
        verbose= 1,                    #1为输出进度条记录
        validation_split=validation_split   #验证集比例为20%
        )
```

```
Layer (type)                 Output Shape              Param #
=================================================================
conv2d_3 (Conv2D)            (None, 32, 32, 32)        896
activation_5 (Activation)    (None, 32, 32, 32)        0
max_pooling2d_3 (MaxPooling2 (None, 16, 16, 32)        0
conv2d_4 (Conv2D)            (None, 16, 16, 64)        18496
activation_6 (Activation)    (None, 16, 16, 64)        0
max_pooling2d_4 (MaxPooling2 (None, 8, 8, 64)          0
flatten_2 (Flatten)          (None, 4096)              0
dense_3 (Dense)              (None, 1024)              4195328
activation_7 (Activation)    (None, 1024)              0
dropout_2 (Dropout)          (None, 1024)              0
dense_4 (Dense)              (None, 10)                10250
activation_8 (Activation)    (None, 10)                0
=================================================================
Total params: 4,224,970
Trainable params: 4,224,970
Non-trainable params: 0
```

图 4-23　卷积网络模型摘要

训练过程如图 4-24 所示。整个训练过程一共有 10 个时期（epoch），训练集数据依照 20% 的比例划分出验证集，则训练数据有 40 000 个，验证数据有 10 000 个。每次迭代结束，显示本次迭代所用的时间、训练误差（loss）、训练准确率（acc）、验证误差（val_loss）、验证准确率（val_acc）。

【例 4-13】画出训练过程随 epoch 变化的曲线图。

```
#以epoch为横坐标，在同一坐标下画出acc、val_acc随epoch变化的曲线图
#定义show_Training_history()函数，输入参数：训练过程所产生的Training_history
def show_Training_history(Training_history,train,validation):
    plt.plot(Training.history[train] , linestyle='-', color='b')  #训练数据执行结果, '-'表示实线, 'b'表示蓝色
    plt.plot(Training.history[validation] , linestyle='--', color='r')  #验证数据执行结果, '--'表示虚线, 'r'表示红色
    plt.title('Training accuracy history') #显示图的标题Training accuracy history
    plt.xlabel('epoch')     #显示x轴标签epoch
    plt.ylabel('train')     #显示y轴标签train
```

```
      plt.legend(['train','validation'],loc='lower right')     #设置图例是显示'train'、
'validation', 位置在右下角
      plt.show()  #开始绘图
#调用show_Training_history()函数，输入参数：训练过程产生的Training, acc, val_acc
show_Training_history(Training,'acc','val_acc')
```

```
Train on 40000 samples, validate on 10000 samples
Epoch 1/10
40000/40000 [==============================] - 27s 678us/step - loss: 1.5308 - acc: 0.4483
- val_loss: 1.2537 - val_acc: 0.5601
Epoch 2/10
40000/40000 [==============================] - 27s 674us/step - loss: 1.1460 - acc: 0.5948
- val_loss: 1.0831 - val_acc: 0.6230
Epoch 3/10
40000/40000 [==============================] - 27s 673us/step - loss: 0.9716 - acc: 0.6558
- val_loss: 1.0232 - val_acc: 0.6406
Epoch 4/10
40000/40000 [==============================] - 27s 673us/step - loss: 0.8555 - acc: 0.7005
- val_loss: 0.9226 - val_acc: 0.6767
Epoch 5/10
40000/40000 [==============================] - 27s 672us/step - loss: 0.7497 - acc: 0.7361
- val_loss: 0.9121 - val_acc: 0.6894
Epoch 6/10
40000/40000 [==============================] - 27s 674us/step - loss: 0.6493 - acc: 0.7747
- val_loss: 0.8734 - val_acc: 0.7058
Epoch 7/10
40000/40000 [==============================] - 27s 673us/step - loss: 0.5584 - acc: 0.8054
- val_loss: 0.8722 - val_acc: 0.7130
Epoch 8/10
40000/40000 [==============================] - 27s 673us/step - loss: 0.4586 - acc: 0.8424
- val_loss: 0.8511 - val_acc: 0.7230
Epoch 9/10
40000/40000 [==============================] - 27s 675us/step - loss: 0.3685 - acc: 0.8738
- val_loss: 0.8755 - val_acc: 0.7239
Epoch 10/10
40000/40000 [==============================] - 28s 691us/step - loss: 0.2977 - acc: 0.8996
- val_loss: 0.9594 - val_acc: 0.7141
```

图 4-24　训练过程

　　准确率变化曲线如图 4-25 所示。随着迭代次数的增加，训练准确率（实线）不断上升，验证准确率（虚线）也不断上升。但从第 2 个 epoch 后，验证准确率低于训练准确率，说明该网络模型出现了过拟合现象。

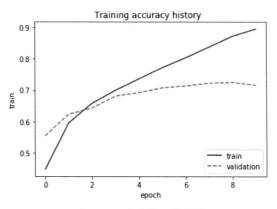

图 4-25　准确率变化曲线

```
#以epoch为横坐标，在同一坐标下画出loss、val_loss随epoch变化的曲线图
#定义show_Training_history()函数，输入参数：训练过程所产生的Training_history
def show_Training_history(Training_history,train,validation):
    plt.plot(Training.history[train] , linestyle='-', color='b')  #训练数据执行结
果, '-'表示实线, 'b'表示蓝色
```

```
    plt.plot(Training.history[validation] , linestyle='--', color='r')   #验证数据
执行结果，'--'表示虚线，'r'表示红色
    plt.title('Training loss history')   #显示图的标题Training loss history
    plt.xlabel('epoch')    #显示x轴标签epoch
    plt.ylabel('train')    #显示y轴标签train
    plt.legend(['train','validation'],loc='upper right')   #设置图例是显示'train',
'validation'，位置在右上角
    plt.show()   #开始绘图
#调用show_Training_history()函数，输入参数：训练过程产生的Training, loss, val_loss
show_Training_history(Training,'loss','val_loss')
```

误差变化曲线如图 4-26 所示。随着迭代次数的增加，训练误差（实线）不断减小，进而达到误差收敛；验证误差（虚线）随迭代次数的增加不断减少，但未达到收敛，可通过继续调整神经网络的超参数使验证误差变化曲线更加收敛。

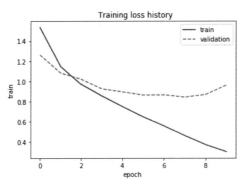

图 4-26　误差变化曲线

【例 4-14】评估卷积网络模型。

神经网络训练完成后，对该网络进行评估。程序如下：

```
Test = model.evaluate(X_test, Y_test, verbose=1)   #输入测试数据和测试标签, verbose=1
显示进度条
print("Test loss:", Test[0])        #打印测试误差
print('Test accuracy:', Test[1])    #打印测试准确率
```

测试集评估结果如图 4-27 所示。测试样本共 10 000 个，测试误差约为 0.963，测试准确率为 0.71。从测试集评估结果可以看出，所搭建的简单卷积神经网络在 CIFAR-10 上的识别分类性能较差。

【例 4-15】卷积网络模型进行预测。

评估完成后，通过该网络进行预测，以第 1 项和第 3 项为例，输出其图像数据的真实图像、真实标签与预测结果。程序如下：

```
#调用model.predict_classes()完成预测，输入参数：测试集数据；预测结果存储在变量prediction中
prediction=model.predict_classes(X_test)
```

```
#定义pre_results()函数,查看指定图像、真实标签及预测结果
def pre_results(i):              #输入参数i,项数从0开始数,则该项数为i+1
    plot_image(X_test1[i])  #调用函数plot_image(),输入参数:测试集第i+1项,查看该图像
    print('Y_test1=',Y_test1[i])        #打印测试集第i+1项标签
    print('pre_result=',prediction[i])  #打印测试集第i+1项预测结果
pre_results(0)  #调用函数pre_results(),输入参数:i取0,即第1项
pre_results(2)  #调用函数pre_results(),输入参数:i取2,即第3项
```

```
10000/10000 [==============================] - 2s 161us/step
Test loss: 0.962775795173645
Test accuracy: 0.7108
```

图 4-27　测试集评估结果

预测结果如图 4-28 所示。测试集第 1 项数据图像为猫,对应标签为 3,预测标签为 3；测试集第 3 项数据图像为船舶,对应标签为 8,但预测标签为 0,即飞机,说明卷积网络模型对该项测试数据预测错误。

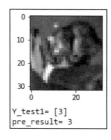 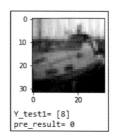

图 4-28　预测结果

4.6　思考与练习

1. 概念题

1）简述卷积神经网络组成及各组成部分的作用及原理。

2）简述卷积神经网络工作原理。

3）推导卷积神经网络反向传播算法。

2. 操作题

1）搭建含有 3 层卷积层的卷积网络模型,并实现 CIFAR-10 数据集的识别分类。

2）在本章所搭建的网络模型的基础上,尝试在卷积层之间加入 Dropout 层,同样实现 CIFAR-10 数据集的识别分类,并观察过拟合现象是否有所缓解。

经典卷积网络结构

在第 4 章卷积神经网络中已经详细介绍了卷积神经网络的网络结构及相关基础原理，以及如何搭建简单的卷积神经网络，如何优化该卷积网络中的参数。在本章中，将继续介绍一些层次更深且流行的卷积神经网络结构，如 LeNet、AlexNet、VGG16、GoogLeNet 和 ResNet，并且运用这些网络结构分别实现 MNIST 数据集识别分类。

5.1 LeNet 概述

LeNet 由 Yann Lecun 创建，并将该网络用于邮局的邮政编码识别，有着良好的学习和识别能力。LeNet 又称 LeNet-5，具有一个输入层，两个卷积层，两个池化层，3 个全连接层（其中最后一个全连接层为输出层）。LeNet 网络结构图如图 5-1 所示。

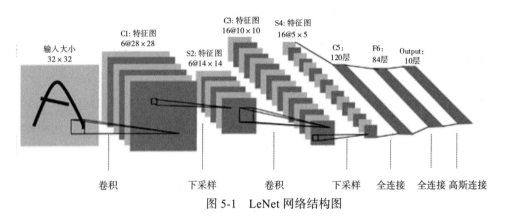

图 5-1　LeNet 网络结构图

第 1 层为输入层（Input Layer），输入大小为 32×32。C1 为第 1 层卷积层，该卷积层中卷积核大小为 5×5，个数为 6 个，步长为 1，C1 层输出为 6 个 28×28 大小的特征图。S2 为池化层，池化窗口大小为 2×2，步长为 2，由卷积层所得的特征图经该池化层降采样后，输出 6 个 14×14 大小的特征图。C3 为卷积层，卷积核大小和步长均与 C2 相同，卷积核个数为 16，该层卷积层的输出为 16 个 10×10 大小的特征图。S4 为池化层，池化窗口大小为 2×2，步长为 2，该层池化层输出为 16 个 5×5 大小的特征图。C5 为全连接层，该层有 120 个卷积核，每个卷积核大小与 S4 中特征图大小相同，均为 5×5，这就构成了 S4 与 C5 之间的全连接。F6 为全连接层，该层有 84 个神经元，Output 则为最后一层全连接层，该层有 10 个神经元。

5.2 LeNet 实现 MNIST 分类

接下来介绍如何基于 Keras 搭建 LeNet，并基于所搭建网络模型实现 MNIST 数据集的分类。

5.2.1 MNIST 数据预处理

卷积神经网络对于输入数据的要求为向量形式，因此在将数据送入神经网络之前，需要先对 MNIST 数据集进行预处理，即对图像数据进行向量化、浮点型转换和标准化转换，对标签数据进行一位有效编码转换。关于数据集预处理的详细介绍可以参考 4.3.1 节。

【例 5-1】MNIST 数据集预处理。

```
from keras.datasets import mnist
(X_train, Y_train), (X_test, Y_test) = mnist.load_data()
X_test1=X_test    #备份未经数据预处理的测试数据，为最后预测阶段做准备
Y_test1=Y_test    #备份未经数据预处理的测试标签，为最后预测阶段做准备
#卷积网络需保持输入图像的维数，以便后续卷积与池化运算，X_train.shape[0]为训练样本个数
（60 000个），X_test.shape[0]为测试样本个数（10 000个），1表示单色，在TensorFlow下，该通
道默认channels_last，即(28,28,1)，在theano下则默认为channels_first，即(1,28,28)
X_train = X_train.reshape(X_train.shape[0], 28, 28, 1)
X_test = X_test.reshape(X_test.shape[0], 28, 28, 1)
X_train = X_train.astype('float32')/255.0      #对训练数据进行浮点型和标准化转换
X_test = X_test.astype('float32')/255.0        #对测试数据进行浮点型和标准化转换
from keras.utils import np_utils
Y_train = np_utils.to_categorical(Y_train, 10)  #对训练标签进行one-hot编码转换
Y_test = np_utils.to_categorical(Y_test, 10)    #对测试标签进行one-hot编码转换
```

5.2.2 基于 Keras 搭建 LeNet 网络结构

MNIST 数据集预处理完成后，将在 Keras 中搭建 LeNet 的网络模型，将选择 Keras 的

序贯模型进行网络模型的搭建。

【例 5-2】采用 Sequential 模型搭建 LeNet 网络结构。

数据预处理完成后，开始基于 Keras 搭建 LeNet 网络结构。在本例中选择 Keras 的序贯 Sequential 模型。程序如下：

```
#从keras中导入Sequential模块
from keras.models import Sequential
#从keras.layers中导入相关模块，为搭建相关网络层做准备
from keras.layers import Conv2D,MaxPooling2D,Flatten,Dense
model = Sequential()
#搭建C1层，卷积核5×5，个数为6，像素填充选择same，输入数据大小28×28×1，激活函数选择tanh
model.add(Conv2D(filters=6, kernel_size=(5,5), padding='same', input_
shape=(28,28,1), activation='tanh'))
#搭建S2层，池化窗口大小2×2，像素填充选择same
model.add(MaxPooling2D(pool_size=(2,2),padding='same'))
#搭建C3层，卷积核5×5，个数为16，像素填充选择same，激活函数选择tanh
model.add(Conv2D(filters=16, kernel_size=(5,5), padding='same',
activation='tanh'))
#搭建S4层，池化窗口大小2×2，像素填充选择same
model.add(MaxPooling2D(pool_size=(2,2),padding='same'))
#搭建平坦层，将二维数据转换成一维
model.add(Flatten())
#搭建C5层，实现全连接，该层共有120个神经元
model.add(Dense(120, activation='tanh'))
#搭建F6层，该层共有84个神经元
model.add(Dense(84, activation='tanh'))
#搭建Output层，该层共有10个神经元，激活函数选择softmax函数
model.add(Dense(10, activation='softmax'))
#查看网络模型摘要
model.summary()
```

LeNet 网络模型摘要如图 5-2 所示。从第 2 列可以看出每层网络层的输出形状，从第 3 列可以看出每层网络层所需要训练的参数。该网络模型一共有参数 107 786 个，其中需要训练的参数为 107 786 个，不可训练的参数为 0。

```
Layer (type)                 Output Shape              Param #
=================================================================
conv2d_1 (Conv2D)            (None, 28, 28, 6)         156
_________________________________________________________________
max_pooling2d_1 (MaxPooling2 (None, 14, 14, 6)         0
_________________________________________________________________
conv2d_2 (Conv2D)            (None, 14, 14, 16)        2416
_________________________________________________________________
max_pooling2d_2 (MaxPooling2 (None, 7, 7, 16)          0
_________________________________________________________________
flatten_1 (Flatten)          (None, 784)               0
_________________________________________________________________
dense_1 (Dense)              (None, 120)               94200
_________________________________________________________________
dense_2 (Dense)              (None, 84)                10164
_________________________________________________________________
dense_3 (Dense)              (None, 10)                850
=================================================================
Total params: 107,786
Trainable params: 107,786
Non-trainable params: 0
```

图 5-2 LeNet 网络模型摘要

【例 5-3】可视化 LeNet 网络模型。

除了可以查看网络模型的摘要，还可以打印网络模型可视化文件。Keras 提供了模型可视化的函数 plot_model()，但需安装 pydot 插件，在 Anaconda Prompt 中输入 Pip install pydot，然后运行即可完成安装。

可视化 LeNet 网络模型程序如下：

```
from keras.utils.vis_utils import plot_model
#调用plot_model()函数，输入参数：网络模型、存储文件名称
plot_model(model=model, to_file='model_LeNet.png',show_shapes=True)
```

运行该程序后，会在该程序所在文件夹中自动生成 model_LeNet.png 文件。

LeNet 网络模型可视化图如图 5-3 所示。从该可视化图中可以清楚地看到依据上述步骤所搭建的网络模型结构，以及每层网络的输入形状和输出形状。

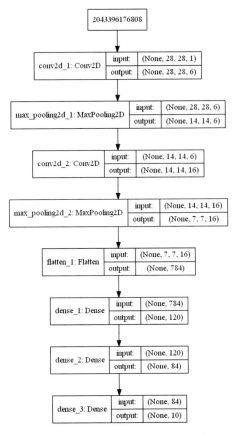

图 5-3　LeNet 网络模型可视化图

5.2.3 对 LeNet 网络模型进行编译、训练、评估与预测

LeNet 网络结构搭建完成后，接着对该网络模型进行编译，即定义学习方式，再进行训练。

【例 5-4】LeNet 网络进行编译与训练。

```
#编译通过调用model.compile()完成，损失函数选择交叉熵函数，优化算法选择SGD，评估标准选择准确率
model.compile(loss="categorical_crossentropy", optimizer='sgd',
metrics=["accuracy"])
#将训练过程存储在变量Training中，并定义迭代次数（epochs）、批大小（batch_size）、验证集比例
（validation_split）
EPOCHS = 4
BATCH_SIZE = 32
validation_split=0.2
Training = model.fit(X_train, Y_train,          #输入训练数据、训练标签
                     epochs = EPOCHS,            #设置epochs为4
                     batch_size=BATCH_SIZE,      #设置batch_size为32
                     verbose= 1,                 #输出进度条记录
                     validation_split= validation_split  #验证集比例设置为20%
                     )
```

训练过程如图 5-4 所示。整个训练过程一共有 4 个时期（epoch），训练集数据依照 20% 的比例划分出验证集，则训练数据有 48 000 个，验证数据有 12 000 个。每次迭代结束，显示本次迭代所用的时间、训练误差（loss）、训练准确率（acc）、验证误差（val_loss）、验证准确率（val_acc）。

```
Train on 48000 samples, validate on 12000 samples
Epoch 1/4
48000/48000 [==============================] - 10s 217us/step - loss: 0.6324
- acc: 0.8342 - val_loss: 0.2470 - val_acc: 0.9325
Epoch 2/4
48000/48000 [==============================] - 10s 215us/step - loss: 0.2068
- acc: 0.9411 - val_loss: 0.1496 - val_acc: 0.9585
Epoch 3/4
48000/48000 [==============================] - 10s 215us/step - loss: 0.1359
- acc: 0.9610 - val_loss: 0.1159 - val_acc: 0.9679
Epoch 4/4
48000/48000 [==============================] - 10s 217us/step - loss: 0.1034
- acc: 0.9702 - val_loss: 0.0945 - val_acc: 0.9726
```

图 5-4　训练过程

以上 4 个训练过程产生的值存储在变量 Training 中，可分别画出 loss、acc、val_loss、val_acc 随着时期的变化曲线。

【例 5-5】画出 LeNet 训练过程随时期（epoch）变化的曲线。

```
#以epoch为横坐标，在同一坐标下画出acc、val_acc随epoch变化的曲线图
#定义show_Training_history()函数，输入参数：训练过程所产生的Training_history
#导入matplotlib
import matplotlib.pyplot as plt
def show_Training_history(Training_history,train,validation):
    plt.plot(Training.history[train] , linestyle='-', color='b')  #训练数据执行结
```

果，'-'表示实线，'b'表示蓝色

```
    plt.plot(Training.history[validation] , linestyle='--', color='r')  #验证数据
执行结果，'--'表示虚线，'r'表示红色
    plt.title('Training history') #显示图的标题Training history
    plt.xlabel('epoch')    #显示x轴标签epoch
    plt.ylabel('train')    #显示y轴标签train
    plt.legend(['train','validation'],loc='lower right')  #设置图例是显示'train'、
'validation'，位置在右下角
    plt.show()  #开始绘图
#调用show_Training_history()函数，输入参数：训练过程产生的Training、acc、val_acc
show_Training_history(Training,'acc','val_acc')
```

准确率变化曲线如图 5-5 所示。随着迭代次数的增加，训练准确率（实线）不断上升，验证准确率（虚线）也不断上升，且验证准确率始终大于训练准确率。

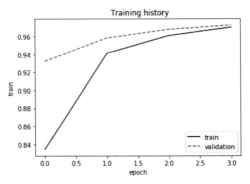

图 5-5　准确率变化曲线

```
#以epoch为横坐标，在同一坐标下画出loss、val_loss随epoch变化的曲线图
#定义show_Training_history()函数，输入参数：训练过程所产生的Training_history
def show_Training_history(Training_history,train,validation):
    plt.plot(Training.history[train] , linestyle='-', color='b')  #训练数据执行结
果，'-'表示实线，'b'表示蓝色
    plt.plot(Training.history[validation] , linestyle='--', color='r')   #验证数据
执行结果，'--'表示虚线，'r'表示红色
    plt.title('Training history')  #显示图的标题Training history
    plt.xlabel('epoch')  #显示x轴标签epoch
    plt.ylabel('train')    #显示y轴标签train
    plt.legend(['train','validation'],loc='upper right')   #设置图例是显示'train'、
'validation'，位置在右上角
    plt.show()  #开始绘图
#调用show_Training_history()函数，输入参数：训练过程产生的Training、loss、val_loss
show_Training_history(Training,'loss','val_loss')
```

误差变化曲线如图 5-6 所示。随着迭代次数的增加，训练误差（实线）不断减小，验证误差（虚线）也不断减小，且最终二者都达到了误差收敛。

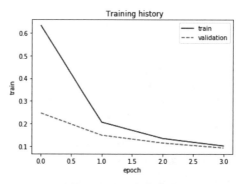

图 5-6　误差变化曲线

在 LeNet 网络模型的训练阶段，准确率不断上升达到 0.9 以上并趋于稳定，误差不断下降并达到收敛，说明该网络模型基于训练集得到了良好的训练，可以进一步用测试集对该网络进行准确率评估。

【例 5-6】用测试集对 LeNet 网络模型进行准确率评估。

```
#评估可通过model.evaluate()完成，分别输入：测试数据X_test、测试标签Y_test；该函数会基于
X_test和Y_test计算model.compile中指定的metrics函数；该函数返回值为误差（loss）和准确率
（accuracy）
scores=model.evaluate(X_test,Y_test)
print(scores)                    #打印scores
print('accuracy=',scores[1])    #打印测试集准确率
```

测试集评估结果如图 5-7 所示。测试样本共 10 000 个，测试准确率为 0.9733。

```
10000/10000 [==============================] - 1s 78us/step
[0.08917726483941078, 0.9733]
accuracy= 0.9733
```

图 5-7　测试集评估结果

【例 5-7】LeNet 网络模型对测试集预测。

评估完成后，使用 model.predict_classes() 函数完成多层感知器的预测。以第 1 项测试数据为例，查看数字图像、真实标签和预测标签。程序如下：

```
#预测结果存储在变量prediction中
prediction=model.predict_classes(X_test)
#定义plot_image函数，查看指定的图像
def plot_image(image):    #输入参数为image
    fig=plt.gcf()            #获取当前图像
    fig.set_size_inches(2,2)  #设置图像大小
    plt.imshow(image,cmap='binary')  #使用plt.imshow显示图像
    plt.show()   #开始绘图
#定义pre_results()函数，依次输出指定项数的数据图像、数据标签、预测结果
def pre_results(i):    #输入参数i，项数从0开始数，则该项数为i+1
    plot_image(X_test1[i])  #调用函数plot_image()，输入参数：测试集第i+1项，查看该图像
```

```
    print('Y_test1=',Y_test1[i])        #打印测试集第i+1项标签
    print('pre_result=',prediction[i])  #打印测试集第i+1项预测结果
pre_results(0)
```

第 1 项预测结果如图 5-8 所示。测试数据集中第 1 项数据图像
为数字 7，标签为 7，预测结果为标签 7。通过改变 i 值可以查看
测试集中任意项数的预测结果。

LeNet 对于 MNIST 手写体数据集有着良好的识别分类能力，
也可稍加调整用于 ImageNet 数据集识别分类，但效果不尽如人意。
接下来将介绍在 ILSVRC（ImageNet Large Scale Visual Recognition
Challenge）竞赛中历年的佼佼者，主要介绍以下 4 个网络模型：AlexNet、VGG16、
GoogLeNet 和 ResNet，后二者在第 6 章介绍。

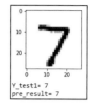

图 5-8　第 1 项预测结果

5.3　AlexNet 概述

AlexNet 由 Geoffrey 和他的学生 Alex 提出，并在 2012 年的 ILSVRC 竞赛中获得了第
1 名。AlexNet 共有 8 层结构，前 5 层为卷积层，后 3 层为全连接层。AlexNet 的网络结构
有如下几个特点：

❑ AlexNet 在激活函数上选取了非线性非饱和的 Relu 函数，在训练阶段梯度衰减快慢
　方面，Relu 函数比传统神经网络所选取的非线性饱和函数（如 Sigmoid 函数、Tanh
　函数）要快许多。

❑ AlexNet 在双 GPU 上运行，每个 GPU 负责一半网络的运算。

❑ 采用局部响应归一化（Local Response Normalization，LRN）。对于非饱和函数 Relu
　来说，不需要对其输入进行标准化，但 Alex 等人发现，在 Relu 层加入 LRN，可形
　成某种形式的横向抑制，从而提高网络的泛化能力。

❑ 池化方式采用 Overlapping pooling，即池化窗口的大小大于步长，使得每次池化都
　有重叠的部分。实验表明，这种带重叠的池化方式比传统无重叠的池化方式有着更
　好的效果，且可以避免过拟合现象的发生。

AlexNet 结构图如图 5-9 所示。该图来自 Alex 于 2012 年发表的经典论文（ImageNet
Classification with Deep Convolutional Neural Networks）。可能由于当时 GPU 连接间的处理
限制，AlexNet 使用了两个单独的 GPU 完成训练。

AlexNet 结构图的第 1 层包括输入层、卷积层、重叠池化层和 LRN 层。原始输入数据
大小为 $224 \times 224 \times 3$，为后续处理方便，普遍改为 $227 \times 227 \times 3$。第 1 个卷积层中的卷积核
为 $11 \times 11 \times 3$，共 96 个，卷积步长为 4，输入数据经卷积处理后形成了 $55 \times 55 \times 96$ 个特征
图像。池化层的池化窗口为 3×3，池化步长为 2，经池化处理后，输出规模为 $27 \times 27 \times 96$。

池化输出再经过 LRN 层处理，归一化运算大小为 5×5。经 LRN 层处理后，第 1 层的输出规模为 $27 \times 27 \times 96$。由于用双 GPU 处理，故每组数据有 $27 \times 27 \times 48$ 个特征图像，共两组数据，分别在两个 GPU 中进行运算。

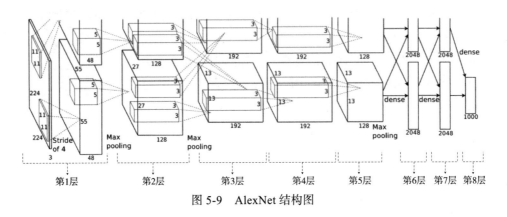

图 5-9　AlexNet 结构图

第 2 层包括卷积层、重叠池化层和 LRN 层。每组数据输入均为 $27 \times 27 \times 48$，每组数据都被 128 个 $5 \times 5 \times 48$ 的卷积核进行卷积运算（卷积核个数共 256），得到两组 $27 \times 27 \times 128$ 的像素层。池化层的池化窗口同样为 3×3，步长为 2，经重叠池化后输出规模为两组 $13 \times 13 \times 128$ 的像素层。再经过归一化处理，归一化运算大小同样为 5×5，最后第 2 层输出为两组 $13 \times 13 \times 128$ 的像素层。

第 3 层为卷积层，为方便处理，两组像素层均已做像素填充，padding 为 1。经像素填充的两组数据均被 192 个 $3 \times 3 \times 256$ 的卷积核进行卷积运算（卷积核个数共 384），输出为两组 $13 \times 13 \times 192$ 的像素层。

第 4 层为卷积层，padding 为 1，经像素填充后的两组数据均被 $3 \times 3 \times 192$ 的卷积核进行卷积运算（卷积核个数共 384），输出两组 $13 \times 13 \times 192$ 的像素层。

第 5 层包括卷积层和重叠池化层，padding 为 1，经像素填充后的两组数据均被 $3 \times 3 \times 192$ 的卷积核进行卷积运算（卷积核个数共 256），输出两组 $13 \times 13 \times 128$ 的像素层。池化层的池化窗口同样为 3×3，步长为 2，经重叠池化后输出规模为两组 $6 \times 6 \times 256$ 的像素层。

第 6 层为全连接层，由 4096 个神经元组成。第 6 层中的卷积核尺寸与输入像素层尺寸相同，均为 $6 \times 6 \times 256$，共有 4096 个卷积核，经卷积运算、Relu 层和 Dropout 层处理后，输出 4096×1 个运算结果。

第 7 层为全连接层，由 4096 个神经元组成。数据经 Relu 层和 Dropout 层处理后，输出 4096×1 个运算结果。

第 8 层为全连接层，也作为最后的输出层，由 1000 个神经元组成。

5.4 AlexNet 实现 MNIST 分类

AlexNet 实现 MNIST 分类分为以下几个步骤：

1）MNIST 数据集预处理。

2）基于 Keras 搭建 AlexNet 网络结构。

3）对已搭建完成的 AlexNet 进行编译并基于训练集训练。

4）利用测试集对已训练完毕的 AlexNet 模型进行准确率评估。

5）利用评估结束的 AlexNet 模型对 MNSIT 数据集进行预测。

MNIST 数据集的预处理具体步骤与实现均与【例 5-1】MNIST 数据集预处理相同，具体程序可参考【例 5-1】中的程序。

5.4.1 基于 Keras 搭建 AlexNet 网络结构

【例 5-8】采用 Sequential 模型搭建 AlexNet 网络结构。

数据预处理完成后，开始基于 Keras 搭建 AlexNet 网络结构。在本例中选择 Keras 的序贯 Sequential 模型。程序如下：

```
#从keras中导入Sequential模块
from keras.models import Sequential
#从keras.layers中导入相关模块，为搭建相关网络层做准备
from keras.layers import Conv2D, MaxPooling2D, Flatten, Dense,Dropout,BatchNormalization
model = Sequential()
#搭建AlexNet的第1层网络层：输入层，卷积层，BN层，池化层
#搭建卷积层
model.add(Conv2D(filters=96,              #卷积核个数为96
                kernel_size=(11,11),      #卷积核大小为11×11
                strides=(4,4),            #卷积核步长为4
                input_shape=(28,28,1),    #输入图像大小为28×28×1
                padding='same',           #对输入图像进行像素填充，padding选择same
                activation='relu')        #激活函数选择Relu函数
)
```

在卷积层后加入 BN 层，将卷积输出的数据进行归一化处理，使得神经网络的损失函数空间更加平滑，梯度下降不容易陷入局部极值，不那么依赖权重初始化。也使得参数更新时梯度的取值范围更小，梯度更新更具可预测性，不容易出现梯度爆炸和梯度消失。程序如下：

```
#搭建BN层
model.add(BatchNormalization())
#搭建重叠最大池化层
model.add(MaxPooling2D(pool_size=(3,3),   #池化窗口为3×3
                      strides=(2,2),      #池化步长为2
```

```
                           padding='same'))    #对输入的特征图像做像素填充，padding选择same
#搭建AlexNet的第2层网络层：卷积层，BN层，池化层
#搭建卷积层
model.add(Conv2D(filters=256,              #卷积核个数为256
                 kernel_size=(5,5),        #卷积核大小为5×5
                 strides=(1,1),            #卷积步长为1
                 padding='same',           #对输入的特征图像做像素填充，padding选择same
                 activation='relu')        #激活函数选择Relu函数
)
#搭建BN层
model.add(BatchNormalization())
#搭建重叠最大池化层
model.add(MaxPooling2D(pool_size=(3,3),    #池化窗口为3×3
                       strides=(2,2),      #池化步长为2
                       padding='valid'))   #对输入的特征图像做像素填充，padding选择valid
#搭建AlexNet的第3层网络层：卷积层
model.add(Conv2D(filters=384,              #卷积核个数为384
                 kernel_size=(3,3),        #卷积核大小为3×3
                 strides=(1,1),            #卷积步长为1
                 padding='same',           #对输入的特征图像做像素填充，padding选择same
                 activation='relu')        #激活函数选择Relu函数
)
#搭建AlexNet的第4层网络层：卷积层
model.add(Conv2D(filters=384,              #卷积核个数为384
                 kernel_size=(3,3),        #卷积核大小为3×3
                 strides=(1,1),            #卷积步长为1
                 padding='same',           #对输入的特征图像做像素填充，padding选择same
                 activation='relu')        #激活函数选择Relu函数
)
#搭建AlexNet的第5层网络层：卷积层，池化层
model.add(Conv2D(filters=256,              #卷积核个数为256
                 kernel_size=(3,3),        #卷积核大小为3×3
                 strides=(1,1),            #卷积步长为1
                 padding='same',           #对输入的特征图像做像素填充，padding选择same
                 activation='relu'))       #激活函数选择Relu函数
model.add(MaxPooling2D(pool_size=(3,3),    #池化窗口为3×3
                       strides=(2,2),      #池化步长为2
                       padding='same')     #对输入的特征图像做像素填充，padding选择same
)
#搭建AlexNet的第6层网络层：全连接层
#搭建平坦层
model.add(Flatten())    #卷积层输出为二维数组，全连接层输入为一维数组，Flatten默认按行降维，
返回一个一维数组
#搭建全连接层
model.add(Dense(4096, activation='relu'))    #该层全连接层有4096个神经元，激活函数选择
Relu函数
model.add(Dropout(0.5))    #加入Dropout层，防止过拟合现象
#搭建AlexNet的第7层网络层：全连接层
model.add(Dense(2048, activation='relu'))    #该层全连接层有2048个神经元，激活函数选择
Relu函数
```

```
model.add(Dropout(0.5))   #加入Dropout层，防止过拟合现象
#搭建AlexNet的第8层网络层：全连接层，即输出层
model.add(Dense(10,activation='softmax'))   #该层有10个神经元，激活函数选择softmax函数
#查看网络模型摘要
model.summary()
```

AlexNet 网络模型摘要如图 5-10 所示。从第 2 列可以看出每层网络层的输出形状，从第 3 列可以看出每层网络层所需要训练的参数。该网络模型一共有参数 13 189 194 个，其中需要训练的参数为 13 188 490 个，不可训练的参数为 704 个。

Layer (type)	Output Shape	Param #
conv2d_1 (Conv2D)	(None, 7, 7, 96)	11712
batch_normalization_1 (Batch	(None, 7, 7, 96)	384
max_pooling2d_1 (MaxPooling2	(None, 4, 4, 96)	0
conv2d_2 (Conv2D)	(None, 4, 4, 256)	614656
batch_normalization_2 (Batch	(None, 4, 4, 256)	1024
max_pooling2d_2 (MaxPooling2	(None, 1, 1, 256)	0
conv2d_3 (Conv2D)	(None, 1, 1, 384)	885120
conv2d_4 (Conv2D)	(None, 1, 1, 384)	1327488
conv2d_5 (Conv2D)	(None, 1, 1, 256)	884992
max_pooling2d_3 (MaxPooling2	(None, 1, 1, 256)	0
flatten_1 (Flatten)	(None, 256)	0
dense_1 (Dense)	(None, 4096)	1052672
dropout_1 (Dropout)	(None, 4096)	0
dense_2 (Dense)	(None, 2048)	8390656
dropout_2 (Dropout)	(None, 2048)	0
dense_3 (Dense)	(None, 10)	20490

```
Total params: 13,189,194
Trainable params: 13,188,490
Non-trainable params: 704
```

图 5-10   AlexNet 网络模型摘要

除了可以查看网络模型的摘要以外，还可以打印网络模型可视化文件。Keras 提供了模型可视化的函数 plot_model()，但仍需安装 pydot 插件，在 Anaconda Prompt 中输入 Pip install pydot，然后运行即可完成安装。

【例 5-9】AlexNet 网络模型可视化程序。

```
from keras.utils.vis_utils import plot_model
#调用plot_model()函数，输入参数：网络模型，存储文件名称
plot_model(model=model, to_file='model_AlexNet.png',show_shapes=True)
```

运行该程序后，会在该程序所在文件夹中自动生成 model_AlexNet.png 文件。

AlexNet 网络模型可视化图如图 5-11 所示。从该可视化图中可以清楚地看到依据上述步骤所搭建的网络模型结构，以及每层网络的输入形状和输出形状。

AlexNet 网络结构搭建完成后，接着对该网络模型进行编译，即定义学习方式，再进行训练。

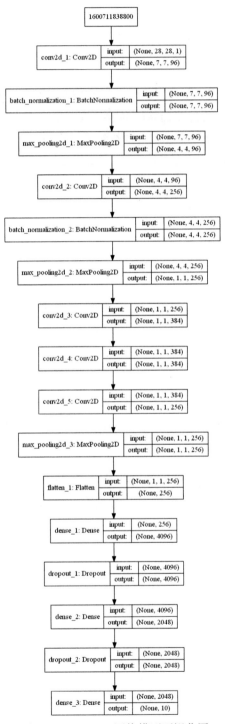

图 5-11　AlexNet 网络模型可视化图

5.4.2　对 AlexNet 网络模型进行编译、训练、评估与预测

【例 5-10】对 AlexNet 网络结构进行编译与训练。

```
#编译通过调用model.compile()完成，损失函数选择交叉熵函数，优化算法选择SGD，评估标准选择准确率
model.compile(loss='categorical_crossentropy', optimizer='sgd',
metrics=['accuracy'])
#将训练过程存储在变量Training中，并定义迭代次数（epochs）、批大小（batch_size）、验证集比例
（validation_split）等参数
nb_class = 10
nb_epoch = 10
batchsize = 128
Training=model.fit(x=X_train,          #输入训练数据
           y=Y_train,                  #输入训练标签
           epochs=nb_epoch,            #设置epochs为10
           batch_size=batchsize,       #设置batch_size为128
           verbose= 1,                 #1为输出进度条记录
           validation_split=0.20,      #设置验证集比例为20%
           )
```

训练过程如图 5-12 所示。整个训练过程一共有 10 个时期（epoch），训练集数据依照 20% 的比例划分出验证集，则训练数据有 48 000 项，验证数据有 12 000 项。每次迭代结束，显示本次迭代所用的时间、训练误差（loss）、训练准确率（acc）、验证误差（val_loss）、验证准确率（val_acc）。

```
Train on 48000 samples, validate on 12000 samples
Epoch 1/10
48000/48000 [==============================] - 200s 4ms/step - loss: 2.2842
- acc: 0.2097 - val_loss: 2.2168 - val_acc: 0.4212
Epoch 2/10
48000/48000 [==============================] - 200s 4ms/step - loss: 1.3974
- acc: 0.5151 - val_loss: 0.5834 - val_acc: 0.7987
Epoch 3/10
48000/48000 [==============================] - 202s 4ms/step - loss: 0.2527
- acc: 0.9289 - val_loss: 0.1423 - val_acc: 0.9597
Epoch 4/10
48000/48000 [==============================] - 200s 4ms/step - loss: 0.1219
- acc: 0.9652 - val_loss: 0.1286 - val_acc: 0.9631
Epoch 5/10
48000/48000 [==============================] - 200s 4ms/step - loss: 0.0843
- acc: 0.9756 - val_loss: 0.1164 - val_acc: 0.9663
Epoch 6/10
48000/48000 [==============================] - 200s 4ms/step - loss: 0.0650
- acc: 0.9809 - val_loss: 0.0770 - val_acc: 0.9791
Epoch 7/10
48000/48000 [==============================] - 199s 4ms/step - loss: 0.0502
- acc: 0.9848 - val_loss: 0.0957 - val_acc: 0.9749
Epoch 8/10
48000/48000 [==============================] - 199s 4ms/step - loss: 0.0429
- acc: 0.9870 - val_loss: 0.0694 - val_acc: 0.9823
Epoch 9/10
48000/48000 [==============================] - 200s 4ms/step - loss: 0.0316
- acc: 0.9907 - val_loss: 0.0800 - val_acc: 0.9795
Epoch 10/10
48000/48000 [==============================] - 199s 4ms/step - loss: 0.0248
- acc: 0.9925 - val_loss: 0.0875 - val_acc: 0.9774
```

图 5-12　训练过程

以上 10 个训练过程产生的值存储在变量 Training 中，可分别画出 loss、acc、val_loss、val_acc 随着时期变化的曲线。

【例 5-11】 画出训练过程随时期（epoch）变化的曲线。

```
#以epoch为横坐标，在同一坐标下画出acc、val_acc随epoch变化的曲线图
#定义show_Training_history()函数，输入参数：训练过程所产生的Training_history
#导入matplotlib
import matplotlib.pyplot as plt
def show_Training_history(Training_history,train,validation):
    plt.plot(Training.history[train] , linestyle='-', color='b')  #训练数据执行结
果，'-'表示实线，'b'表示蓝色
    plt.plot(Training.history[validation] , linestyle='--', color='r')  #验证数据
执行结果，'--'表示虚线，'r'表示红色
    plt.title('Training history')  #显示图的标题Training history
    plt.xlabel('epoch')    #显示x轴标签epoch
    plt.ylabel('train')    #显示y轴标签train
    plt.legend(['train','validation'],loc='lower right')   #设置图例是显示'train'、
'validation'，位置在右下角
    plt.show()   #开始绘图
#调用show_Training_history()函数，输入参数：训练过程产生的Training, acc, val_acc
show_Training_history(Training,'acc','val_acc')
```

准确率变化曲线如图 5-13 所示。随着迭代次数的增加，训练准确率（实线）不断上升，验证准确率（虚线）也不断上升。可以看出，从第 3 时期后，训练准确率和验证准确率非常接近，说明该网络有轻微的过拟合现象。可通过进一步调整网络层中的超参数来消除轻微过拟合现象。

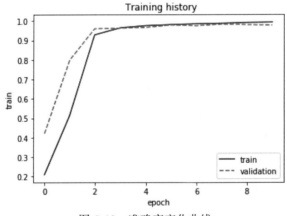

图 5-13　准确率变化曲线

```
#以epoch为横坐标，在同一坐标下画出loss、val_loss随epoch变化的曲线图
#定义show_Training_history()函数，输入参数：训练过程所产生的Training_history
def show_Training_history(Training_history,train,validation):
    plt.plot(Training.history[train] , linestyle='-', color='b')  #训练数据执行结
果，'-'表示实线，'b'表示蓝色
    plt.plot(Training.history[validation] , linestyle='--', color='r')  #验证数据
执行结果，'--'表示虚线，'r'表示红色
    plt.title('Training history')  #显示图的标题Training history
```

```
    plt.xlabel('epoch')    #显示x轴标签epoch
    plt.ylabel('train')    #显示y轴标签train
    plt.legend(['train','validation'],loc='upper right')    #设置图例是显示'train'、
'validation'，位置在右上角
    plt.show()    #开始绘图
#调用show_Training_history()函数，输入参数：训练过程产生的Training, loss, val_loss
show_Training_history(Training,'loss','val_loss')
```

误差变化曲线如图 5-14 所示。随着迭代次数的增加，训练误差（实线）不断减小，验证误差（虚线）也不断减小，且最终二者都达到了误差收敛。

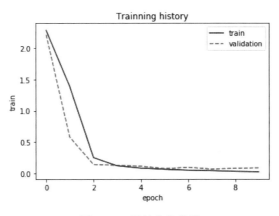

图 5-14　误差变化曲线

从准确率变化曲线和误差变化曲线可以看出，AlexNet 网络已经得到了一个良好的学习，并且在训练阶段得到了一个性能较为良好且稳定的模型。接下来可以利用测试集对该网络模型进行准确率评估。

【例 5-12】用测试集对 AlexNet 网络进行准确率评估。

```
#评估可通过model.evaluate()完成，分别输入：测试数据X_test、测试标签Y_test；该函数会基于
X_test和Y_test计算model.compile中指定的metrics函数；该函数返回值为误差（loss）和准确率
（accuracy）
Test=model.evaluate(X_test,Y_test)
print('loss=',Test[0])          #打印测试误差
print('accuracy=',Test[1])      #打印测试准确率
```

测试集评估结果如图 5-15 所示。测试样本共 10 000 个，测试误差最终约为 0.0713，测试准确率为 0.9791，说明该网络模型的测试集评估结果良好。

【例 5-13】AlexNet 网络进行预测。

评估完成后，使用 model.predict_classes() 函数完成多层感知器的预测。以第 1 项测试数据为例，查看数字图像、真实标签和预测标签。程序如下：

```
#将预测结果存储在变量prediction中
```

```
prediction=model.predict_classes(X_test)
#定义plot_image函数，查看指定项数的数据图像
def plot_image(image):    #输入参数为image
    fig=plt.gcf()            #获取当前图像
    fig.set_size_inches(2,2)  #设置图像大小
    plt.imshow(image,cmap='binary')  #使用plt.imshow显示图像
    plt.show()    #开始绘图
#定义pre_results()函数，查看指定图像、真实标签及预测结果
def pre_results(i):    #输入参数i，项数从0开始数，则该项数为i+1
    plot_image(X_test1[i])    #调用函数plot_image()，输入参数：测试集第i+1项，查看该图像
    print('Y_test1=',Y_test1[i])    #打印测试集第i+1项标签
    print('pre_result=',prediction[i])    #打印测试集第i+1项预测结果
pre_results(0)  #调用函数pre_results()，输入参数：i取0，即第1项
```

```
10000/10000 [==============================] - 2s 249us/step
loss= 0.07128351454461226
accuracy= 0.9791
```

图 5-15   测试集评估结果

第 1 项预测结果如图 5-16 所示。测试数据集中第 1 项数据图像为数字 7，标签为 7，预测结果为标签 7。

AlexNet 网络拥有 8 层网络结构，对 MNIST 数据集分类有着良好的性能。一般而言，提高网络性能往往伴随着网络层深度的加深，但过于深度的网络层结构也往往伴随着过拟合、参数量大、计算过程缓慢等问题。

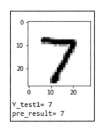

图 5-16   第 1 项预测结果

5.5 VGG16 概述

在网络深度与网络性能的关系上，牛津大学视觉几何团队提出了一种深层次且性能良好的网络模型，即 VGG 网络模型。VGG 很好地继承了 AlexNet 的衣钵，同时拥有着鲜明的特点，即网络层次较深。

牛津大学视觉几何团队在 ILSVRC 2014 上提出了 VGGNet。VGGNet 的网络结构简单、规整且高效。VGGNet 较为典型的网络结构主要有 VGG16 和 VGG19，本节主要介绍 VGG16，其网络结构如表 5-1 所示。

VGGNet 对输入图像的默认大小是 $224 \times 224 \times 3$。从表 5-1 中可以看出，VGG16 指该网络结构含有参数的网络层一共 16 层，即 13 个卷积层和 3 个全连接层，不包括池化层和 softmax 激活函数层。VGG16 的卷积核大小是固定的 3×3，不同卷积层的卷积核个数不同。最大池化层的池化窗口大小为 2×2，步长为 2。最后是 3 个全连接层，神经元个数分别为 4096 个、4096 个和 1000 个。其中，第 3 层全连接层有 1000 个神经元，负责分类输出，最后一层为 soft-max 输出层。

VGG16 网络结构层数较深，参数数量较大，网络模型的训练较为耗时。

表 5-1　VGG16 网络结构

ConvNet Configuration					
A	A-LRN	B	C	D	E
11weight layers	11weight layers	13weight layers	16weight layers	16weight layers	19weight layers
Input(224 × 224 RGB image)					
conv3-64	conv3-64 LRN	conv3-64 conv3-64	conv3-64 conv3-64	conv3-64 conv3-64	conv3-64 conv3-64
maxpool					
conv3-128	conv3-128 conv3-128	conv3-128 conv3-128	conv3-128 conv3-128	conv3-128 conv3-128	conv3-128 conv3-128
maxpool					
conv3-256 conv3-256	conv3-256 conv3-256	conv3-256 conv3-256	conv3-256 conv3-256 conv1-256	conv3-256 conv3-256 conv3-256	conv3-256 conv3-256 conv3-256 conv3-256
maxpool					
conv3-512 conv3-512	conv3-512 conv3-512	conv3-512 conv3-512	conv3-512 conv3-512 conv1-512	conv3-512 conv3-512 conv3-512	conv3-512 conv3-512 conv3-512 conv3-512
maxpool					
conv3-512 conv3-512	conv3-512 conv3-512	conv3-512 conv3-512	conv3-512 conv3-512 conv1-512	conv3-512 conv3-512 conv3-512	conv3-512 conv3-512 conv3-512 conv3-512
maxpool					
FC-4096					
FC-4096					
FC-1000					
soft-max					

5.6　VGG16 实现 MNIST 分类

通过 VGG16 的网络结构可以看出该网络架构较为规整。在 Keras 中也将基于这种规整的网络层搭建 VGG16，并基于所搭建网络模型实现 MNIST 分类。关于 MNIST 数据集的预处理具体步骤与实现均与【例 5-1】MNIST 数据集预处理相同，具体程序可参考【例 5-1】。

5.6.1 基于 Keras 搭建 VGG16 网络结构

【例 5-14】采用 Sequential 模型搭建 VGG16 网络结构。

```
#定义VGG16模型函数，采用序贯模型搭建网络结构
#从keras中导入Sequential模型
from keras.models import Sequential
#从keras.layers中导入相关网络层函数
from keras.layers import Conv2D, Activation, MaxPooling2D, Flatten,
Dense,Dropout, Reshape
from keras.optimizers import RMSprop
#定义VGG16模型
def vgg16():
    model = Sequential()
    model.add(Reshape((28, 28, 1)))
#VGG16的卷积核大小固定为3×3
#搭建输入层：输入图像形状为28×28×1；搭建卷积层，卷积核个数为64，像素填充选择same，激活函数选
择Relu函数
    model.add(Conv2D(64, (3, 3), padding='same',
    input_shape=((28, 28, 1)), activation='relu'))
#搭建卷积层，卷积核个数为64，像素填充选择same，激活函数选择Relu函数
    model.add(Conv2D(64, (3, 3), padding='same', activation='relu'))
#搭建池化层，池化窗口大小为2×2，数据格式选择channels_last
    model.add(MaxPooling2D(data_format="channels_last", pool_size=(2, 2)))
#搭建卷积层，卷积核个数为128，像素填充选择same，激活函数选择Relu函数
    model.add(Conv2D(128, (3, 3), padding='same', activation='relu'))
    model.add(Conv2D(128, (3, 3), padding='same', activation='relu'))
#搭建池化层，池化窗口大小为2×2，数据格式选择channels_last
    model.add(MaxPooling2D(data_format="channels_last", pool_size=(2, 2)))
#搭建卷积层，卷积核个数为256，像素填充选择same，激活函数选择Relu函数
    model.add(Conv2D(256, (3, 3), padding='same', activation='relu'))
    model.add(Conv2D(256, (3, 3), padding='same', activation='relu'))
    model.add(Conv2D(256, (3, 3), padding='same', activation='relu'))
#搭建池化层，池化窗口大小为2×2，数据格式选择channels_last
    model.add(MaxPooling2D(data_format="channels_last", pool_size=(2, 2)))
#搭建卷积层，卷积核个数为512，像素填充选择same，激活函数选择Relu函数
    model.add(Conv2D(512, (3, 3), padding='same', activation='relu'))
    model.add(Conv2D(512, (3, 3), padding='same', activation='relu'))
    model.add(Conv2D(512, (3, 3), padding='same', activation='relu'))
#搭建池化层，池化窗口大小为2×2，数据格式选择channels_last
    model.add(MaxPooling2D(data_format="channels_last", pool_size=(2, 2)))
#搭建卷积层，卷积核个数为512，像素填充选择same，激活函数选择Relu函数
    model.add(Conv2D(512, (3, 3), padding='same', activation='relu'))
    model.add(Conv2D(512, (3, 3), padding='same', activation='relu'))
    model.add(Conv2D(512, (3, 3), padding='same', activation='relu'))
#搭建平坦层，卷积层输出为二维数组，全连接层输入为一维数组，Flatten默认按行降维，返回一个一维数组
    model.add(Flatten())
#搭建全连接层，该层有256个神经元，激活函数选择Relu函数
    model.add(Dense(256, activation='relu'))
#搭建Dropout层，Dropout设置为0.5
```

```
    model.add(Dropout(0.5))
#搭建全连接层，该层神经元个数为256，激活函数选择Relu函数
    model.add(Dense(256, activation='relu'))
#搭建Dropout层，Dropout设置为0.5
    model.add(Dropout(0.5))
#搭建最后一层全连接层，即输出层，该层神经元个数为10个，对应十分类输出
    model.add(Dense(10))
#激活函数选择softmax输出
    model.add(Activation('softmax'))
#对已搭建完成的网络模型进行编译，损失函数选择交叉熵函数，优化算法选择RMSprop，选择准确率作为评估标准
    model.compile(loss='binary_crossentropy',
    optimizer=RMSprop(lr=1e-4),
    metrics=['accuracy'])
#返回model
    return model
#调用vgg16()函数，将VGG16模型存储在model中
model = vgg16()
```

【例 5-15】对已编译完成的 VGG16 网络结构进行训练与预测。

```
nb_epoch = 4
batch_size = 256
#定义运行VGG16的函数
def run_vgg16():
#对VGG16进行训练，分别输入训练数据集、训练标签集、batch_size值、epochs值、验证集比例，训练过程存储在Training中
    Training=model.fit(X_train, Y_train, batch_size=batch_size, epochs=nb_epoch,
validation_split=0.25, verbose=1)
#对VGG16进行预测，输入测试数据集，预测结果存储在predictions中
    predictions = model.predict(X_test, verbose=0)
#返回Training、predictions
    return predictions, Training
#调用run_vgg16()函数，对该网络进行训练和预测
predictions, Training = run_vgg16()
```

训练过程如图 5-17 所示。整个训练过程一共有 4 个时期（epoch），训练集数据依照 20% 的比例划分出验证集，则训练数据有 45 000 项，验证数据有 15 000 项。每次迭代结束，显示本次迭代所用的时间、训练误差（loss）、训练准确率（acc）、验证误差（val_loss）、验证准确率（val_acc）。

【例 5-16】可视化 VGG16 网络模型。

```
from keras.utils.vis_utils import plot_model
plot_model(model=model, to_file='model_VGG16.png',show_shapes=True)
```

VGG16 网络模型可视化图如图 5-18 所示。从该可视化图中可以清楚地看到依据上述步骤所搭建的网络模型结构，以及每层网络的输入形状和输出形状。

```
Train on 45000 samples, validate on 15000 samples
Epoch 1/4
45000/45000 [==============================] - 800s 18ms/step - loss: 2.3321
- acc: 0.8364 - val_loss: 2.8720 - val_acc: 0.8208
Epoch 2/4
45000/45000 [==============================] - 802s 18ms/step - loss: 2.8693
- acc: 0.8210 - val_loss: 2.8611 - val_acc: 0.8215
Epoch 3/4
45000/45000 [==============================] - 801s 18ms/step - loss: 2.8638
- acc: 0.8214 - val_loss: 2.8611 - val_acc: 0.8215
Epoch 4/4
45000/45000 [==============================] - 799s 18ms/step - loss: 2.8646
- acc: 0.8213 - val_loss: 2.8611 - val_acc: 0.8215
```

图 5-17　训练过程

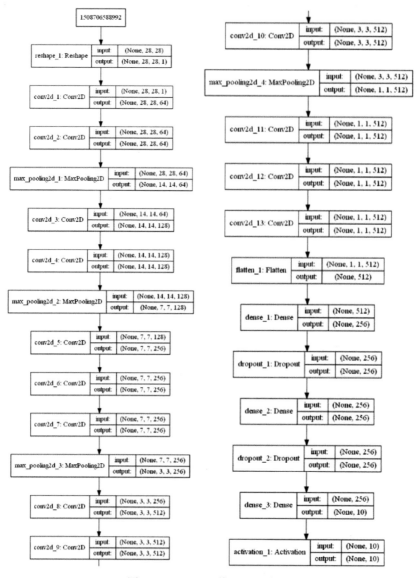

图 5-18　VGG16 模型可视化图

　　VGG16 网络结构搭建完成后，接着对该网络模型进行编译，即定义学习方式，再进行训练。

5.6.2　对 VGG16 网络模型进行评估与预测

【例 5-17】利用测试集对 VGG16 网络模型进行准确率评估。

```
Test=model.evaluate(X_test,Y_test)
print('loss=',Test[0])
print('accuracy=',Test[1])
```

　　测试集评估结果如图 5-19 所示。测试样本共 10 000 个，测试误差最终约为 2.842，测试准确率约为 0.8227。

```
10000/10000 [==============================] - 10s 1ms/step
loss= 2.8421612327575683
accuracy= 0.8227000087738037
```

图 5-19　测试集评估结果

【例 5-18】画出 VGG16 网络训练过程随时期（epoch）变化的曲线。

```
#以epoch为横坐标，在同一坐标下画出acc、val_acc随epoch变化的曲线图
#定义show_Training_history()函数，输入参数：训练过程所产生的Training_history
import matplotlib.pyplot as plt   #导入plt模块
def show_Training_history(Training_history,train,validation):
    plt.plot(Training.history[train] , linestyle='-', color='b')   #训练数据执行结
果，'-'表示实线，'b'表示蓝色
    plt.plot(Training.history[validation] , linestyle='--', color='r')   #验证数据
执行结果，'--'表示虚线，'r'表示红色
    plt.title('Training accuracy history')   #显示图的标题Training accuracy history
    plt.xlabel('epoch')   #显示x轴标签epoch
    plt.ylabel('train')   #显示y轴标签train
    plt.legend(['train','validation'],loc='upper right')   #设置图例是显示'train'、
'validation'，位置在右上角
    plt.show()   #开始绘图
#调用show_Training_history()函数，输入参数：训练过程产生的Training, acc, val_acc
show_Training_history(Training,'acc','val_acc')
```

　　准确率变化曲线如图 5-20 所示。从图中可以看出，在 3 次 epoch 的迭代中，训练准确率（实线）在 0.820 到 0.832 之间波动，验证准确率在（虚线）在 0.818 到 0.822 之间波动，训练准确率和验证准确率的波动范围都较小，训练过程较为稳定。

```
#以epoch为横坐标，在同一坐标下画出loss、val_loss随epoch变化的曲线图
#定义show_Training_history()函数，输入参数：训练过程所产生的Training_history
def show_Training_history(Training_history,train,validation):
    plt.plot(Training.history[train] , linestyle='-', color='b')   #训练数据执行结
果，'-'表示实线，'b'表示蓝色
```

```
    plt.plot(Training.history[validation] , linestyle='--', color='r')  #验证数据
执行结果，'--'表示虚线，'r'表示红色
    plt.title('Training loss history')  #显示图的标题Training loss history
    plt.xlabel('epoch')    #显示x轴标签epoch
    plt.ylabel('train')    #显示y轴标签train
    plt.legend(['train','validation'],loc=' lower right')  #设置图例是显示'train'、
'validation'，位置在右下角
    plt.show()   #开始绘图
#调用show_Training_history()函数，输入参数：训练过程产生的Training, loss, val_loss
show_Training_history(Training,'loss','val_loss')
```

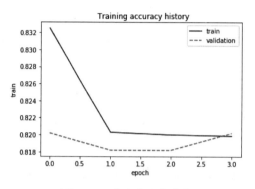

图 5-20　准确率变化曲线

　　误差变化曲线如图 5-21 所示。经过 3 次迭代，训练误差（实线）在 2.9 以内波动，验证误差（虚线）在 2.9 附近有所波动。随着迭代次数的继续增加，训练误差和验证误差将会有更好的收敛效果。

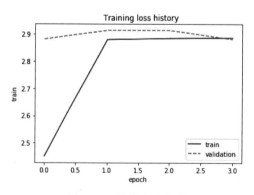

图 5-21　误差变化曲线

【例 5-19】VGG16 网络进行预测。

　　评估完成后，使用 model.predict_classes() 函数完成多层感知器的预测。以第 1 项测试数据为例，查看数字图像、真实标签和预测标签。程序如下：

```
#预测结果已经存储在变量predictions中
#定义plot_image函数，查看指定项数的数据图像
def plot_image(image):  #输入参数为image
    fig=plt.gcf()            #获取当前图像
    fig.set_size_inches(2,2)   #设置图像大小
    plt.imshow(image,cmap='binary')  #使用plt.imshow显示图像
    plt.show()   #开始绘图
#定义pre_results()函数，查看指定图像，真实标签，及预测结果
def pre_results(i):   #输入参数i，项数从0开始数，则该项数为i+1
    plot_image(X_test1[i])  #调用函数plot_image()，输入参数：测试集第i+1项，查看该图像
    print('Y_test1=',Y_test1[i])    #打印测试集第i+1项标签
    print('pre_result=',predictions[i])  #打印测试集第i+1项预测结果
pre_results(0)  #调用函数pre_results(),输入参数：i取0，即第1项
```

第 1 项预测结果如图 5-22 所示。测试数据集中第 1 项数据图像为数字 7，标签为 7，预测结果为 1，说明 VGG16 对测试集第 1 项数据预测错误。通过改变 i 值，可以查看任意项的预测结果。

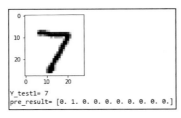

图 5-22　第 1 项预测结果

VGG16 网络层次深，超参数数量多，训练阶段超参数的计算较为耗时，训练时间较长，且容易出现过拟合现象。相比之下，由谷歌公司提出的 GoogLeNet 拥有着更深、更宽的网络结构，但网络性能却得到了大幅提升。GoogLeNet 的相关内容将在下一章中详细介绍。

5.7　思考与练习

1. 概念题

1）简述 LeNet 与 AlexNet 网络结构及原理。

2）总结 AlexNet 在网络结构上改进的优点。

3）简述 VGG16 网络结构及原理。

2. 操作题

1）基于 Keras 实现 LeNet 的 CIFAR-10 分类。

2）基于 Keras 实现 AlexNet 的 CIFAR-10 分类。

Chapter 6

第 6 章

经典卷积网络结构进阶

在第 5 章经典卷积网络结构中已经详细介绍了 LeNet、AlexNet 和 VGG16 的网络结构及相关原理，以及如何在 Keras 中搭建卷积神经网络结构，如何优化该卷积网络中的参数。本章将继续介绍两种层次更深且流行的卷积神经网络结构，即 GoogLeNet 和 ResNet，并运用这两个网络结构分别实现 MNIST 数据集分类。

6.1　GoogLeNet 概述

谷歌公司在 ILSVRC 2014 上提出了 GoogLeNet，其性能比 VGG 网络更好。通常来说，提高网络性能最直接的方法就是增加网络结构的深度和宽度，但这种方法往往伴随着参数计算量的增加，而且更容易出现过拟合现象。GoogLeNet 提出将全连接甚至一般的卷积都转换为稀疏连接。不同于 LeNet、VGG 等网络，GoogLeNet 在网络结构上做出了更大胆的尝试，提出了 Inception 模块化结构，这个创新点使得 GoogLeNet 可以拥有更深、更宽的网络结构。

在同一个 Inception 模块中有不同大小的卷积核，不同大小的卷积核意味着不同大小的局部感受野，将不同卷积核的输出进行拼接意味着不同特征信息的融合。为了使各个卷积层输出的特征直接进行拼接，需要这些特征的输出具有相同的维度，因此在设置卷积层相关参数时，步长固定为 1，当卷积核大小分别为 1×1、3×3、5×5 时，像素填充 padding 分别取 0、1、2。池化层的加入会使网络性能更好。为了减少大小为 3×3 和 5×5 的卷积核带来的参数数量，可采用 1×1 的卷积核进行降维。

GoogLeNet 网络由输入层、输出层、卷积层和大量 Inception 层组成，其中 Inception 模块结构如图 6-1 所示。

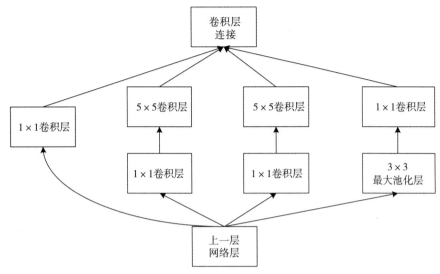

图 6-1　Inception 模块结构图

6.2　GoogLeNet 实现 MNIST 分类

从 GoogLeNet 网络的基本结构可以看出，相比于 VGG16 网络，GoogLeNet 网络结构更加复杂，网络层之间的连接也更加灵活，不再是简单的相邻网络层之间的连接，因此，在 Keras 中搭建 GoogLeNet 网络结构时，将选择函数 API 模型。函数 API 模型较为复杂和灵活，可以分阶段输入和分阶段输出，层与层之间可任意连接。GoogLeNet 网络结构搭建完成后，将基于该网络模型实现 MNIST 分类。关于 MNIST 数据集的预处理步骤与实现均与【例 5-1】MNIST 数据集预处理相同，具体程序可参考【例 5-1】。

6.2.1　基于 Keras 搭建 GoogLeNet 网络结构

【例 6-1】搭建 GoogLeNet 网络结构的卷积层。

```
LRN2D_NORM=True
WEIGHT_DECAY=0.0005
DROPOUT=0.4
DATA_FORMAT='channels_last' # Theano:'channels_first' Tensorflow:'channels_last'
#从keras.models中导入Model模块，为函数API搭建网络做准备
from keras.models import Model
#从keras.layers中导入相关网络层和算法，为后续搭建网络层做准备
from keras.layers import Input, Dropout, Flatten, Conv2D, MaxPooling2D, Dense,Ze
```

```
roPadding2D,BatchNormalization,concatenate
from keras.layers.convolutional import AveragePooling2D
from keras.optimizers import RMSprop
from keras import regularizers
#定义conv2D_lrn2d()函数，方便搭建GoogLeNet时直接调用
def conv2D_lrn2d(x,    #输入数据x
                filters,    #卷积核个数
                kernel_size,   #卷积核大小
                strides=(1,1),   #步长固定为1
                padding='same',   #像素填充选择same
                activation='relu',    #激活函数选择Relu函数
                kernel_regularizer=None,   #对权重施加正则项
                bias_regularizer=None,    #对偏置施加正则项
                lrn2d_norm=LRN2D_NORM,   #局部响应归一化
                weight_decay=WEIGHT_DECAY):  #权重衰减系数
    #是否对权重和偏置进行L2正则化
    if weight_decay:
        kernel_regularizer=regularizers.l2(weight_decay)
        bias_regularizer=regularizers.l2(weight_decay)
    else:
        kernel_regularizer=None
        bias_regularizer=None
    #搭建卷积层，对输入数据x进行卷积
    x=Conv2D(filters=filters, #卷积核个数
                kernel_size=kernel_size, #卷积核大小
                strides=strides, #步长
                padding=padding,  #像素填充
                activation=activation, #激活函数
                kernel_regularizer=kernel_regularizer,  #对权重施加正则项
                bias_regularizer=bias_regularizer)(x)    #对偏置施加正则项
    #是否需要添加LRN层进行归一化
    if lrn2d_norm:
        x=BatchNormalization()(x)
    return x
```

【例 6-2】搭建 Inception 模块层。

```
#定义inception_module()函数，方便搭建GoogLeNet时直接调用
def inception_module(x,   #输入数据
                params,   #输入参数为inception模块中各卷积层中的卷积核个数
                concat_axis, #设定concentrate()进行拼接的维度
                padding='same', #像素填充选择same
                activation='relu', #激活函数选择Relu
                kernel_regularizer=None, #对权重加正则项
                bias_regularizer=None, #对偏置加正则项
                lrn2d_norm=LRN2D_NORM, #局部响应归一化
                weight_decay=None): #权重衰减系数
#将params参数值分别分配给branch1、branch2、branch3、branch4
    (branch1,branch2,branch3,branch4)=params
#是否对权重和偏置进行L2正则化
```

```
if weight_decay:
        kernel_regularizer=regularizers.l2(weight_decay)
        bias_regularizer=regularizers.l2(weight_decay)
    else:
        kernel_regularizer=None
        bias_regularizer=None
#搭建inception模块中1×1的卷积层
pathway1=Conv2D(filters=branch1[0],              #卷积核个数
            kernel_size=(1,1),                   #卷积核大小为1×1
            strides=1,padding=padding,           #步长为1，像素填充为padding，即same
            activation=activation,                  #激活函数选择Relu
            kernel_regularizer=kernel_regularizer,     #对权重施加正则项
            bias_regularizer=bias_regularizer         #对偏置施加正则项
            )(x)  #该层卷积层输入为x
#搭建inception模块中的卷积层：1×1->3×3
pathway2=Conv2D(filters=branch2[0],              #卷积核个数
            kernel_size=(1,1),                   #卷积核大小为1×1
            strides=1,padding=padding,           #步长为1，像素填充为padding，即same
            activation=activation,               #激活函数选择Relu
            kernel_regularizer=kernel_regularizer,     #对权重施加正则项
            bias_regularizer=bias_regularizer         #对偏置施加正则项
            )(x)                                 #该层卷积层输入为x
pathway2=Conv2D(filters=branch2[1],              #卷积核个数
kernel_size=(3,3),                               #卷积核大小为3×3
strides=1,padding=padding,                       #步长为1，像素填充为padding，即same
activation=activation,                           #激活函数选择Relu
kernel_regularizer=kernel_regularizer,           #对权重施加正则项
bias_regularizer=bias_regularizer                #对偏置施加正则项
) (pathway2)                         #该层卷积层输入为pathway2，即上一层卷积层
#搭建inception模块中的卷积层：1×1->5×5
pathway3=Conv2D(filters=branch3[0],              #卷积核个数
kernel_size=(1,1),                               #卷积核大小为1×1
strides=1,padding=padding,                       #步长为1，像素填充为padding，即same
activation=activation,                           #激活函数选择Relu
kernel_regularizer=kernel_regularizer,           #对权重施加正则项
bias_regularizer=bias_regularizer                #对偏置施加正则项
)(x)  #该层卷积层输入为x
pathway3=Conv2D(filters=branch3[1],              #卷积核个数
kernel_size=(5,5),                               #卷积核大小为5×5
strides=1,padding=padding,                       #步长为1，像素填充为padding，即same
activation=activation,                           #激活函数选择Relu
kernel_regularizer=kernel_regularizer,           #对权重施加正则项
bias_regularizer=bias_regularizer                #对偏置施加正则项
)(pathway3)                                      #该层输入为pathway3
#搭建inception模块中3×3的池化层和1×1的卷积层：3×3->1×1
pathway4=MaxPooling2D(pool_size=(3,3),           #池化窗口大小为3×3
strides=1,padding=padding,                       #步长为1，像素填充为padding，即same
data_format=DATA_FORMAT                          #数据格式为DATA_FORMAT
)(x)                                             #该层输入为x
pathway4=Conv2D(filters=branch4[0],              #卷积核个数
```

```
        kernel_size=(1,1),                          #卷积核大小为1×1
        strides=1,padding=padding,                  #步长为1，像素填充为padding，即same
        activation=activation,                      #激活函数选择Relu
        kernel_regularizer=kernel_regularizer,      #对权重施加正则项
        bias_regularizer=bias_regularizer,          #对偏置施加正则项
        ) (pathway4)                                #该层输入为pathway4
#该函数的返回值为inception模块输出特征（pathway1,pathway2,pathway3,pathway4）的拼接，拼
接的维度为concat_axis
    return concatenate([pathway1,pathway2,pathway3,pathway4],axis=concat_axis)
```

【例6-3】搭建 GoogLeNet 网络结构。

```
#定义google_net()函数
def google_net():
    NB_CLASS = 10    #MNIST为十分类
    CONCAT_AXIS = 3 #拼接维度为3
    X_input = Input((28, 28, 1)) #输入数据形状为28×28×1
    img_input = ZeroPadding2D((3, 3))(X_input) #对输入数据进行补0操作
#调用conv2D_lrn2d()函数，搭建卷积层，输入参数：输入数据，卷积核个数为64，卷积核大小为7×7，
卷积步长为2，padding选择same，lrn2d_norm为False，即该层卷积层不需要LRN层
    x = conv2D_lrn2d(img_input, 64, (7, 7), 2, padding='same', lrn2d_norm=False)
#最大池化层，池化窗口大小为2×2，池化步长为2，padding为same，该层输入为x，即上一层的卷积层输出
    x = MaxPooling2D(pool_size=(2, 2), strides=2, padding='same')(x)
#搭建BN层
    x = BatchNormalization()(x)
#调用conv2D_lrn2d()函数，搭建卷积层，输入参数：输入数据即BN层输出，卷积核个数为64，卷积核大
小为1×1，卷积步长为1，padding选择same，lrn2d_norm为False，即该层卷积层不需要LRN层
    x = conv2D_lrn2d(x, 64, (1, 1), 1, padding='same', lrn2d_norm=False)
#调用conv2D_lrn2d()函数，搭建卷积层，输入参数：输入数据即上一层卷积层输出，卷积核个数为192，
卷积核大小为3×3，卷积步长为1，padding选择same，lrn2d_norm为True，即该层卷积层需要LRN层
    x = conv2D_lrn2d(x, 192, (3, 3), 1, padding='same', lrn2d_norm=True)
#最大池化层，池化窗口大小为2×2，池化步长为2，padding为same，该层输入为x，即上一层的卷积层输出
    x = MaxPooling2D(pool_size=(2, 2), strides=2, padding='same')(x)
#调用inception_module()模块，搭建inception3a层
    x=inception_module(x, params=[(64,), (96, 128), (16, 32), (32,)], concat_
axis=CONCAT_AXIS)
#搭建inception3b层
    x=inception_module(x, params=[(128,), (128, 192), (32, 96), (64,)], concat_
axis=CONCAT_AXIS)
#搭建池化层
    x = MaxPooling2D(pool_size=(2, 2), strides=2, padding='same')(x)
#搭建inception4a层
    x=inception_module(x, params=[(192,), (96, 208), (16, 48), (64,)], concat_
axis=CONCAT_AXIS)
#搭建inception4b层
    x=inception_module(x, params=[(160,), (112, 224), (24, 64), (64,)], concat_
axis=CONCAT_AXIS)
```

```
#搭建inception4c层
    x=inception_module(x, params=[(128,), (128, 256), (24, 64), (64,)], concat_
axis=CONCAT_AXIS)
#搭建inception4d层
    x=inception_module(x, params=[(112,), (144, 288), (32, 64), (64,)], concat_
axis=CONCAT_AXIS)
#搭建inception4e层
    x=inception_module(x , params=[(256,), (160, 320), (32, 128), (128,)],
concat_axis=CONCAT_AXIS)
#搭建池化层
    x = MaxPooling2D(pool_size=(2, 2), strides=2, padding='same')(x)
#搭建inception5a层
    x=inception_module(x, params=[(256,), (160, 320), (32, 128), (128,)],
concat_axis=CONCAT_AXIS)
#搭建inception5b层
    x=inception_module(x, params=[(384,), (192, 384), (48, 128), (128,)],
concat_axis=CONCAT_AXIS)
#搭建平均池化层，池化窗口大小为1×1，步长为1，padding选择valid
    x = AveragePooling2D(pool_size=(1, 1), strides=1, padding='valid')(x)
#搭建平坦层
    x = Flatten()(x)
#搭建Dropout层
    x = Dropout(DROPOUT)(x)
#搭建全连接层，即输出层，激活函数选择softmax
    x = Dense(output_dim=NB_CLASS, activation='softmax')(x)
#调用Model()函数，定义该网络模型的输入层为X_input，输出层为x，即全连接层
    model = Model(input=X_input, output=[x])
#查看网络模型摘要
    model.summary()
    optimizer = RMSprop(lr=1e-4)
    objective = 'binary_crossentropy'
#对该网络模型进行编译，损失函数选择交叉熵函数，优化算法选择RMSprop，以准确率为评估标准
    model.compile(loss=objective, optimizer=optimizer, metrics=['accuracy'])
#返回编译完成的网络模型
    return model
#调用google_net()函数
model = google_net()
```

GoogLeNet 网络模型摘要如图 6-2 所示。第 1 列为各层网络层名称，从第 2 列可以看出每层网络层的输出形状，从第 3 列可以看出每层网络层所需要训练的参数，从第 4 列可以看出该网络层所连接的网络层。该网络模型一共有 6 009 274 个参数，其中需要训练的参数为 6 008 762 个，不可训练的参数为 512 个。

Layer (type)	Output Shape	Param #	Connected to
input_1 (InputLayer)	(None, 28, 28, 1)	0	
zero_padding2d_1 (ZeroPadding2D)	(None, 34, 34, 1)	0	input_1[0][0]
conv2d_1 (Conv2D)	(None, 17, 17, 64)	3200	zero_padding2d_1[0][0]
max_pooling2d_1 (MaxPooling2D)	(None, 9, 9, 64)	0	conv2d_1[0][0]
batch_normalization_1 (BatchNor	(None, 9, 9, 64)	256	max_pooling2d_1[0][0]
conv2d_2 (Conv2D)	(None, 9, 9, 64)	4160	batch_normalization_1[0][0]
conv2d_3 (Conv2D)	(None, 9, 9, 192)	110784	conv2d_2[0][0]
batch_normalization_2 (BatchNor	(None, 9, 9, 192)	768	conv2d_3[0][0]
max_pooling2d_2 (MaxPooling2D)	(None, 5, 5, 192)	0	batch_normalization_2[0][0]
conv2d_5 (Conv2D)	(None, 5, 5, 96)	18528	max_pooling2d_2[0][0]
conv2d_7 (Conv2D)	(None, 5, 5, 16)	3088	max_pooling2d_2[0][0]
max_pooling2d_3 (MaxPooling2D)	(None, 5, 5, 192)	0	max_pooling2d_2[0][0]
conv2d_4 (Conv2D)	(None, 5, 5, 64)	12352	max_pooling2d_2[0][0]
conv2d_6 (Conv2D)	(None, 5, 5, 128)	110720	conv2d_5[0][0]
conv2d_8 (Conv2D)	(None, 5, 5, 32)	12832	conv2d_7[0][0]
conv2d_9 (Conv2D)	(None, 5, 5, 32)	6176	max_pooling2d_3[0][0]
concatenate_1 (Concatenate)	(None, 5, 5, 256)	0	conv2d_4[0][0] conv2d_6[0][0] conv2d_8[0][0] conv2d_9[0][0]
conv2d_11 (Conv2D)	(None, 5, 5, 128)	32896	concatenate_1[0][0]
conv2d_13 (Conv2D)	(None, 5, 5, 32)	8224	concatenate_1[0][0]
max_pooling2d_4 (MaxPooling2D)	(None, 5, 5, 256)	0	concatenate_1[0][0]
conv2d_10 (Conv2D)	(None, 5, 5, 128)	32896	concatenate_1[0][0]
conv2d_12 (Conv2D)	(None, 5, 5, 192)	221376	conv2d_11[0][0]
conv2d_14 (Conv2D)	(None, 5, 5, 96)	76896	conv2d_13[0][0]
conv2d_15 (Conv2D)	(None, 5, 5, 64)	16448	max_pooling2d_4[0][0]
concatenate_2 (Concatenate)	(None, 5, 5, 480)	0	conv2d_10[0][0] conv2d_12[0][0] conv2d_14[0][0] conv2d_15[0][0]

a)

Layer (type)	Output Shape	Param #	Connected to
max_pooling2d_5 (MaxPooling2D)	(None, 3, 3, 480)	0	concatenate_2[0][0]
conv2d_17 (Conv2D)	(None, 3, 3, 96)	46176	max_pooling2d_5[0][0]
conv2d_19 (Conv2D)	(None, 3, 3, 16)	7696	max_pooling2d_5[0][0]
max_pooling2d_6 (MaxPooling2D)	(None, 3, 3, 480)	0	max_pooling2d_5[0][0]
conv2d_16 (Conv2D)	(None, 3, 3, 192)	92352	max_pooling2d_5[0][0]
conv2d_18 (Conv2D)	(None, 3, 3, 208)	179920	conv2d_17[0][0]
conv2d_20 (Conv2D)	(None, 3, 3, 48)	19248	conv2d_19[0][0]
conv2d_21 (Conv2D)	(None, 3, 3, 64)	30784	max_pooling2d_6[0][0]
concatenate_3 (Concatenate)	(None, 3, 3, 512)	0	conv2d_16[0][0] conv2d_18[0][0] conv2d_20[0][0] conv2d_21[0][0]
conv2d_23 (Conv2D)	(None, 3, 3, 112)	57456	concatenate_3[0][0]
conv2d_25 (Conv2D)	(None, 3, 3, 24)	12312	concatenate_3[0][0]
max_pooling2d_7 (MaxPooling2D)	(None, 3, 3, 512)	0	concatenate_3[0][0]
conv2d_22 (Conv2D)	(None, 3, 3, 160)	82080	concatenate_3[0][0]
conv2d_24 (Conv2D)	(None, 3, 3, 224)	226016	conv2d_23[0][0]
conv2d_26 (Conv2D)	(None, 3, 3, 64)	38464	conv2d_25[0][0]
conv2d_27 (Conv2D)	(None, 3, 3, 64)	32832	max_pooling2d_7[0][0]
concatenate_4 (Concatenate)	(None, 3, 3, 512)	0	conv2d_22[0][0] conv2d_24[0][0] conv2d_26[0][0] conv2d_27[0][0]
conv2d_29 (Conv2D)	(None, 3, 3, 128)	65664	concatenate_4[0][0]
conv2d_31 (Conv2D)	(None, 3, 3, 24)	12312	concatenate_4[0][0]
max_pooling2d_8 (MaxPooling2D)	(None, 3, 3, 512)	0	concatenate_4[0][0]
conv2d_28 (Conv2D)	(None, 3, 3, 128)	65664	concatenate_4[0][0]
conv2d_30 (Conv2D)	(None, 3, 3, 256)	295168	conv2d_29[0][0]
conv2d_32 (Conv2D)	(None, 3, 3, 64)	38464	conv2d_31[0][0]
conv2d_33 (Conv2D)	(None, 3, 3, 64)	32832	max_pooling2d_8[0][0]
concatenate_5 (Concatenate)	(None, 3, 3, 512)	0	conv2d_28[0][0] conv2d_30[0][0] conv2d_32[0][0] conv2d_33[0][0]

b)

图 6-2　GoogLeNet 网络模型摘要

conv2d_35 (Conv2D)	(None, 3, 3, 144)	73872	concatenate_5[0][0]
conv2d_37 (Conv2D)	(None, 3, 3, 32)	16416	concatenate_5[0][0]
max_pooling2d_9 (MaxPooling2D)	(None, 3, 3, 512)	0	concatenate_5[0][0]
conv2d_34 (Conv2D)	(None, 3, 3, 112)	57456	concatenate_5[0][0]
conv2d_36 (Conv2D)	(None, 3, 3, 288)	373536	conv2d_35[0][0]
conv2d_38 (Conv2D)	(None, 3, 3, 64)	51264	conv2d_37[0][0]
conv2d_39 (Conv2D)	(None, 3, 3, 64)	32832	max_pooling2d_9[0][0]
concatenate_6 (Concatenate)	(None, 3, 3, 528)	0	conv2d_34[0][0] conv2d_36[0][0] conv2d_38[0][0] conv2d_39[0][0]
conv2d_41 (Conv2D)	(None, 3, 3, 160)	84640	concatenate_6[0][0]
conv2d_43 (Conv2D)	(None, 3, 3, 32)	16928	concatenate_6[0][0]
max_pooling2d_10 (MaxPooling2D)	(None, 3, 3, 528)	0	concatenate_6[0][0]
conv2d_40 (Conv2D)	(None, 3, 3, 256)	135424	concatenate_6[0][0]
conv2d_42 (Conv2D)	(None, 3, 3, 320)	461120	conv2d_41[0][0]
conv2d_44 (Conv2D)	(None, 3, 3, 128)	102528	conv2d_43[0][0]
conv2d_45 (Conv2D)	(None, 3, 3, 128)	67712	max_pooling2d_10[0][0]
concatenate_7 (Concatenate)	(None, 3, 3, 832)	0	conv2d_40[0][0] conv2d_42[0][0] conv2d_44[0][0] conv2d_45[0][0]
max_pooling2d_11 (MaxPooling2D)	(None, 2, 2, 832)	0	concatenate_7[0][0]
conv2d_47 (Conv2D)	(None, 2, 2, 160)	133280	max_pooling2d_11[0][0]
conv2d_49 (Conv2D)	(None, 2, 2, 32)	26656	max_pooling2d_11[0][0]
max_pooling2d_12 (MaxPooling2D)	(None, 2, 2, 832)	0	max_pooling2d_11[0][0]
conv2d_46 (Conv2D)	(None, 2, 2, 256)	213248	max_pooling2d_11[0][0]
conv2d_48 (Conv2D)	(None, 2, 2, 320)	461120	conv2d_47[0][0]
conv2d_50 (Conv2D)	(None, 2, 2, 128)	102528	conv2d_49[0][0]
conv2d_51 (Conv2D)	(None, 2, 2, 128)	106624	max_pooling2d_12[0][0]
concatenate_8 (Concatenate)	(None, 2, 2, 832)	0	conv2d_46[0][0] conv2d_48[0][0] conv2d_50[0][0] conv2d_51[0][0]

c)

conv2d_53 (Conv2D)	(None, 2, 2, 192)	159936	concatenate_8[0][0]
conv2d_55 (Conv2D)	(None, 2, 2, 48)	39984	concatenate_8[0][0]
max_pooling2d_13 (MaxPooling2D)	(None, 2, 2, 832)	0	concatenate_8[0][0]
conv2d_52 (Conv2D)	(None, 2, 2, 384)	319872	concatenate_8[0][0]
conv2d_54 (Conv2D)	(None, 2, 2, 384)	663936	conv2d_53[0][0]
conv2d_56 (Conv2D)	(None, 2, 2, 128)	153728	conv2d_55[0][0]
conv2d_57 (Conv2D)	(None, 2, 2, 128)	106624	max_pooling2d_13[0][0]
concatenate_9 (Concatenate)	(None, 2, 2, 1024)	0	conv2d_52[0][0] conv2d_54[0][0] conv2d_56[0][0] conv2d_57[0][0]
average_pooling2d_1 (AveragePoo	(None, 2, 2, 1024)	0	concatenate_9[0][0]
flatten_1 (Flatten)	(None, 4096)	0	average_pooling2d_1[0][0]
dropout_1 (Dropout)	(None, 4096)	0	flatten_1[0][0]
dense_1 (Dense)	(None, 10)	40970	dropout_1[0][0]

```
Total params: 6,009,274
Trainable params: 6,008,762
Non-trainable params: 512
```

d)

图 6-2 （续）

6.2.2　对 GoogLeNet 进行训练、评估与预测

GoogLeNet 网络模型搭建完成后，接着需要对该网络模型进行训练、评估与预测。在

本节中将通过计算测试集准确率的方式完成网络模型的评估。

【例6-4】GoogLeNet 进行训练和预测。

```
nb_epoch = 4
batch_size = 128
#定义run_google()函数，对已经编译完成的网络模型进行训练和预测
def run_google():
#将训练过程存储在变量Training中，并定义迭代时期（epochs）、批大小（batch_size）、验证集比例
（validation_split）等参数
    Training=model.fit(X_train, Y_train, batch_size=batch_size, epochs=nb_epoch,
                    validation_split=0.25, verbose=1)
#将预测结果存储在变量predictions中
    predictions = model.predict(X_test, verbose=0)
#返回predictions, Training
    return predictions, Training
#调用run_google()函数，完成训练与预测
predictions, Training = run_google()
```

训练过程如图 6-3 所示。整个训练过程一共有 4 个时期（epoch），训练集数据依照 25%
的比例划分出验证集，则训练数据有 45 000 个，验证数据有 15 000 个。每次迭代结束，显
示本次迭代所用的时间、训练误差（loss）、训练准确率（acc）、验证误差（val_loss）、验证
准确率（val_acc）。

```
Train on 45000 samples, validate on 15000 samples
Epoch 1/4
45000/45000 [==============================] - 154s 3ms/step - loss: 0.1624
- acc: 0.9686 - val_loss: 0.0916 - val_acc: 0.9933
Epoch 2/4
45000/45000 [==============================] - 152s 3ms/step - loss: 0.0894
- acc: 0.9933 - val_loss: 0.1058 - val_acc: 0.9858
Epoch 3/4
45000/45000 [==============================] - 150s 3ms/step - loss: 0.0765
- acc: 0.9959 - val_loss: 0.0724 - val_acc: 0.9964
Epoch 4/4
45000/45000 [==============================] - 151s 3ms/step - loss: 0.0682
- acc: 0.9969 - val_loss: 0.1366 - val_acc: 0.9774
```

图 6-3　训练过程

【例6-5】画出 GoogLeNet 训练过程随 epoch（时期）变化的曲线。

```
#以epoch为横坐标，在同一坐标下画出acc、val_acc随epoch变化的曲线图
#定义show_Training_history()函数，输入参数：训练过程所产生的Training_history
import matplotlib.pyplot as plt    #导入plt模块
def show_Training_history(Training_history,train,validation):
    plt.plot(Training.history[train])        #训练数据执行结果
    plt.plot(Training.history[validation])    #验证数据执行结果
    plt.title('Training history')    #显示图的标题Training history
    plt.xlabel('epoch')    #显示x轴标签epoch
    plt.ylabel('train')    #显示y轴标签train
    #设置图例是显示'train'、'validation'，位置在右下角
    plt.legend(['train','validation'],loc='lower right')
    plt.show()    #开始绘图
```

```
#调用show_Training_history()函数,输入参数:训练过程产生的Training、acc、val_acc
show_Training_history(Training,'acc','val_acc')
```

　　准确率变化曲线如图 6-4 所示。经过 3 次迭代,训练准确率（实线）呈上升趋势并趋于平稳,验证准确率（虚线）在 0.975 到 0.995 之间波动。随着迭代次数的继续增加,训练准确率和验证准确率的变化曲线将会更加稳定。

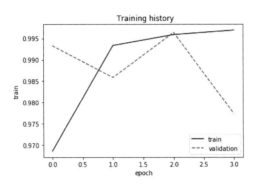

图 6-4　准确率变化曲线

```
def show_Training_history1(Training_history,train,validation):
    plt.plot(Training.history[train])        #训练数据执行结果
    plt.plot(Training.history[validation])  #验证数据执行结果
    plt.title('Training history') #显示图的标题Training history
    plt.xlabel('epoch') #显示x轴标签epoch
    plt.ylabel('train') #显示y轴标签train
    #设置图例是显示'train'、'validation',位置在右上角
    plt.legend(['train','validation'],loc='upper right')
    plt.show() #开始绘图
#调用show_Training_history()函数,输入参数:训练过程产生的Training、loss、val_loss
show_Training_history1(Training,'loss','val_loss')
```

　　误差变化曲线如图 6-5 所示。经过 3 次迭代,训练误差（实线）不断减小,验证误差（虚线）在 0.14 以内波动,且二者均低于 0.16,处于可接受误差范围内。随着迭代次数的不断增加,训练误差和验证误差将会更加趋于收敛。

　　【例 6-6】对 GoogLeNet 进行测试集准确率计算。

```
#定义测试集准确率函数
def test_accuracy():
    err = []
    t = 0
#将测试集中每一个预测结果与其真实标签对比。若相同则t+1,最终t值为预测正确个数,预测正确的总数除
以测试集总个数即为准确率;若不相同则将对应的个数放入err数组中
    for i in range(predictions.shape[0]):
        if (np.argmax(predictions[i]) == Y_test1[i]):
            t = t + 1
```

```
        else:
            err.append(i)
    #返回t值、准确率和err
    return t, float(t) * 100 / predictions.shape[0], err
#调用test_accuracy()函数，并将函数值存储在变量p中
p = test_accuracy()
#打印p，查看具体内容
print(p)
#打印准确率
print("Test accuracy: {} %".format(p[1]))
```

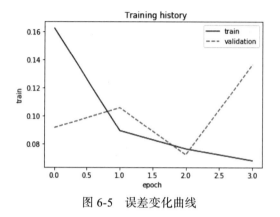

图 6-5　误差变化曲线

准确率结果如图 6-6 所示。打印变量 p 的运行结果分为 3 项：第 1 项为 9759，即在测试集 10 000 个数据的预测结果中，有 9759 个数据预测正确；第 2 项为 97.59，是预测正确的百分比数值；第 3 项为一个数组，即 [18,119,149,…,9893,9904]，数组中的每一个数值对应测试集中预测错误的个数。打印准确率的运行结果为 97.59%。

```
(9759, 97.59, [18, 119, 149, 241, 247, 318, 321, 362, 400, 435, 444, 445, 447, 495, 511, 532,
551, 571, 582, 583, 646, 659, 707, 716, 726, 728, 740, 748, 774, 881, 882, 924, 926, 938, 939,
947, 951, 959, 1014, 1033, 1112, 1114, 1226, 1242, 1247, 1256, 1290, 1328, 1352, 1356, 1440,
1459, 1527, 1530, 1611, 1621, 1654, 1678, 1681, 1709, 1722, 1782, 1790, 1913, 1941, 1956,
2018, 2043, 2044, 2053, 2090, 2098, 2118, 2129, 2130, 2135, 2148, 2186, 2280, 2293, 2299,
2408, 2447, 2462, 2488, 2498, 2514, 2618, 2635, 2654, 2771, 2780, 2836, 2907, 2927, 2939,
2995, 3021, 3030, 3060, 3106, 3172, 3232, 3288, 3330, 3337, 3384, 3410, 3475, 3511, 3533,
3534, 3547, 3558, 3567, 3574, 3599, 3718, 3726, 3772, 3780, 3796, 3811, 3838, 3941, 3996,
4007, 4053, 4065, 4078, 4145, 4156, 4163, 4176, 4180, 4205, 4224, 4248, 4256, 4265, 4289,
4317, 4379, 4382, 4384, 4443, 4482, 4497, 4521, 4536, 4548, 4567, 4575, 4594, 4615, 4639,
4723, 4731, 4740, 4783, 4807, 4808, 4814, 4823, 4860, 4874, 4879, 4911, 4943, 4950, 4978,
4997, 5127, 5159, 5201, 5559, 5562, 5573, 5600, 5842, 5888, 5926, 5936, 5955, 5973, 6011,
6023, 6035, 6059, 6173, 6505, 6532, 6555, 6558, 6559, 6571, 6576, 6597, 6614, 6651, 6744,
6783, 6796, 7233, 7434, 7457, 7472, 7473, 7915, 8059, 8069, 8071, 8091, 8094, 8128, 8277,
8325, 8498, 8520, 8527, 9046, 9346, 9492, 9530, 9642, 9664, 9700, 9716, 9726, 9729, 9751,
9752, 9768, 9770, 9779, 9792, 9839, 9847, 9888, 9893, 9904])
Test accuracy: 97.59 %
```

图 6-6　准确率结果

【例 6-7】画出测试集中预测错误的数据图像、真实标签及对应错误预测结果。

```
#设置绘图大小
fig1 = plt.figure(figsize = (15,15))
```

```
#以10个数据为例，查看其真实数据图像
for i in range(5):
    ax1 = fig1.add_subplot(1,5,i+1)
#前5个放置在第1行
    ax1.imshow(X_test1[p[2][i]], interpolation='none', cmap=plt.cm.gray)
    ax2 = fig1.add_subplot(2,5,i+6)
#后5个放置在第2行
    ax2.imshow(X_test1[p[2][i+6]], interpolation='none', cmap=plt.cm.gray)
#开始绘图
plt.show()
#画出10个数据对应的真实标签及错误预测结果
print("True:           {}".format(Y_test1[p[2][0:5]]))
print("classified as: {}".format(np.argmax(predictions[p[2][0:5]], axis=1)))
print("True:           {}".format(Y_test1[p[2][6:11]]))
print("classified as: {}".format(np.argmax(predictions[p[2][6:11]], axis=1)))
```

错误预测结果如图 6-7 所示。第 1 行测试数据依次为 32294，预测结果依次为 57886；第 2 行测试数据依次为 22282，预测结果依次为 77098。

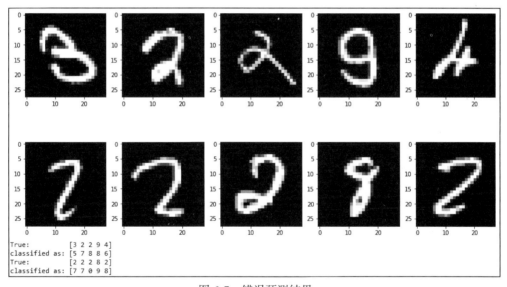

图 6-7　错误预测结果

6.3　ResNet 概述

网络模型的性能往往与自身网络结构的深度有关，随着网络结构深度的增加，网络性能会有一定的提高。但当深度达到一定程度时，继续加深网络结构，网络性能反而会下降，比如训练集和验证集的准确率快速下降。由于过拟合现象发生时训练集准确率较高，因此可以确定的是，这种性能的下降不是由于过拟合引起的。在 ILSVRC 2015 上，微软公司提出了一种新的网络结构——残差网络（ResNet）。残差模块（Residual Block）结构图如图 6-8 所示。图中曲线的连接方式（X identity）称为近道连接（shortcut connection），这种连接方式直接跳过了权重层，经过权重层的连接方式（F(X)）与近道连接（X identity）构成了残差模块。

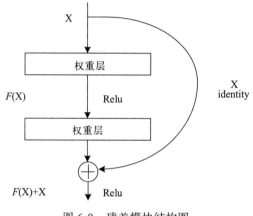

图 6-8　残差模块结构图

残差网络结构允许网络尽可能加深，较为常用的是 ResNet50 和 ResNet101，具体结构如表 6-1 所示。从表中可以看出，所有 ResNet 网络主要被分为 5 个部分。本节将主要介绍 ResNet50 的网络结构。

表 6-1　ResNet 不同网络层数结构表

网络层	输出维度	18 层	34 层	50 层	101 层	152 层
卷积层 1	112×112	7×7, 64, 步长 2				
卷积层 2	56×56	3×3 最大池化层, 步长 2				
		$\begin{bmatrix} 3\times3,64 \\ 3\times3,64 \end{bmatrix} \times 2$	$\begin{bmatrix} 3\times3,64 \\ 3\times3,64 \end{bmatrix} \times 3$	$\begin{bmatrix} 1\times1,64 \\ 3\times3,64 \\ 1\times1,256 \end{bmatrix} \times 3$	$\begin{bmatrix} 1\times1,64 \\ 3\times3,64 \\ 1\times1,256 \end{bmatrix} \times 3$	$\begin{bmatrix} 1\times1,64 \\ 3\times3,64 \\ 1\times1,256 \end{bmatrix} \times 3$
卷积层 3	28×28	$\begin{bmatrix} 3\times3,128 \\ 3\times3,128 \end{bmatrix} \times 2$	$\begin{bmatrix} 3\times3,128 \\ 3\times3,128 \end{bmatrix} \times 4$	$\begin{bmatrix} 1\times1,128 \\ 3\times3,128 \\ 1\times1,512 \end{bmatrix} \times 4$	$\begin{bmatrix} 1\times1,128 \\ 3\times3,128 \\ 1\times1,512 \end{bmatrix} \times 4$	$\begin{bmatrix} 1\times1,128 \\ 3\times3,128 \\ 1\times1,512 \end{bmatrix} \times 8$
卷积层 4	14×14	$\begin{bmatrix} 3\times3,256 \\ 3\times3,256 \end{bmatrix} \times 2$	$\begin{bmatrix} 3\times3,256 \\ 3\times3,256 \end{bmatrix} \times 6$	$\begin{bmatrix} 1\times1,256 \\ 3\times3,256 \\ 1\times1,1024 \end{bmatrix} \times 6$	$\begin{bmatrix} 1\times1,256 \\ 3\times3,256 \\ 1\times1,1024 \end{bmatrix} \times 23$	$\begin{bmatrix} 1\times1,256 \\ 3\times3,256 \\ 1\times1,1024 \end{bmatrix} \times 36$
卷积层 5	7×7	$\begin{bmatrix} 3\times3,512 \\ 3\times3,512 \end{bmatrix} \times 2$	$\begin{bmatrix} 3\times3,512 \\ 3\times3,512 \end{bmatrix} \times 3$	$\begin{bmatrix} 1\times1,512 \\ 3\times3,512 \\ 1\times1,2048 \end{bmatrix} \times 3$	$\begin{bmatrix} 1\times1,512 \\ 3\times3,512 \\ 1\times1,2048 \end{bmatrix} \times 3$	$\begin{bmatrix} 1\times1,512 \\ 3\times3,512 \\ 1\times1,2048 \end{bmatrix} \times 3$
其他网络层	1×1	平均池化层, 全连接层 (含 1000 个神经元), softmax 层				
浮点运算数		1.8×10^9	3.6×10^9	3.8×10^9	7.6×10^9	11.3×10^9

在 ResNet50 中，为了减少参数计算量，会使用 1×1 大小的卷积核对输入数据进行降维，再进行卷积运算，输出时同样使用 1×1 的卷积核使数据维度恢复到输入时的维度。该残差模块结构图如图 6-9 所示。输入数据为 256 维，在第 1 层 1×1 的卷积层中降维到 64 维，经过 3×3 的卷积层后，再由 1×1 的卷积层将其维度恢复到 256 维。

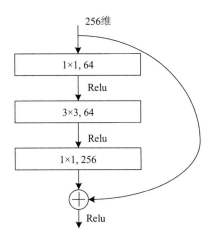

图 6-9 ResNet50 残差模块结构图

ResNet50 包含两种模块结构，分别为恒等块（identity block）和卷积块（convolutional block），两种模块的区别在于近道连接中有无卷积模块，恒等块的近道连接中无卷积模块，卷积块的近道连接中有卷积模块。原因在于，若近道连接所连接的两组数据的通道（channel）个数不同，则可以在近道连接中加入卷积模块对通道个数进行调整。

6.4 ResNet50 实现 MNIST 分类

ResNet50 网络结构主要由恒等块和卷积块构成，下面将介绍基于 Keras 的函数 API 模型分别搭建恒等块与卷积块，并利用搭建好的恒等块与卷积块搭建 ResNet50 的网络结构，再基于所搭建的网络模型实现 MNIST 分类。关于 MNIST 数据集的预处理步骤与实现均与【例 5-1】MNIST 数据集预处理相同，具体程序可参考第 5 章【例 5-1】。

6.4.1 基于 Keras 搭建 ResNet50 网络结构

【例 6-8】搭建 ResNet50 的恒等块模块。

```
#从keras.models中导入Model模块，为函数式API搭建网络做准备
from keras.models import Model
#从keras.layers中导入相关网络层，为后续搭建网络做准备
```

```
from keras.layers import Input, Add, Dense, Activation, ZeroPadding2D,
BatchNormalization, Flatten, Conv2D,MaxPooling2D
from keras.layers.convolutional import AveragePooling2D
from keras.initializers import glorot_uniform
#定义恒等块函数identity_block()函数，输入参数：X为输入数据；f是整数，为卷积核大小；filters为
卷积核个数；stage是整数，根据每层的位置来命名该层；block是字符串，根据每层的位置来命名该层
def identity_block(X, f, filters, stage, block):
    #定义命名规则
    conv_name_base = 'res' + str(stage) + block + '_branch'
    bn_name_base = 'bn' + str(stage) + block + '_branch'
    #定义卷积核个数
    F1, F2, F3 = filters
    #保存输入数据，为近道连接做准备
    X_shortcut = X
    #定义卷积层1×1；卷积核个数为F1，步长为1，像素填充选择valid，权重初始化选择glorot_uniform
    X = Conv2D(filters=F1, kernel_size=(1, 1), strides=(1, 1), padding='valid',
name=conv_name_base + '2a',kernel_initializer=glorot_uniform(seed=0))(X)
    #归一化层
    X = BatchNormalization(axis=3, name=bn_name_base +'2a')(X)
    #激活函数层，激活函数选择Relu函数
    X = Activation('relu')(X)
    #定义卷积层f×f；卷积核个数为F2，步长为1，像素填充选择same，权重初始化选择glorot_uniform
    X = Conv2D(filters=F2, kernel_size=(f, f), strides=(1, 1), padding='same',
name=conv_name_base + '2b',kernel_initializer=glorot_uniform(seed=0))(X)
    #归一化层
    X = BatchNormalization(axis=3, name=bn_name_base + '2b')(X)
    #激活函数层，激活函数选择Relu函数
    X = Activation('relu')(X)
    #定义卷积层1×1；卷积核个数为F3，步长为1，像素填充选择valid，权重初始化选择glorot_uniform
    X = Conv2D(filters=F3, kernel_size=(1, 1), strides=(1, 1), padding='valid',
name=conv_name_base + '2c',kernel_initializer=glorot_uniform(seed=0))(X)
    #归一化层
    X = BatchNormalization(axis=3, name=bn_name_base + '2c')(X)
    #将近道连接与经过权重的输出加在一起
    X = Add()([X, X_shortcut])
    #激活函数层，激活函数选择Relu函数
    X = Activation('relu')(X)
    #返回激活函数输出的X值
    return X
```

【例 6-9】搭建 ResNet50 的卷积块模块。

```
#定义卷积块函数convolutional_block()，输入参数：X为输入数据；f是整数，为卷积核大小；filters
为卷积核个数；stage是整数，根据每层的位置来命名该层；block为字符串，根据每层的位置来命名该层；
s是整数，为卷积步长
def convolutional_block(X, f, filters, stage, block, s=2):
    conv_name_base = 'res' + str(stage) + block + '_branch'
    bn_name_base = 'bn' + str(stage) + block + '_branch'
    #定义卷积核个数
    F1, F2, F3 = filters
    #保存输入数据，为近道连接做准备
```

```
    X_shortcut = X
    #定义卷积层1×1；卷积核个数为F1，步长为s，权重初始化选择glorot_uniform
    X = Conv2D(filters=F1, kernel_size=(1, 1), strides=(s, s), name=conv_name_
base + '2a', kernel_initializer=glorot_uniform(seed=0))(X)
    #归一化层
    X = BatchNormalization(axis=3, name=bn_name_base + '2a')(X)
    #激活函数层，激活函数选择Relu函数
    X = Activation('relu')(X)
    #定义卷积层f×f；卷积核个数为F2，步长为1，像素填充选择same，权重初始化选择glorot_uniform
    X = Conv2D(filters=F2, kernel_size=(f, f), strides=(1, 1), padding='same',
name=conv_name_base + '2b',kernel_initializer=glorot_uniform(seed=0))(X)
    #归一化层
    X = BatchNormalization(axis=3, name=bn_name_base + '2b')(X)
    #激活函数层，激活函数选择Relu函数
    X = Activation('relu')(X)
    #定义卷积层1×1；卷积核个数为F3，步长为1，权重初始化选择glorot_uniform
    X = Conv2D(filters=F3, kernel_size=(1, 1), strides=(1, 1), name=conv_name_
base + '2c',
                kernel_initializer=glorot_uniform(seed=0))(X)
    #归一化层
    X = BatchNormalization(axis=3, name=bn_name_base + '2c')(X)
    #在近道连接中加入卷积层和归一化层
    X_shortcut = Conv2D(F3, kernel_size=(1, 1), strides=(s, s), name=conv_name_
base + '1', kernel_initializer=glorot_uniform(seed=0))(X_shortcut)
    #归一化层
    X_shortcut = BatchNormalization(axis=3, name=bn_name_base + '1')(X_shortcut)
    #将近道连接X_shortcut与经过卷积层的输出X加在一起
    X = Add()([X, X_shortcut])
    #激活函数层，激活函数选择Relu函数
    X = Activation('relu')(X)
    #返回激活函数的输出值X
    return X
```

【例 6-10】利用恒等块和卷积块搭建 ResNet50 网络结构。

```
EPOCHS = 4 #10
BATCH_SIZE = 256
CLASS_NUM = 10
norm_size = 28
optimizer = 'adam'
objective = 'categorical_crossentropy'
#定义resNet()函数
def resNet():
    #定义输入数据的形状
    X_input = Input((28, 28, 1))
    #对输入数据做像素填充处理
    X = ZeroPadding2D((3, 3))(X_input)
    #搭建Stage 1：卷积层（包括卷积层、归一化层、激活函数层、池化层）
    X = Conv2D(64, (7, 7), strides=(2, 2), name='conv1', )(X)
    X = BatchNormalization(axis=3, name='bn_conv1')(X)
    X = Activation('relu')(X)
```

```
    X = MaxPooling2D((3, 3), strides=(2, 2))(X)
    #搭建Stage 2：1个卷积块与2个恒等块；卷积块中卷积核大小均为3×3，卷积核个数分别为64、64和
256；恒等块中卷积核大小均为3×3，卷积核个数分别为64、64和256
    X = convolutional_block(X, f=3, filters=[64, 64, 256], stage=2, block='a', s=1)
    X = identity_block(X, 3, [64, 64, 256], stage=2, block='b')
    X = identity_block(X, 3, [64, 64, 256], stage=2, block='c')
    #搭建Stage 3：1个卷积块与3个恒等块；卷积块中卷积核大小均为3×3，卷积核个数分别为128、128
和512；恒等块中卷积核大小均为3×3，卷积核个数分别为128、128和512
    X = convolutional_block(X, f=3, filters=[128, 128, 512], stage=3, block='a', s=2)
    X = identity_block(X, 3, [128, 128, 512], stage=3, block='b')
    X = identity_block(X, 3, [128, 128, 512], stage=3, block='c')
    X = identity_block(X, 3, [128, 128, 512], stage=3, block='d')
    #搭建Stage 4：1个卷积块与5个恒等块；卷积块中卷积核大小均为3×3，卷积核个数分别为256、256
和1024；恒等块中卷积核大小均为3×3，卷积核个数分别为256、256和1024
    X = convolutional_block(X, f=3, filters=[256, 256, 1024], stage=4, block='a', s=2)
    X = identity_block(X, 3, [256, 256, 1024], stage=4, block='b')
    X = identity_block(X, 3, [256, 256, 1024], stage=4, block='c')
    X = identity_block(X, 3, [256, 256, 1024], stage=4, block='d')
    X = identity_block(X, 3, [256, 256, 1024], stage=4, block='e')
    X = identity_block(X, 3, [256, 256, 1024], stage=4, block='f')
    #搭建Stage 5：1个卷积块与2个恒等块；卷积块中卷积核大小均为3×3，卷积核个数分别为512、512
和2048；恒等块中卷积核大小均为3×3，卷积核个数分别为512、512和2048
    X = convolutional_block(X, f=3, filters=[512, 512, 2048], stage=5, block='a', s=2)
    X = identity_block(X, 3, [512, 512, 2048], stage=5, block='b')
    X = identity_block(X, 3, [512, 512, 2048], stage=5, block='c')
    #搭建平均池化层
    X = AveragePooling2D((2,2), name='avg_pool' ,padding='same')(X)
    #搭建平坦层
    X = Flatten()(X)
    X = Dense(Y_train.shape[1], activation='softmax', name='fc' + str(Y_train.
shape[1]))(X)
    #调用Model()，定义所搭建网络模型model的输入层和输出层，以及名称
    model = Model(inputs=X_input, outputs=X, name='ResNet50')
    #对已经搭建完成的网络模型model进行编译
    model.compile(loss=objective, optimizer=optimizer, metrics=['accuracy'])
    #返回经过编译的网络模型
    return model
    #调用resNet()函数，获得模型model
model = resNet()
```

【例6-11】 查看模型摘要。

```
#查看模型摘要
model.summary()
```

ResNet网络模型摘要如图6-10所示。从第2列可以看出每层网络层的输出形状，从第3列可以看出每层网络层所需要训练的参数，从第4列可以看出该层网络层所连接的网络层。该网络模型一共有23 601 930个参数，其中需要训练的参数为23 548 810个，不可训练的参数为53 120个。

Layer (type)	Output Shape	Param #	Connected to
input_1 (InputLayer)	(None, 28, 28, 1)	0	
zero_padding2d_1 (ZeroPadding2D)	(None, 34, 34, 1)	0	input_1[0][0]
conv1 (Conv2D)	(None, 14, 14, 64)	3200	zero_padding2d_1[0][0]
bn_conv1 (BatchNormalization)	(None, 14, 14, 64)	256	conv1[0][0]
activation_1 (Activation)	(None, 14, 14, 64)	0	bn_conv1[0][0]
max_pooling2d_1 (MaxPooling2D)	(None, 6, 6, 64)	0	activation_1[0][0]
res2a_branch2a (Conv2D)	(None, 6, 6, 64)	4160	max_pooling2d_1[0][0]
bn2a_branch2a (BatchNormalizati	(None, 6, 6, 64)	256	res2a_branch2a[0][0]
activation_2 (Activation)	(None, 6, 6, 64)	0	bn2a_branch2a[0][0]
res2a_branch2b (Conv2D)	(None, 6, 6, 64)	36928	activation_2[0][0]
bn2a_branch2b (BatchNormalizati	(None, 6, 6, 64)	256	res2a_branch2b[0][0]
activation_3 (Activation)	(None, 6, 6, 64)	0	bn2a_branch2b[0][0]
res2a_branch2c (Conv2D)	(None, 6, 6, 256)	16640	activation_3[0][0]
res2a_branch1 (Conv2D)	(None, 6, 6, 256)	16640	max_pooling2d_1[0][0]
bn2a_branch2c (BatchNormalizati	(None, 6, 6, 256)	1024	res2a_branch2c[0][0]
bn2a_branch1 (BatchNormalizatio	(None, 6, 6, 256)	1024	res2a_branch1[0][0]
add_1 (Add)	(None, 6, 6, 256)	0	bn2a_branch2c[0][0] bn2a_branch1[0][0]
activation_4 (Activation)	(None, 6, 6, 256)	0	add_1[0][0]
res2b_branch2a (Conv2D)	(None, 6, 6, 64)	16448	activation_4[0][0]
bn2b_branch2a (BatchNormalizati	(None, 6, 6, 64)	256	res2b_branch2a[0][0]
activation_5 (Activation)	(None, 6, 6, 64)	0	bn2b_branch2a[0][0]
res2b_branch2b (Conv2D)	(None, 6, 6, 64)	36928	activation_5[0][0]
bn2b_branch2b (BatchNormalizati	(None, 6, 6, 64)	256	res2b_branch2b[0][0]
activation_6 (Activation)	(None, 6, 6, 64)	0	bn2b_branch2b[0][0]
res2b_branch2c (Conv2D)	(None, 6, 6, 256)	16640	activation_6[0][0]
bn2b_branch2c (BatchNormalizati	(None, 6, 6, 256)	1024	res2b_branch2c[0][0]

a)

add_2 (Add)	(None, 6, 6, 256)	0	bn2b_branch2c[0][0] activation_4[0][0]
activation_7 (Activation)	(None, 6, 6, 256)	0	add_2[0][0]
res2c_branch2a (Conv2D)	(None, 6, 6, 64)	16448	activation_7[0][0]
bn2c_branch2a (BatchNormalizati	(None, 6, 6, 64)	256	res2c_branch2a[0][0]
activation_8 (Activation)	(None, 6, 6, 64)	0	bn2c_branch2a[0][0]
res2c_branch2b (Conv2D)	(None, 6, 6, 64)	36928	activation_8[0][0]
bn2c_branch2b (BatchNormalizati	(None, 6, 6, 64)	256	res2c_branch2b[0][0]
activation_9 (Activation)	(None, 6, 6, 64)	0	bn2c_branch2b[0][0]
res2c_branch2c (Conv2D)	(None, 6, 6, 256)	16640	activation_9[0][0]
bn2c_branch2c (BatchNormalizati	(None, 6, 6, 256)	1024	res2c_branch2c[0][0]
add_3 (Add)	(None, 6, 6, 256)	0	bn2c_branch2c[0][0] activation_7[0][0]
activation_10 (Activation)	(None, 6, 6, 256)	0	add_3[0][0]
res3a_branch2a (Conv2D)	(None, 3, 3, 128)	32896	activation_10[0][0]
bn3a_branch2a (BatchNormalizati	(None, 3, 3, 128)	512	res3a_branch2a[0][0]
activation_11 (Activation)	(None, 3, 3, 128)	0	bn3a_branch2a[0][0]
res3a_branch2b (Conv2D)	(None, 3, 3, 128)	147584	activation_11[0][0]
bn3a_branch2b (BatchNormalizati	(None, 3, 3, 128)	512	res3a_branch2b[0][0]
activation_12 (Activation)	(None, 3, 3, 128)	0	bn3a_branch2b[0][0]
res3a_branch2c (Conv2D)	(None, 3, 3, 512)	66048	activation_12[0][0]
res3a_branch1 (Conv2D)	(None, 3, 3, 512)	131584	activation_10[0][0]
bn3a_branch2c (BatchNormalizati	(None, 3, 3, 512)	2048	res3a_branch2c[0][0]
bn3a_branch1 (BatchNormalizatio	(None, 3, 3, 512)	2048	res3a_branch1[0][0]
add_4 (Add)	(None, 3, 3, 512)	0	bn3a_branch2c[0][0] bn3a_branch1[0][0]
activation_13 (Activation)	(None, 3, 3, 512)	0	add_4[0][0]
res3b_branch2a (Conv2D)	(None, 3, 3, 128)	65664	activation_13[0][0]
bn3b_branch2a (BatchNormalizati	(None, 3, 3, 128)	512	res3b_branch2a[0][0]
activation_14 (Activation)	(None, 3, 3, 128)	0	bn3b_branch2a[0][0]

b)

图 6-10　ResNet 网络模型摘要

res3b_branch2b (Conv2D)	(None, 3, 3, 128)	147584	activation_14[0][0]
bn3b_branch2b (BatchNormalizati	(None, 3, 3, 128)	512	res3b_branch2b[0][0]
activation_15 (Activation)	(None, 3, 3, 128)	0	bn3b_branch2b[0][0]
res3b_branch2c (Conv2D)	(None, 3, 3, 512)	66048	activation_15[0][0]
bn3b_branch2c (BatchNormalizati	(None, 3, 3, 512)	2048	res3b_branch2c[0][0]
add_5 (Add)	(None, 3, 3, 512)	0	bn3b_branch2c[0][0] activation_13[0][0]
activation_16 (Activation)	(None, 3, 3, 512)	0	add_5[0][0]
res3c_branch2a (Conv2D)	(None, 3, 3, 128)	65664	activation_16[0][0]
bn3c_branch2a (BatchNormalizati	(None, 3, 3, 128)	512	res3c_branch2a[0][0]
activation_17 (Activation)	(None, 3, 3, 128)	0	bn3c_branch2a[0][0]
res3c_branch2b (Conv2D)	(None, 3, 3, 128)	147584	activation_17[0][0]
bn3c_branch2b (BatchNormalizati	(None, 3, 3, 128)	512	res3c_branch2b[0][0]
activation_18 (Activation)	(None, 3, 3, 128)	0	bn3c_branch2b[0][0]
res3c_branch2c (Conv2D)	(None, 3, 3, 512)	66048	activation_18[0][0]
bn3c_branch2c (BatchNormalizati	(None, 3, 3, 512)	2048	res3c_branch2c[0][0]
add_6 (Add)	(None, 3, 3, 512)	0	bn3c_branch2c[0][0] activation_16[0][0]
activation_19 (Activation)	(None, 3, 3, 512)	0	add_6[0][0]
res3d_branch2a (Conv2D)	(None, 3, 3, 128)	65664	activation_19[0][0]
bn3d_branch2a (BatchNormalizati	(None, 3, 3, 128)	512	res3d_branch2a[0][0]
activation_20 (Activation)	(None, 3, 3, 128)	0	bn3d_branch2a[0][0]
res3d_branch2b (Conv2D)	(None, 3, 3, 128)	147584	activation_20[0][0]
bn3d_branch2b (BatchNormalizati	(None, 3, 3, 128)	512	res3d_branch2b[0][0]
activation_21 (Activation)	(None, 3, 3, 128)	0	bn3d_branch2b[0][0]
res3d_branch2c (Conv2D)	(None, 3, 3, 512)	66048	activation_21[0][0]
bn3d_branch2c (BatchNormalizati	(None, 3, 3, 512)	2048	res3d_branch2c[0][0]
add_7 (Add)	(None, 3, 3, 512)	0	bn3d_branch2c[0][0] activation_19[0][0]

c)

activation_22 (Activation)	(None, 3, 3, 512)	0	add_7[0][0]
res4a_branch2a (Conv2D)	(None, 2, 2, 256)	131328	activation_22[0][0]
bn4a_branch2a (BatchNormalizati	(None, 2, 2, 256)	1024	res4a_branch2a[0][0]
activation_23 (Activation)	(None, 2, 2, 256)	0	bn4a_branch2a[0][0]
res4a_branch2b (Conv2D)	(None, 2, 2, 256)	590080	activation_23[0][0]
bn4a_branch2b (BatchNormalizati	(None, 2, 2, 256)	1024	res4a_branch2b[0][0]
activation_24 (Activation)	(None, 2, 2, 256)	0	bn4a_branch2b[0][0]
res4a_branch2c (Conv2D)	(None, 2, 2, 1024)	263168	activation_24[0][0]
res4a_branch1 (Conv2D)	(None, 2, 2, 1024)	525312	activation_22[0][0]
bn4a_branch2c (BatchNormalizati	(None, 2, 2, 1024)	4096	res4a_branch2c[0][0]
bn4a_branch1 (BatchNormalizatio	(None, 2, 2, 1024)	4096	res4a_branch1[0][0]
add_8 (Add)	(None, 2, 2, 1024)	0	bn4a_branch2c[0][0] bn4a_branch1[0][0]
activation_25 (Activation)	(None, 2, 2, 1024)	0	add_8[0][0]
res4b_branch2a (Conv2D)	(None, 2, 2, 256)	262400	activation_25[0][0]
bn4b_branch2a (BatchNormalizati	(None, 2, 2, 256)	1024	res4b_branch2a[0][0]
activation_26 (Activation)	(None, 2, 2, 256)	0	bn4b_branch2a[0][0]
res4b_branch2b (Conv2D)	(None, 2, 2, 256)	590080	activation_26[0][0]
bn4b_branch2b (BatchNormalizati	(None, 2, 2, 256)	1024	res4b_branch2b[0][0]
activation_27 (Activation)	(None, 2, 2, 256)	0	bn4b_branch2b[0][0]
res4b_branch2c (Conv2D)	(None, 2, 2, 1024)	263168	activation_27[0][0]
bn4b_branch2c (BatchNormalizati	(None, 2, 2, 1024)	4096	res4b_branch2c[0][0]
add_9 (Add)	(None, 2, 2, 1024)	0	bn4b_branch2c[0][0] activation_25[0][0]
activation_28 (Activation)	(None, 2, 2, 1024)	0	add_9[0][0]
res4c_branch2a (Conv2D)	(None, 2, 2, 256)	262400	activation_28[0][0]
bn4c_branch2a (BatchNormalizati	(None, 2, 2, 256)	1024	res4c_branch2a[0][0]
activation_29 (Activation)	(None, 2, 2, 256)	0	bn4c_branch2a[0][0]
res4c_branch2b (Conv2D)	(None, 2, 2, 256)	590080	activation_29[0][0]

d)

图 6-10 （续）

bn4c_branch2b (BatchNormalizati	(None, 2, 2, 256)	1024	res4c_branch2b[0][0]
activation_30 (Activation)	(None, 2, 2, 256)	0	bn4c_branch2b[0][0]
res4c_branch2c (Conv2D)	(None, 2, 2, 1024)	263168	activation_30[0][0]
bn4c_branch2c (BatchNormalizati	(None, 2, 2, 1024)	4096	res4c_branch2c[0][0]
add_10 (Add)	(None, 2, 2, 1024)	0	bn4c_branch2c[0][0] activation_28[0][0]
activation_31 (Activation)	(None, 2, 2, 1024)	0	add_10[0][0]
res4d_branch2a (Conv2D)	(None, 2, 2, 256)	262400	activation_31[0][0]
bn4d_branch2a (BatchNormalizati	(None, 2, 2, 256)	1024	res4d_branch2a[0][0]
activation_32 (Activation)	(None, 2, 2, 256)	0	bn4d_branch2a[0][0]
res4d_branch2b (Conv2D)	(None, 2, 2, 256)	590080	activation_32[0][0]
bn4d_branch2b (BatchNormalizati	(None, 2, 2, 256)	1024	res4d_branch2b[0][0]
activation_33 (Activation)	(None, 2, 2, 256)	0	bn4d_branch2b[0][0]
res4d_branch2c (Conv2D)	(None, 2, 2, 1024)	263168	activation_33[0][0]
bn4d_branch2c (BatchNormalizati	(None, 2, 2, 1024)	4096	res4d_branch2c[0][0]
add_11 (Add)	(None, 2, 2, 1024)	0	bn4d_branch2c[0][0] activation_31[0][0]
activation_34 (Activation)	(None, 2, 2, 1024)	0	add_11[0][0]
res4e_branch2a (Conv2D)	(None, 2, 2, 256)	262400	activation_34[0][0]
bn4e_branch2a (BatchNormalizati	(None, 2, 2, 256)	1024	res4e_branch2a[0][0]
activation_35 (Activation)	(None, 2, 2, 256)	0	bn4e_branch2a[0][0]
res4e_branch2b (Conv2D)	(None, 2, 2, 256)	590080	activation_35[0][0]
bn4e_branch2b (BatchNormalizati	(None, 2, 2, 256)	1024	res4e_branch2b[0][0]
activation_36 (Activation)	(None, 2, 2, 256)	0	bn4e_branch2b[0][0]
res4e_branch2c (Conv2D)	(None, 2, 2, 1024)	263168	activation_36[0][0]
bn4e_branch2c (BatchNormalizati	(None, 2, 2, 1024)	4096	res4e_branch2c[0][0]
add_12 (Add)	(None, 2, 2, 1024)	0	bn4e_branch2c[0][0] activation_34[0][0]
activation_37 (Activation)	(None, 2, 2, 1024)	0	add_12[0][0]
res4f_branch2a (Conv2D)	(None, 2, 2, 256)	262400	activation_37[0][0]

e)

res4f_branch2a (Conv2D)	(None, 2, 2, 256)	262400	activation_37[0][0]
bn4f_branch2a (BatchNormalizati	(None, 2, 2, 256)	1024	res4f_branch2a[0][0]
activation_38 (Activation)	(None, 2, 2, 256)	0	bn4f_branch2a[0][0]
res4f_branch2b (Conv2D)	(None, 2, 2, 256)	590080	activation_38[0][0]
bn4f_branch2b (BatchNormalizati	(None, 2, 2, 256)	1024	res4f_branch2b[0][0]
activation_39 (Activation)	(None, 2, 2, 256)	0	bn4f_branch2b[0][0]
res4f_branch2c (Conv2D)	(None, 2, 2, 1024)	263168	activation_39[0][0]
bn4f_branch2c (BatchNormalizati	(None, 2, 2, 1024)	4096	res4f_branch2c[0][0]
add_13 (Add)	(None, 2, 2, 1024)	0	bn4f_branch2c[0][0] activation_37[0][0]
activation_40 (Activation)	(None, 2, 2, 1024)	0	add_13[0][0]
res5a_branch2a (Conv2D)	(None, 1, 1, 512)	524800	activation_40[0][0]
bn5a_branch2a (BatchNormalizati	(None, 1, 1, 512)	2048	res5a_branch2a[0][0]
activation_41 (Activation)	(None, 1, 1, 512)	0	bn5a_branch2a[0][0]
res5a_branch2b (Conv2D)	(None, 1, 1, 512)	2359808	activation_41[0][0]
bn5a_branch2b (BatchNormalizati	(None, 1, 1, 512)	2048	res5a_branch2b[0][0]
activation_42 (Activation)	(None, 1, 1, 512)	0	bn5a_branch2b[0][0]
res5a_branch2c (Conv2D)	(None, 1, 1, 2048)	1050624	activation_42[0][0]
res5a_branch1 (Conv2D)	(None, 1, 1, 2048)	2099200	activation_40[0][0]
bn5a_branch2c (BatchNormalizati	(None, 1, 1, 2048)	8192	res5a_branch2c[0][0]
bn5a_branch1 (BatchNormalizatio	(None, 1, 1, 2048)	8192	res5a_branch1[0][0]
add_14 (Add)	(None, 1, 1, 2048)	0	bn5a_branch2c[0][0] bn5a_branch1[0][0]
activation_43 (Activation)	(None, 1, 1, 2048)	0	add_14[0][0]
res5b_branch2a (Conv2D)	(None, 1, 1, 512)	1049088	activation_43[0][0]
bn5b_branch2a (BatchNormalizati	(None, 1, 1, 512)	2048	res5b_branch2a[0][0]
activation_44 (Activation)	(None, 1, 1, 512)	0	bn5b_branch2a[0][0]
res5b_branch2b (Conv2D)	(None, 1, 1, 512)	2359808	activation_44[0][0]
bn5b_branch2b (BatchNormalizati	(None, 1, 1, 512)	2048	res5b_branch2b[0][0]

f)

图 6-10 （续）

```
activation_45 (Activation)      (None, 1, 1, 512)    0          bn5b_branch2b[0][0]

res5b_branch2c (Conv2D)         (None, 1, 1, 2048)   1050624    activation_45[0][0]

bn5b_branch2c (BatchNormalizati (None, 1, 1, 2048)   8192       res5b_branch2c[0][0]

add_15 (Add)                    (None, 1, 1, 2048)   0          bn5b_branch2c[0][0]
                                                                activation_43[0][0]

activation_46 (Activation)      (None, 1, 1, 2048)   0          add_15[0][0]

res5c_branch2a (Conv2D)         (None, 1, 1, 512)    1049088    activation_46[0][0]

bn5c_branch2a (BatchNormalizati (None, 1, 1, 512)    2048       res5c_branch2a[0][0]

activation_47 (Activation)      (None, 1, 1, 512)    0          bn5c_branch2a[0][0]

res5c_branch2b (Conv2D)         (None, 1, 1, 512)    2359808    activation_47[0][0]

bn5c_branch2b (BatchNormalizati (None, 1, 1, 512)    2048       res5c_branch2b[0][0]

activation_48 (Activation)      (None, 1, 1, 512)    0          bn5c_branch2b[0][0]

res5c_branch2c (Conv2D)         (None, 1, 1, 2048)   1050624    activation_48[0][0]

bn5c_branch2c (BatchNormalizati (None, 1, 1, 2048)   8192       res5c_branch2c[0][0]

add_16 (Add)                    (None, 1, 1, 2048)   0          bn5c_branch2c[0][0]
                                                                activation_46[0][0]

activation_49 (Activation)      (None, 1, 1, 2048)   0          add_16[0][0]

avg_pool (AveragePooling2D)     (None, 1, 1, 2048)   0          activation_49[0][0]

flatten_1 (Flatten)             (None, 2048)         0          avg_pool[0][0]

fc10 (Dense)                    (None, 10)           20490      flatten_1[0][0]
==================================================================================
Total params: 23,601,930
Trainable params: 23,548,810
Non-trainable params: 53,120
```

g)

图 6-10 （续）

6.4.2 对 ResNet50 网络模型进行训练、评估与预测

【例 6-12】对 ResNet50 进行训练和预测。

```
nb_epoch = 4
batch_size = 128
#定义run_resnet()函数，对已经编译完成的网络模型进行训练和预测
def run_resnet():
        #将训练过程存储在变量Training中，并定义迭代次数（epochs）、批大小（batch_size）、验证
集比例（validation_split）等参数
    Training=model.fit(X_train, Y_train, batch_size=batch_size, epochs=nb_epoch,
validation_split=0.25, verbose=1)
        #将预测结果存储在变量predictions中
    predictions = model.predict(X_test, verbose=0)
        #返回predictions, Training
    return predictions, Training
#调用run_google()函数，完成训练与预测
predictions, Training = run_resnet()
```

训练过程如图 6-11 所示。整个训练过程一共有 4 个时期（epoch），训练集数据依照 25% 的比例划分出验证集，则训练数据有 45 000 个，验证数据有 15 000 个。每次迭代结束，显示本次迭代所用的时间、训练误差（loss）、训练准确率（acc）、验证误差（val_loss）、

验证准确率（val_acc）。

```
Train on 45000 samples, validate on 15000 samples
Epoch 1/4
45000/45000 [==============================] - 1061s 24ms/step - loss: 0.3334 - acc: 0.9101
 - val_loss: 0.1518 - val_acc: 0.9591
Epoch 2/4
45000/45000 [==============================] - 1062s 24ms/step - loss: 0.0767 - acc: 0.9772
 - val_loss: 0.1185 - val_acc: 0.9674
Epoch 3/4
45000/45000 [==============================] - 1067s 24ms/step - loss: 0.0518 - acc: 0.9845
 - val_loss: 0.0682 - val_acc: 0.9796
Epoch 4/4
45000/45000 [==============================] - 1067s 24ms/step - loss: 0.0404 - acc: 0.9879
 - val_loss: 0.0677 - val_acc: 0.9835
```

图 6-11　训练过程

【例 6-13】画出训练过程随 epoch（时期）变化的曲线。

```
#以epoch为横坐标，在同一坐标下画出acc、val_acc随epoch变化的曲线图
#定义show_Training_history()函数，输入参数：训练过程所产生的Training_history
import matplotlib.pyplot as plt    #导入plt模块
def show_Training_history(Training_history,train,validation):
    plt.plot(Training.history[train])         #训练数据执行结果
    plt.plot(Training.history[validation])    #验证数据执行结果
    plt.title('Training history')   #显示图的标题Training history
    plt.xlabel('epoch')   #显示x轴标签epoch
    plt.ylabel('train')   #显示y轴标签train
    #设置图例是显示'train'、'validation'，位置在右下角
    plt.legend(['train','validation'],loc='lower right')
    plt.show()   #开始绘图
#调用show_Training_history()函数，输入参数：训练过程产生的Training、acc、val_acc
show_Training_history(Training,'acc','val_acc')
```

准确率变化曲线如图 6-12 所示。随着迭代次数的增加，训练准确率（实线）不断上升，验证准确率（虚线）也不断上升。随着迭代次数的继续增加，训练准确率和验证准确率将会更加趋于稳定。

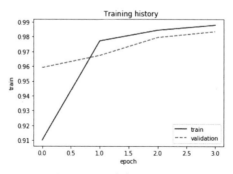

图 6-12　准确率变化曲线

```
def show_Training_history1(Training_history,train,validation):
    plt.plot(Training.history[train])         #训练数据执行结果
    plt.plot(Training.history[validation])  #验证数据执行结果
    plt.title('Training history') #显示图的标题Training history
    plt.xlabel('epoch') #显示x轴标签epoch
```

```
plt.ylabel('train') #显示y轴标签train
#设置图例是显示'train'、'validation'，位置在右上角
plt.legend(['train','validation'],loc='upper right')
plt.show() #开始绘图
#调用show_Training_history()函数，输入参数：训练过程产生的Training, loss, val_loss
show_Training_history1(Training,'loss','val_loss')
```

误差变化曲线如图 6-13 所示。经过 3 次迭代，训练误差（实线）不断减小，验证误差（虚线）也不断减小，且二者都下降到 0.1 以内，在可接受误差范围内。随着迭代次数的继续增加，训练误差和验证误差将会更加趋于收敛。

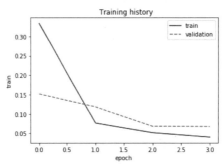

图 6-13　误差变化曲线

【例 6-14】对 ResNet50 进行测试集准确率计算。

```
#定义测试集准确率函数
import numpy as np
def test_accuracy():
    err = []
    t = 0
    #将测试集中每一个预测结果与其真实标签对比。若相同则t+1，最终t值为预测正确的个数，预测正确
    的总数除以测试集总个数即为准确率；若不相同则将对应的项数放入err数组中
    for i in range(predictions.shape[0]):
        if (np.argmax(predictions[i]) == Y_test1[i]):
            t = t + 1
        else:
            err.append(i)
    #返回t值、准确率和err
    return t, float(t) * 100 / predictions.shape[0], err
调用test_accuracy()函数，并将函数值存储在变量p中
p = test_accuracy()
#打印p，查看具体内容
print(p)
#打印准确率
print("Test accuracy: {} %".format(p[1]))
```

准确率结果如图 6-14 所示。打印变量 p 的运行结果分为 3 项：第 1 项为 9840，即在测试集 10 000 个数据的预测结果中，有 9840 个数据预测正确；第 2 项为 98.4，是预测正确

的百分比数值；第 3 项为一个数组，即 [62,115,259,…,9921,9982]，数组中每一个数值对应测试集中预测错误的项数。打印准确率的运行结果为 98.4%。

```
(9840, 98.4, [62, 115, 259, 282, 320, 321, 340, 435, 445, 449, 495, 514, 583, 625, 674, 882,
900, 924, 947, 951, 1014, 1039, 1044, 1114, 1156, 1178, 1182, 1192, 1226, 1232, 1242, 1247,
1282, 1319, 1328, 1393, 1530, 1709, 1717, 1721, 1773, 1793, 1822, 1878, 1901, 1955, 1969, 2018,
2118, 2129, 2130, 2135, 2161, 2182, 2186, 2225, 2293, 2298, 2308, 2380, 2422, 2447, 2454, 2516,
2582, 2597, 2654, 2754, 2810, 2896, 2939, 2953, 2995, 3030, 3073, 3108, 3289, 3337, 3422, 3474,
3503, 3520, 3550, 3559, 3597, 3599, 3604, 3662, 3762, 3801, 3821, 3850, 3853, 3869, 4065, 4078,
4111, 4163, 4176, 4193, 4201, 4238, 4265, 4497, 4507, 4536, 4571, 4639, 4690, 4731,
4740, 4807, 4823, 4874, 5145, 5450, 5676, 5736, 5877, 5887, 5981, 5997, 6173, 6505, 6532, 6560,
6578, 6597, 6625, 6632, 6651, 6847, 7277, 7735, 7853, 7923, 8065, 8287, 8408, 8580, 9009, 9079,
9423, 9638, 9642, 9664, 9679, 9692, 9701, 9729, 9770, 9811, 9839, 9888, 9904, 9910, 9921,
9982])
Test accuracy: 98.4 %
```

图 6-14　准确率结果

【例 6-15】画出前 10 个测试集中预测错误的数据图像、真实标签和错误预测结果。

```
#设置绘图大小
fig1 = plt.figure(figsize = (15,15))
#以10个数据为例，查看其真实数据图像
for i in range(5):
    ax1 = fig1.add_subplot(1,5,i+1)
    #前5个放置在第1行
    ax1.imshow(X_test1[p[2][i]], interpolation='none', cmap=plt.cm.gray)
    ax2 = fig1.add_subplot(2,5,i+6)
    #后5个放置在第2行
    ax2.imshow(X_test1[p[2][i+6]], interpolation='none', cmap=plt.cm.gray)
#开始绘图
plt.show()
#查看10个数据对应的真实标签及错误预测结果
#前5个放置在第1行
print("True:              {}".format(Y_test1[p[2][0:5]]))
print("classified as: {}".format(np.argmax(predictions[p[2][0:5]], axis=1)))
#后5个放置在第2行
print("True:              {}".format(Y_test1[p[2][6:11]]))
print("classified as: {}".format(np.argmax(predictions[p[2][6:11]], axis=1)))
```

错误预测结果如图 6-15 所示。第 1 行测试数据依次为 94679，预测结果依次为 59038；第 2 行测试数据依次为 58638，预测结果依次为 33050。

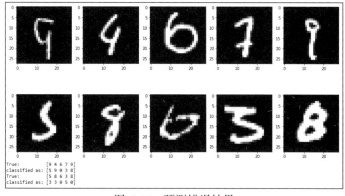

图 6-15　预测错误结果

6.5　思考与练习

1. 概念题

1）简述 GoogLeNet 网络结构及原理。

2）简述 ResNet 网络结构及原理。

2. 操作题

1）基于 Keras 实现 ResNet 的 CIFAR-10 分类。

2）基于 Keras 实现 ResNet 网络模型可视化。

3）基于 Keras 实现 GoogLeNet 网络模型可视化。

第7章 *Chapter 7*

迁移学习

在传统的机器学习框架中，一个神经网络进行学习分类的任务时，需要给定充分的训练数据。然而在实际应用中，对于新出现的领域，其数据可能是稀缺的，获取足够的数据并对其标注可能是一个耗费大量人力和财力的过程。在这种情况下，如何合理地利用训练数据便是迁移学习所要解决的问题。迁移学习是指将一个在某领域完成学习任务的网络应用到新的领域来进行学习任务。

在前两章的内容中，不仅介绍了卷积神经网络中一些经典的卷积网络结构（LeNet、AlexNet、VGG16、GoogLeNet 和 ResNet）的基本原理，而且通过详细介绍如何在 Keras 中搭建这些网络层，如何设置和调整超参数，以及在 MNIST 上进行训练与识别这一系列过程，来进一步地了解了这些经典卷积网络结构之间的差异性。

实际上，这些经典的卷积网络模型都分别存在基于 ImageNet 训练完毕的网络模型，这些预训练完毕的网络模型可用于迁移学习。ImageNet 是一个包含超过 1500 万幅手工标记的高分辨率图像的数据库，训练数据足够充分，因此这些经过预训练网络模型的泛化能力足够强。本章将详细介绍如何利用基于 ImageNet 训练完毕的网络模型（InceptionV3 模型、Xception 模型、MobileNet 模型）进行迁移学习，从而解决新的分类任务。

7.1 基于卷积网络实现迁移学习

对于已经训练完毕的网络模型来说，通常该网络模型的前几层学习到的是通用特征，随着网络层次的加深，更深层次的网络层更偏重于学习特定的特征，因此可将通用特征迁移到其他领域。对于深度卷积网络来说，经过预训练的网络模型可以实现网络结构与参数信息的分离，在保证网络结构一致的前提下，便可以利用经过预训练得到的权重参数初始化新的网络，这种方式可以极大地减少训练时间。

具体步骤如下：

1）选定基于 ImageNet 训练完毕的网络模型。

2）用自己搭建的全连接层替换所选定网络模型的全连接层，得到新网络模型。

3）新网络模型中固定所需层数的参数，在新的小样本下训练余下参数。

4）新网络模型训练完毕。

这种方式又称为微调（Finetune），上述步骤的训练避免了网络模型针对新任务从头开始训练网络的环节，可节省时间。基于 ImageNet 训练完毕的网络模型泛化能力非常强，无形中扩充了的训练数据，使得新网络模型提升了训练精度，泛化能力更好，鲁棒性更强。

7.2 InceptionV3 实现迁移学习

InceptionV3 结构是从 GoogLeNet 中的 Inception 结构演变而来的，相比传统的 Inception 结构，InceptionV3 有如下改进：

❑ 将大的卷积核分解为小的卷积核，如：用两个 3×3 的卷积核代替 5×5 的卷积核，卷积运算次数得到减少。

❑ 在辅助分类器中增加 BN 层有助于提高精度，起到正则化的效果。

❑ 将 inception block 中最后一层中的 stride 设置为 2 来实现 feature map size 的缩减。

InceptionV3 将基于微调的方式实现迁移学习，在获取基于 ImageNet 预训练完毕的 InceptionV3 模型后，用自己搭建的全连接层（包含输出层）代替 InceptionV3 模型的全连接层和输出层，得到一个新的网络模型，进而固定新网络模型的部分参数，使其不参与训练，基于 MNIST 数据集训练余下未固定的参数。

【例 7-1】获取预训练完毕的 InceptionV3 模型。

```
#从keras.applications中获取InceptionV3
from keras.applications.inception_v3 import InceptionV3
base_model = InceptionV3(weights='imagenet', include_top=False)
#weights='imagenet': InceptionV3权重使用基于imagenet训练获得的权重；include_
top=False: 不包含顶层的全连接层
```

【例 7-2】获取 MNIST 数据集并进行数据集预处理。

```
from keras.datasets import mnist
from keras.utils.np_utils import to_categorical
#数据集下载
(x_train, y_train), (x_test, y_test) = mnist.load_data()
#对训练集数据做浮点型和归一化转换
x_train = (x_train / 255).astype('float32')
```

```
#对测试数据做浮点型和归一化转换
x_test = (x_test / 255).astype('float32')
#对训练数据形状进行reshape
x_train = x_train.reshape(x_train.shape[0], 28, 28, 1)
#对测试数据形状进行reshape
x_test = x_test.reshape(x_test.shape[0], 28, 28, 1)
#对训练标签进行one-hot编码转换
y_train = to_categorical(y_train)
#对测试标签进行one-hot编码转换
y_test = to_categorical(y_test)
```

【例 7-3】采用 Keras 中函数 API 模型搭建新网络模型，即 base_model。

```
#导入Model，为后续直接调用该函数定义新网络做准备
from keras.models import Model
#从keras.layers中导入相关模块，为搭建网络层做准备
from keras.layers import Dense, GlobalAveragePooling2D, Dropout, Input,
UpSampling3D
#搭建新网络模型的输入层input_inception
input_inception = Input(shape=(28, 28, 1), dtype='float32', name='inception_
input')
#对输入数据进行上采样，沿着数据的3个维度分别重复 size[0]次、size[1]次和size[2]次
x = UpSampling3D(size=(3, 3, 3), data_format="channels_last")(input_inception)
#将数据送入base_model模型
x = base_model(x)
# base_model模型无全连接层，需要接上自己搭建的全连接层
#通过GlobalAveragePooling2D()，对每张二维特征图进行全局平均池化，输出对应一维数值
x = GlobalAveragePooling2D()(x)
#该全连接层有1024个神经元，激活函数选择Relu函数
x = Dense(1024, activation='relu')(x)
#Dropout设置为0.5
x = Dropout(0.5)(x)
#输出层有10个神经元，激活函数选择softmax
predictions = Dense(10, activation='softmax')(x)
#调用Model()，定义新网络模型inceptionv3_model的输入层、输出层
inceptionv3_model = Model(inputs=input_inception, outputs=predictions)
#打印base_model中各层网络层名称和对应层数
for i, layer in enumerate(base_model.layers):
    print(i, layer.name)
#固定base_model前64层的参数使其不参与训练
for layer in base_model.layers[:64]:
    layer.trainable = False
#查看网络模型摘要
inceptionv3_model.summary()
```

打印 base_model 中各层网络层名称和对应层数的运行结果如图 7-1 所示。去掉全连接层后，第 1 层 input_1 的对应层数为 0，最后一层 mixed10 对应层数为 310，所以 base_model 中共有 311 层网络层。

```
0 input_1                        59 activation_14              118 activation_39
1 conv2d_14                      60 activation_16              119 average_pooling2d_4
2 batch_normalization_1          61 activation_19              120 conv2d_44
3 activation_2                   62 activation_20              121 conv2d_47
4 conv2d_15                      63 mixed1                     122 conv2d_52
5 batch_normalization_2          64 conv2d_36                  123 conv2d_53
6 activation_3                   65 batch_normalization_23     124 batch_normalization_31
7 conv2d_16                      66 activation_24              125 batch_normalization_34
8 batch_normalization_3          67 conv2d_34                  126 batch_normalization_39
9 activation_4                   68 conv2d_37                  127 batch_normalization_40
10 max_pooling2d_5               69 batch_normalization_21     128 activation_32
11 conv2d_17                     70 batch_normalization_24     129 activation_35
12 batch_normalization_4         71 activation_22             130 activation_40
13 activation_5                  72 activation_25             131 activation_41
14 conv2d_18                     73 average_pooling2d_3        132 mixed4
15 batch_normalization_5         74 conv2d_33                 133 conv2d_58
16 activation_6                  75 conv2d_35                 134 batch_normalization_45
17 max_pooling2d_6               76 conv2d_38                 135 activation_46
18 conv2d_22                     77 conv2d_39                 136 conv2d_59
19 batch_normalization_9         78 batch_normalization_20     137 batch_normalization_46
20 activation_10                 79 batch_normalization_22     138 activation_47
21 conv2d_20                     80 batch_normalization_25     139 conv2d_55
22 conv2d_23                     81 batch_normalization_26     140 conv2d_60
23 batch_normalization_7         82 activation_21             141 batch_normalization_42
24 batch_normalization_10        83 activation_23             142 batch_normalization_47
25 activation_8                  84 activation_26             143 activation_43
26 activation_11                 85 activation_27             144 activation_48
27 average_pooling2d_1           86 mixed2                    145 conv2d_56
28 conv2d_19                     87 conv2d_41                 146 conv2d_61
29 conv2d_21                     88 batch_normalization_28     147 batch_normalization_43
30 conv2d_24                     89 activation_29             148 batch_normalization_48
31 conv2d_25                     90 conv2d_42                 149 activation_44
32 batch_normalization_6         91 batch_normalization_29     150 activation_49
33 batch_normalization_8         92 activation_30             151 average_pooling2d_5
34 batch_normalization_11        93 conv2d_40                 152 conv2d_54
35 batch_normalization_12        94 conv2d_43                 153 conv2d_57
36 activation_7                  95 batch_normalization_27     154 conv2d_62
37 activation_9                  96 batch_normalization_30     155 conv2d_63
38 activation_12                 97 activation_28             156 batch_normalization_41
39 activation_13                 98 activation_31             157 batch_normalization_44
40 mixed0                        99 max_pooling2d_7            158 batch_normalization_49
41 conv2d_29                     100 mixed3                    159 batch_normalization_50
42 batch_normalization_16        101 conv2d_48                 160 activation_42
43 activation_17                 102 batch_normalization_35    161 activation_45
44 conv2d_27                     103 activation_36             162 activation_50
45 conv2d_30                     104 conv2d_49                 163 activation_51
46 batch_normalization_14        105 batch_normalization_36    164 mixed5
47 batch_normalization_17        106 activation_37            165 conv2d_68
48 activation_15                 107 conv2d_45                 166 batch_normalization_55
49 activation_18                 108 conv2d_50                 167 activation_56
50 average_pooling2d_2           109 batch_normalization_32    168 conv2d_69
51 conv2d_26                     110 batch_normalization_37    169 batch_normalization_56
52 conv2d_28                     111 activation_33            170 activation_57
53 conv2d_31                     112 activation_38            171 conv2d_65
54 conv2d_32                     113 conv2d_46                 172 conv2d_70
55 batch_normalization_13        114 conv2d_51                 173 batch_normalization_52
56 batch_normalization_15        115 batch_normalization_33    174 batch_normalization_57
57 batch_normalization_18        116 batch_normalization_38    175 activation_53
58 batch_normalization_19        117 activation_34            176 activation_58
```

a)

```
177 conv2d_66                    222 batch_normalization_69    266 batch_normalization_83
178 conv2d_71                    223 batch_normalization_70    267 batch_normalization_84
179 batch_normalization_53       224 activation_62             268 conv2d_98
180 batch_normalization_58       225 activation_65             269 batch_normalization_77
181 activation_54                226 activation_70             270 activation_80
182 activation_59                227 activation_71             271 activation_81
183 average_pooling2d_6          228 mixed7                     272 activation_84
184 conv2d_64                    229 conv2d_86                  273 activation_85
185 conv2d_67                    230 batch_normalization_73     274 batch_normalization_85
186 conv2d_72                    231 activation_74              275 activation_78
187 conv2d_73                    232 conv2d_87                  276 mixed9_0
188 batch_normalization_51       233 batch_normalization_74     277 concatenate_1
189 batch_normalization_54       234 activation_75              278 activation_86
190 batch_normalization_59       235 conv2d_84                  279 mixed9
191 batch_normalization_60       236 conv2d_88                  280 conv2d_103
192 activation_52                237 batch_normalization_71     281 batch_normalization_90
193 activation_55                238 batch_normalization_75     282 activation_91
194 activation_60                239 activation_72              283 conv2d_100
195 activation_61                240 activation_76              284 conv2d_104
196 mixed6                       241 activation_85              285 batch_normalization_87
197 conv2d_78                    242 conv2d_89                  286 batch_normalization_91
198 batch_normalization_65       243 batch_normalization_72     287 activation_88
199 conv2d_79                    244 batch_normalization_76     288 activation_92
200 conv2d_79                    245 activation_73              289 conv2d_101
201 batch_normalization_66       246 activation_77              290 conv2d_102
202 activation_67                247 max_pooling2d_8            291 conv2d_105
203 conv2d_75                    248 mixed8                     292 conv2d_106
204 conv2d_80                    249 conv2d_94                  293 average_pooling2d_9
205 batch_normalization_62       250 batch_normalization_81     294 conv2d_99
206 batch_normalization_67       251 activation_82              295 batch_normalization_88
207 activation_63                252 conv2d_91                  296 batch_normalization_89
208 activation_68                253 conv2d_95                  297 batch_normalization_92
209 conv2d_76                    254 batch_normalization_78     298 batch_normalization_93
210 conv2d_81                    255 batch_normalization_82     299 conv2d_107
211 batch_normalization_63       256 activation_79              300 batch_normalization_86
212 batch_normalization_68       257 activation_83              301 activation_89
213 activation_64                258 conv2d_92                  302 activation_90
214 activation_69                259 conv2d_93                  303 activation_93
215 average_pooling2d_7          260 conv2d_96                  304 activation_94
216 conv2d_74                    261 conv2d_97                  305 batch_normalization_94
217 conv2d_77                    262 average_pooling2d_8        306 activation_87
218 conv2d_82                    263 conv2d_90                  307 mixed9_1
219 conv2d_83                    264 batch_normalization_79     308 concatenate_2
220 batch_normalization_61       265 batch_normalization_80     309 activation_95
221 batch_normalization_64                                      310 mixed10
```

b)

图 7-1 base_model 网络层层数及名称

　　inceptionv3_model 网络模型摘要如图 7-2 所示。从第 2 列可以看出每层网络层的输出形状，从第 3 列可以看出每层网络层所需要训练的参数个数。该网络模型一共有 23 911 210 个参数，其中需要训练的参数有 23 172 090 个，不可训练的参数有 739 120 个。固定层数不同，不可训练的参数个数与需要训练的参数个数也会随之发生变化，但二者的总和不变，始终为 23 911 210 个。固定层数越多，不可训练的参数也就越多，反之则越少。

```
Layer (type)                  Output Shape          Param #
=================================================================
inception_input (InputLayer) (None, 28, 28, 1)      0

up_sampling3d_1 (UpSampling3 (None, 84, 84, 3)      0

inception_v3 (Model)          multiple              21802784

global_average_pooling2d_1 ( (None, 2048)           0

dense_4 (Dense)               (None, 1024)          2098176

dropout_3 (Dropout)           (None, 1024)          0

dense_5 (Dense)               (None, 10)            10250
=================================================================
Total params: 23,911,210
Trainable params: 23,172,090
Non-trainable params: 739,120
```

图 7-2　inceptionv3_model 网络摘要模型

【例 7-4】对 inceptionv3_model 进行编译与训练。

```
#对inceptionv3_model进行编译：损失函数选择交叉熵函数；优化算法选择adam；以准确率作为评估标准
inceptionv3_model.compile(loss="categorical_crossentropy", optimizer="adam",
metrics=["accuracy"])
#对inceptionv3_model进行训练：输入训练数据、训练标签，batch_size为64；epochs为5；
verbose为1显示进度条；验证集比例为0.2，训练结果存储在变量history中
history = inceptionv3_model.fit(x_train, y_train, batch_size=64, epochs=5,
verbose=1, validation_split=0.2)
```

　　训练过程如图 7-3 所示。整个训练过程一共有 5 个迭代时期（epoch），训练集数据依照 20% 的比例划分出验证集，则训练数据有 48 000 项，验证数据有 12 000 项。每次迭代结束，显示本次迭代所用的时间、训练误差（loss）、训练准确率（acc）、验证误差（val_loss）、验证准确率（val_acc）。

```
Train on 48000 samples, validate on 12000 samples
Epoch 1/5
48000/48000 [==============================] - 817s 17ms/step - loss: 0.1617 -
acc: 0.9575 - val_loss: 8.9682 - val_acc: 0.4366
Epoch 2/5
48000/48000 [==============================] - 836s 17ms/step - loss: 0.0976 -
acc: 0.9799 - val_loss: 0.0736 - val_acc: 0.9829
Epoch 3/5
48000/48000 [==============================] - 29767s 620ms/step - loss: 0.2410
- acc: 0.9601 - val_loss: 0.0433 - val_acc: 0.9891
Epoch 4/5
48000/48000 [==============================] - 836s 17ms/step - loss: 0.0485 -
acc: 0.9875 - val_loss: 0.0417 - val_acc: 0.9893
Epoch 5/5
48000/48000 [==============================] - 843s 18ms/step - loss: 0.0401 -
acc: 0.9901 - val_loss: 0.0346 - val_acc: 0.9915
```

图 7-3　训练过程

【例7-5】可视化 inceptionv3_model 模型。

```
from keras.utils.vis_utils import plot_model
#调用plot_model()函数，输入参数：网络模型，存储文件名称
plot_model(model=inceptionv3_model,to_file='model_TL_InceptionV3.png',show_
shapes=True)
```

inceptionv3_model 模型可视化图如图 7-4 所示。从该可视化图中可以清楚地看到依据上述步骤所搭建的网络模型结构，以及每层网络的输入形状和输出形状。

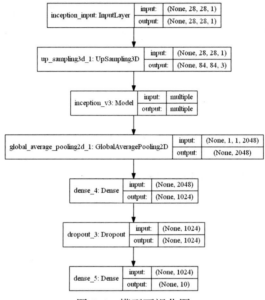

图 7-4　模型可视化图

【例7-6】对 inceptionv3_model 进行测试集评估。

```
#测试集评估：输入测试数据；测试标签；batch_size为64
loss, acc = inceptionv3_model.evaluate(x_test, y_test, batch_size=64)
#打印准确率
print("\nTest accuracy: %.1f%%" % (100.0 * acc))
#打印误差
print("\nTest loss: %.1f%%" % (100.0 * loss))
```

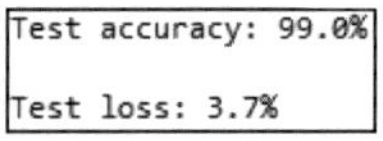

```
Test accuracy: 99.0%
Test loss: 3.7%
```

对 inceptionv3_model 进行测试集评估后，准确率为99.0%，误差为3.7%，如图7-5所示。

图 7-5　准确率与误差

【例7-7】画出 inceptionv3_model 训练过程随迭代时期（epoch）变化曲线。

```
import matplotlib.pyplot as plt
plt.plot(history.history['acc'] ,linestyle='-', color='b')  #训练数据执行结果，'-'表
示实线，'b'表示蓝色
plt.plot(history.history['val_acc'] ,linestyle='--', color='r') #验证数据执行结果，
```

'--'表示虚线，'r'表示红色
```
plt.title('model accuracy') #显示图的标题model accuracy
plt.ylabel('accuracy')        #显示y轴标签accuracy
plt.xlabel('epoch')           #显示x轴标签epoch
plt.legend(['train', 'test'], loc='lower right') #设置图例是显示'train'、'test'，位
置在右下角
plt.show()   #开始绘图
```

准确率变化曲线如图 7-6 所示。经过 4 次迭代，训练准确率（实线）不断上升，验证准确率（虚线）也不断上升，并趋于稳定。

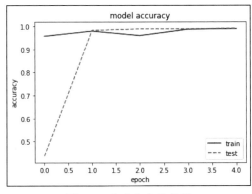

图 7-6　准确率变化曲线

```
plt.plot(history.history['loss'] ,'-', color='b') #训练数据执行结果，'-'表示实线，'b'
表示蓝色
plt.plot(history.history['val_loss'] , '--', color='r') #验证数据执行结果，'--'表示
实线，'r'表示红色
plt.title('model loss') #显示图的标题model loss
plt.ylabel('loss')        #显示y轴标签loss
plt.xlabel('epoch')       #显示x轴标签epoch
plt.legend(['train', 'test'], loc='upper right') #设置图例是显示'train'、'test'，位
置在右上角
plt.show() #开始绘图
```

误差变化曲线如图 7-7 所示。随着迭代次数的增加，训练误差（实线）不断减小，验证误差（虚线）也不断减小，且最终二者都达到了误差收敛。

将 InceptionV3 模型通过微调的方式迁移到新的网络结构中，得到了新的网络模型，即 inceptionv3_model 模型。通过训练阶段准确率变化曲线和误差变化曲线可以看出，inceptionv3_model 基于 MNIST 训练数据集得到了很好的学习。同时相比第 6 章中所介绍的 GoogLeNet 的训练过程，inceptionv3_model 的准确率变化曲线和误差变化曲线都更加稳定，没有过多的波动。通过 MNIST 测试集评估该模型准确率可以看出，该网络模型评估准确率可达到 99.0%，误差可收敛到 3.7%，说明通过迁移学习得到的新网络模型 inceptionv3_model 对于新的数据集 MNIST 的确有着良好的识别能力，泛化能力较强，且训练时间更短。

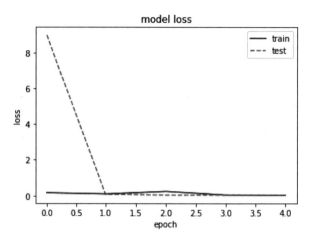

图 7-7　误差变化曲线

7.3　Xception 实现迁移学习

Xception 是 Inception 处于极端假设的一种网络结构。当卷积层试图在三维空间（两个空间维度和一个通道维度）进行卷积过程时，一个卷积核需要同时绘制跨通道相关性和空间相关性。Inception 模块的思想就是将这一卷积过程分解成一系列相互独立的操作，使其更为便捷有效。典型的 Inception 模块假设跨通道相关性和空间相关性的绘制有效脱钩，而Xception 的思想则是 Inception 模块思想的一种极端情况，即卷积神经网络的特征图中的跨通道相关性和空间相关性的绘制可以完全脱钩。

Xception 实现迁移学习将基于微调的方式，和 InceptionV3 实现迁移学习一样，在获取基于 ImageNet 预训练完毕的 Xception 模型后，用自己搭建的全连接层（包含输出层）代替Xception 模型的全连接层和输出层，进而得到一个新的网络模型，固定新网络模型的部分参数，使其不参与训练，基于 MNIST 数据集训练余下未固定的参数。

【例 7-8】获取预训练完毕的 Xception 模型。

```
#从keras.applications中获取Xception
from keras.applications.xception import Xception
base_model = Xception(weights='imagenet', include_top=False)
# weights='imagenet': xception权重使用基于imagenet训练获得的权重; include_top= False:
不包含顶层的全连接层
```

MNIST 数据集下载及数据集预处理过程与【例 7-2】获取 MNIST 数据集并进行数据集预处理相同，具体程序可参考【例 7-2】。

【例 7-9】采用 Keras 中函数 API 模型搭建新网络模型，即 xception_model。

```
#导入Model，为后续直接调用该函数定义新网络做准备
from keras.models import Model
#从keras.layers中导入相关网络层模块，为搭建网络层做准备
from keras.layers import  Dense, GlobalAveragePooling2D, Dropout, Input,
UpSampling3D
#搭建新网络模型的输入层input_xception
input_xception = Input(shape=(28, 28, 1), dtype='float32', name='xception_input')
#对输入数据进行上采样，沿着数据的3个维度分别重复 size[0]次、size[1]次和size[2]次
x = UpSampling3D(size=(3, 3, 3), data_format="channels_last")(input_xception)
#将数据送入网络中
x = base_model(x)
#通过GlobalAveragePooling2D()，对每张二维特征图进行全局平均池化，输出对应一维数值
x = GlobalAveragePooling2D()(x)
#搭建全连接层，该层神经元个数为1024，激活函数选择Relu函数
x = Dense(1024, activation='relu')(x)
#Dropout设置为0.5
x = Dropout(0.5)(x)
#搭建输出层，该层神经元个数为10，激活函数选择softmax函数
predictions = Dense(10, activation='softmax')(x)
#调用Model()，定义新网络模型xception_model的输入层、输出层
xception_model = Model(inputs=input_xception, outputs=predictions)
#打印base_model中每层网络层名称和对应层数
for i, layer in enumerate(base_model.layers):
    print(i, layer.name)
#固定base_model中前36层网络层的参数，使其不参与训练
for layer in base_model.layers[:36]:
    layer.trainable = False
#查看新网络模型xception_model的摘要
xception_model.summary()
```

打印 base_model 中各层网络层名称和对应层数的运行结果如图 7-8 所示。第 1 层 input_1 的层数为 0，去掉全连接层后的最后一层 block14_sepconv2_act 对应层数为 131，所以 base_model 共有 132 层。

xception_model 网络模型摘要如图 7-9 所示。从第 2 列可以看出每层网络层的输出形状，从第 3 列可以看出每层网络层所需要训练的参数个数。该网络模型一共有 22 969 906 个参数，其中需要训练的参数为 22 915 378 个，不可训练的参数为 54 528 个。通过调整固定不同层数的参数，不可训练的参数个数也会随之变化，对网络训练的结果也会有所影响。可尝试不同层数的参数固定，进而得到训练效果更好的网络模型。

【例 7-10】可视化 xception_model 模型。

```
#新网络模型xception_model可视化
from keras.utils.vis_utils import plot_model
plot_model(model=xception_model, to_file='model_TL_Xception.png',show_
shapes=True)
```

```
0  input_1                        45  add_4                         89  block10_sepconv2_act
1  block1_conv1                   46  block6_sepconv1_act           90  block10_sepconv2
2  block1_conv1_bn                47  block6_sepconv1               91  block10_sepconv2_bn
3  block1_conv1_act               48  block6_sepconv1_bn            92  block10_sepconv3_act
4  block1_conv2                   49  block6_sepconv2_act           93  block10_sepconv3
5  block1_conv2_bn                50  block6_sepconv2               94  block10_sepconv3_bn
6  block1_conv2_act               51  block6_sepconv2_bn            95  add_9
7  block2_sepconv1                52  block6_sepconv3_act           96  block11_sepconv1_act
8  block2_sepconv1_bn             53  block6_sepconv3               97  block11_sepconv1
9  block2_sepconv2_act            54  block6_sepconv3_bn            98  block11_sepconv1_bn
10 block2_sepconv2                55  add_5                         99  block11_sepconv2_act
11 block2_sepconv2_bn             56  block7_sepconv1_act          100  block11_sepconv2
12 conv2d_1                       57  block7_sepconv1              101  block11_sepconv2_bn
13 block2_pool                    58  block7_sepconv1_bn           102  block11_sepconv3_act
14 batch_normalization_1          59  block7_sepconv2_act          103  block11_sepconv3
15 add_1                          60  block7_sepconv2              104  block11_sepconv3_bn
16 block3_sepconv1_act            61  block7_sepconv2_bn           105  add_10
17 block3_sepconv1                62  block7_sepconv3_act          106  block12_sepconv1_act
18 block3_sepconv1_bn             63  block7_sepconv3              107  block12_sepconv1
19 block3_sepconv2_act            64  block7_sepconv3_bn           108  block12_sepconv1_bn
20 block3_sepconv2                65  add_6                        109  block12_sepconv2_act
21 block3_sepconv2_bn             66  block8_sepconv1_act          110  block12_sepconv2
22 conv2d_2                       67  block8_sepconv1              111  block12_sepconv2_bn
23 block3_pool                    68  block8_sepconv1_bn           112  block12_sepconv3_act
24 batch_normalization_2          69  block8_sepconv2_act          113  block12_sepconv3
25 add_2                          70  block8_sepconv2              114  block12_sepconv3_bn
26 block4_sepconv1_act            71  block8_sepconv2_bn           115  add_11
27 block4_sepconv1                72  block8_sepconv3_act          116  block13_sepconv1_act
28 block4_sepconv1_bn             73  block8_sepconv3              117  block13_sepconv1
29 block4_sepconv2_act            74  block8_sepconv3_bn           118  block13_sepconv1_bn
30 block4_sepconv2                75  add_7                        119  block13_sepconv2_act
31 block4_sepconv2_bn             76  block9_sepconv1_act          120  block13_sepconv2
32 conv2d_3                       77  block9_sepconv1              121  block13_sepconv2_bn
33 block4_pool                    78  block9_sepconv1_bn           122  conv2d_4
34 batch_normalization_3          79  block9_sepconv2_act          123  block13_pool
35 add_3                          80  block9_sepconv2              124  batch_normalization_4
36 block5_sepconv1_act            81  block9_sepconv2_bn           125  add_12
37 block5_sepconv1                82  block9_sepconv3_act          126  block14_sepconv1
38 block5_sepconv1_bn             83  block9_sepconv3              127  block14_sepconv1_bn
39 block5_sepconv2_act            84  block9_sepconv3_bn           128  block14_sepconv1_act
40 block5_sepconv2                85  add_8                        129  block14_sepconv2
41 block5_sepconv2_bn             86  block10_sepconv1_act         130  block14_sepconv2_bn
42 block5_sepconv3_act            87  block10_sepconv1             131  block14_sepconv2_act
43 block5_sepconv3                88  block10_sepconv1_bn
44 block5_sepconv3_bn
```

图 7-8　base_model 网络层层数及名称

```
Layer (type)                    Output Shape           Param #
=================================================================
xception_input (InputLayer)    (None, 28, 28, 1)        0

up_sampling3d_1 (UpSampling3    (None, 84, 84, 3)        0

xception (Model)                multiple                20861480

global_average_pooling2d_1 (   (None, 2048)             0

dense_1 (Dense)                 (None, 1024)            2098176

dropout_1 (Dropout)            (None, 1024)             0

dense_2 (Dense)                 (None, 10)              10250
=================================================================
Total params: 22,969,906
Trainable params: 22,915,378
Non-trainable params: 54,528
```

图 7-9　xception_model 模型摘要

xception_model 模型可视化图如图 7-10 所示。从该可视化图中可以清楚地看到依据上述步骤所搭建的网络模型结构，以及每层网络的输入形状和输出形状。

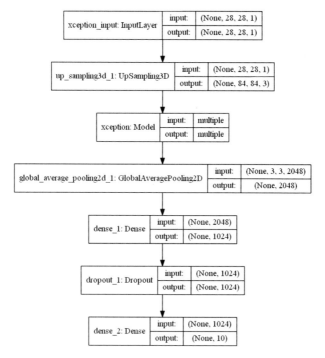

图 7-10 xception_model 模型可视化图

【例 7-11】对 xception_model 进行编译与训练。

```
#对xception_model进行编译，损失函数选择交叉熵函数；优化算法选择adam；以准确率作为评估标准
xception_model.compile(loss="categorical_crossentropy", optimizer="adam",
metrics=["accuracy"])
#对xception_model进行训练：输入训练数据、训练标签，batch_size为64；epochs为5；verbose为1
显示进度条；验证集比例为0.2，训练结果存储在变量history中
history = xception_model.fit(x_train, y_train, batch_size=64, epochs=5, verbose=1,
validation_split=0.2)
```

训练过程如图 7-11 所示。整个训练过程一共有 5 个时期，训练集数据依照 20% 的比例划分出验证集，则训练数据有 48 000 个，验证数据有 12 000 个。每次迭代结束，显示本次迭代所用的时间、训练误差（loss）、训练准确率（acc）、验证误差（val_loss）、验证准确率（val_acc）。

【例 7-12】对 xception_model 进行测试集评估。

```
#对xception_model进行评估，输入数据：测试数据、测试标签，batch_size为64
loss, acc = xception_model.evaluate(x_test, y_test, batch_size=64)
#打印准确率和误差
print("\nTest accuracy: %.1f%%" % (100.0 * acc))
print("\nTest loss: %.1f%%" % (100.0 * loss))
```

```
Train on 48000 samples, validate on 12000 samples
Epoch 1/5
48000/48000 [==============================] - 1873s 39ms/step - loss: 0.1750
- acc: 0.9552 - val_loss: 0.0586 - val_acc: 0.9876
Epoch 2/5
48000/48000 [==============================] - 1897s 40ms/step - loss: 0.0594
- acc: 0.9855 - val_loss: 0.0561 - val_acc: 0.9865
Epoch 3/5
48000/48000 [==============================] - 1914s 40ms/step - loss: 0.0460
- acc: 0.9884 - val_loss: 0.0375 - val_acc: 0.9916
Epoch 4/5
48000/48000 [==============================] - 1918s 40ms/step - loss: 0.0339
- acc: 0.9909 - val_loss: 0.0621 - val_acc: 0.9843
Epoch 5/5
48000/48000 [==============================] - 1897s 40ms/step - loss: 0.0331
- acc: 0.9914 - val_loss: 0.0524 - val_acc: 0.9868
```

图 7-11　训练过程

对 xception_model 进行测试集评估后，准确率为 98.6%，误差
为 5.2%，如图 7-12 所示。

```
Test accuracy: 98.6%
Test loss: 5.2%
```

图 7-12　准确率与误差

【例 7-13】画出 xception_model 训练过程随迭代时期（epoch）变化的曲线。

```
import matplotlib.pyplot as plt
plt.plot(history.history['acc'] ,linestyle='-', color='b')   #训练数据执行结果，'-'表
示实线，'b'表示蓝色
plt.plot(history.history['val_acc'] ,linestyle='--', color='r') #验证数据执行结果，
'--'表示虚线，'r'表示红色
plt.title('model accuracy') #显示图的标题model accuracy
plt.ylabel('accuracy')          #显示y轴标签accuracy
plt.xlabel('epoch')             #显示x轴标签epoch
plt.legend(['train', 'test'], loc='lower right') #设置图例是显示'train'、'test'，位
置在右下角
plt.show()   #开始绘图
```

准确率变化曲线如图 7-13 所示。随着迭代次数的增加，训练准确率（实线）不断上升，
并趋于稳定，验证准确率（虚线）在 0.985 和 0.990 之间有所波动，波动范围较小，验证准
确率也较为稳定。

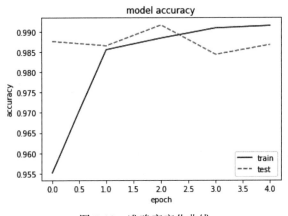

图 7-13　准确率变化曲线

```
plt.plot(history.history['loss'] ,linestyle='-', color='b') #训练数据执行结果, '-'表
示实线, 'b'表示蓝色
plt.plot(history.history['val_loss'] ,linestyle='--', color='r')  #验证数据执行结
果, '--'表示虚线, 'r'表示红色
plt.title('model loss') #显示图的标题model loss
plt.ylabel('loss')          #显示y轴标签loss
plt.xlabel('epoch')         #显示x轴标签epoch
plt.legend(['train', 'test'], loc='upper right') #设置图例是显示'train'、'test', 位
置在右上角
plt.show() #开始绘图
```

误差变化曲线如图 7-14 所示。经过 4 次迭代，训练误差不断减小，验证误差也不断减小，且二者均下降到 0.06 以下，在可接受误差范围内。随着迭代次数的增加，训练误差和验证误差将会更加趋于收敛。

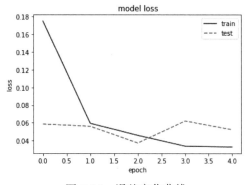

图 7-14 误差变化曲线

同样使用微调的方式将基于 ImageNet 预训练完毕的 Xception 模型迁移到新的网络模型中，使用自己搭建的网络层替换 Xception 的全连接层，保留固定层数的权重使其不参与训练，余下参数基于新的数据集即 MNIST 数据集中的训练集进行训练，得到了新的网络模型 xception_model。从该网络模型在训练阶段的准确率变化曲线和误差变化曲线可以看出，xception_model 基于 MNIST 训练集得到了充分的学习，训练结果良好；从 MNIST 测试集对 xception_model 的准确率评估结果可以看出，该网络模型准确率可达到 98.6%，误差可收敛到 5.2%，说明该网络模型通过迁移学习得到了良好的泛化能力。

7.4 MobileNet 实现迁移学习

在前两节的内容中，分别介绍了 Inception、Xception 实现迁移学习，将基于 ImageNet 训练的模型迁移到新的网络中，解决 MNSIT 手写体分类问题。本节将介绍如何将基于 ImageNet 训练的 MobileNet 模型迁移到新的网络，并解决新的图像分类问题。新的数据集

共有 1504 张彩色图像，由 3 种动植物图像构成，分别为鸟、鱼和花。将这些数据集分为训练集和测试集，其中训练集 1192 张，测试集 312 张。

MobileNet 模型使用了深度可分离卷积（Depth-wise separable convolutions）来代替传统的卷积，深度可分离卷积将传统卷积分为两个步骤，第 1 步是逐通道卷积（Depthwise convolution），即一个卷积核负责一个通道。第 2 步是逐点卷积（Pointwise convolution），将逐通道卷积的各个输出组合到一起。这种方法使得 MobileNet 模型在训练时参数的计算量和计算时间都得到很大程度的降低。

MobileNet 模型实现迁移学习仍然基于微调的思想，在获得基于 ImageNet 预训练的 MobileNet 模型后，用自己搭建的网络层代替其顶层，并保留一定层数的参数，使其不参与训练，最后用新的数据集训练余下的参数。通过调整固定的层数和自己搭建的网络层的超参数，最终得到一个较为理想的网络模型。

【例 7-14】获取预训练完毕的 MobileNet 模型。

```
#导入keras
import keras
#获得预训练完毕的MobileNet模型
mobile_model = keras.applications.MobileNet()
#打印MobileNet模型中每层网络层的名称及其对应的层数
for i, layer in enumerate(mobile_model.layers):
    print(i, layer.name)
```

MobileNet 层数及名称如图 7-15 所示。从图中可以看出，第 86 层 conv_pw_13_relu 以后的网络层都属于全连接层部分，因此将自己搭建的网络层接在第 86 层后即可得到新网络模型。

【例 7-15】搭建新网络模型。

```
#采用函数式：导入Model模块
from keras.models import Model
#去除MobileNet模型的顶层，获得model模型；model模型的输入层为MobileNet的输入层，输出层为
MobileNet的conv_pw_13_relu
model=Model(inputs=mobile_model.input,outputs=mobile_model.get_layer('conv_
pw_13_relu').output)
#采用序贯式：导入Sequential模块
from keras.models import Sequential
classifier = Sequential()
#开始搭建新的网络结构：将model中的网络层添加到新的网络结构中
for layer in model.layers:
    classifier.add(layer)
#固定model中前62层网络层的参数，使其不参与之后的训练
for layer in model.layers[:62]:
    layer.trainable = False
#分类的类别数为3
N_CLASSES = 3
```

```
#从keras.layers中导入相关模块，为搭建卷积层和全连接层做准备
from keras.layers import Dense,GlobalAveragePooling2D,Dropout,Conv2D
#搭建卷积层，卷积核大小为5×5，共有1024个卷积核
classifier.add(Conv2D(1024, (5, 5)))
#采用GlobalAveragePooling，对每张二维特征图做全局平均池化，并输出对应的一维数值
classifier.add(GlobalAveragePooling2D())
#搭建全连接层，神经元有4096个，激活函数选择tanh
classifier.add(Dense(4096, activation='tanh'))
#Dropout设置为0.5
classifier.add(Dropout(0.5))
#搭建全连接层，神经元有1024个，激活函数选择tanh
classifier.add(Dense(1024, activation='tanh'))
#Dropout设置为0.5
classifier.add(Dropout(0.5))
#搭建输出层，神经元个数为3，激活函数选择softmax函数
classifier.add(Dense(units = N_CLASSES, activation = 'softmax'))
#查看网络模型摘要
classifier.summary()
```

```
0  input_1                46 conv_dw_7_relu
1  conv1_pad              47 conv_pw_7
2  conv1                  48 conv_pw_7_bn
3  conv1_bn               49 conv_pw_7_relu
4  conv1_relu             50 conv_dw_8
5  conv_dw_1              51 conv_dw_8_bn
6  conv_dw_1_bn           52 conv_dw_8_relu
7  conv_dw_1_relu         53 conv_pw_8
8  conv_pw_1              54 conv_pw_8_bn
9  conv_pw_1_bn           55 conv_pw_8_relu
10 conv_pw_1_relu         56 conv_dw_9
11 conv_pad_2             57 conv_dw_9_bn
12 conv_dw_2              58 conv_dw_9_relu
13 conv_dw_2_bn           59 conv_pw_9
14 conv_dw_2_relu         60 conv_pw_9_bn
15 conv_pw_2              61 conv_pw_9_relu
16 conv_pw_2_bn           62 conv_dw_10
17 conv_pw_2_relu         63 conv_dw_10_bn
18 conv_dw_3              64 conv_dw_10_relu
19 conv_dw_3_bn           65 conv_pw_10
20 conv_dw_3_relu         66 conv_pw_10_bn
21 conv_pw_3              67 conv_pw_10_relu
22 conv_pw_3_bn           68 conv_dw_11
23 conv_pw_3_relu         69 conv_dw_11_bn
24 conv_pad_4             70 conv_dw_11_relu
25 conv_dw_4              71 conv_pw_11
26 conv_dw_4_bn           72 conv_pw_11_bn
27 conv_dw_4_relu         73 conv_pw_11_relu
28 conv_pw_4              74 conv_pad_12
29 conv_pw_4_bn           75 conv_dw_12
30 conv_pw_4_relu         76 conv_dw_12_bn
31 conv_dw_5              77 conv_dw_12_relu
32 conv_dw_5_bn           78 conv_pw_12
33 conv_dw_5_relu         79 conv_pw_12_bn
34 conv_pw_5              80 conv_pw_12_relu
35 conv_pw_5_bn           81 conv_dw_13
36 conv_pw_5_relu         82 conv_dw_13_bn
37 conv_pad_6             83 conv_dw_13_relu
38 conv_dw_6              84 conv_pw_13
39 conv_dw_6_bn           85 conv_pw_13_bn
40 conv_dw_6_relu         86 conv_pw_13_relu
41 conv_pw_6              87 global_average_pooling2d_1
42 conv_pw_6_bn           88 reshape_1
43 conv_pw_6_relu         89 dropout
44 conv_dw_7              90 conv_preds
45 conv_dw_7_bn           91 reshape_2
                         92 act_softmax
```

图 7-15　MobileNet 层数及名称

　　classifier 网络模型摘要如图 7-16 所示。从第 2 列可以看出每层网络层的输出形状，从第 3 列可以看出每层网络层所需要训练的参数个数。该网络模型一共有 37 841 091 个参数，其中需要训练的参数为 36 743 683 个，不可训练的参数为 1 097 408 个。

Layer (type)	Output Shape	Param #
conv1_pad (ZeroPadding2D)	(None, 225, 225, 3)	0
conv1 (Conv2D)	(None, 112, 112, 32)	864
conv1_bn (BatchNormalization	(None, 112, 112, 32)	128
conv1_relu (ReLU)	(None, 112, 112, 32)	0
conv_dw_1 (DepthwiseConv2D)	(None, 112, 112, 32)	288
conv_dw_1_bn (BatchNormaliza	(None, 112, 112, 32)	128
conv_dw_1_relu (ReLU)	(None, 112, 112, 32)	0
conv_pw_1 (Conv2D)	(None, 112, 112, 64)	2048
conv_pw_1_bn (BatchNormaliza	(None, 112, 112, 64)	256
conv_pw_1_relu (ReLU)	(None, 112, 112, 64)	0
conv_pad_2 (ZeroPadding2D)	(None, 113, 113, 64)	0
conv_dw_2 (DepthwiseConv2D)	(None, 56, 56, 64)	576
conv_dw_2_bn (BatchNormaliza	(None, 56, 56, 64)	256
conv_dw_2_relu (ReLU)	(None, 56, 56, 64)	0
conv_pw_2 (Conv2D)	(None, 56, 56, 128)	8192
conv_pw_2_bn (BatchNormaliza	(None, 56, 56, 128)	512
conv_pw_2_relu (ReLU)	(None, 56, 56, 128)	0
conv_dw_3 (DepthwiseConv2D)	(None, 56, 56, 128)	1152
conv_dw_3_bn (BatchNormaliza	(None, 56, 56, 128)	512
conv_dw_3_relu (ReLU)	(None, 56, 56, 128)	0
conv_pw_3 (Conv2D)	(None, 56, 56, 128)	16384
conv_pw_3_bn (BatchNormaliza	(None, 56, 56, 128)	512
conv_pw_3_relu (ReLU)	(None, 56, 56, 128)	0
conv_pad_4 (ZeroPadding2D)	(None, 57, 57, 128)	0
conv_dw_4 (DepthwiseConv2D)	(None, 28, 28, 128)	1152
conv_dw_4_bn (BatchNormaliza	(None, 28, 28, 128)	512
conv_dw_4_relu (ReLU)	(None, 28, 28, 128)	0
conv_pw_4 (Conv2D)	(None, 28, 28, 256)	32768

a)

conv_pw_4_bn (BatchNormaliza	(None, 28, 28, 256)	1024
conv_pw_4_relu (ReLU)	(None, 28, 28, 256)	0
conv_dw_5 (DepthwiseConv2D)	(None, 28, 28, 256)	2304
conv_dw_5_bn (BatchNormaliza	(None, 28, 28, 256)	1024
conv_dw_5_relu (ReLU)	(None, 28, 28, 256)	0
conv_pw_5 (Conv2D)	(None, 28, 28, 256)	65536
conv_pw_5_bn (BatchNormaliza	(None, 28, 28, 256)	1024
conv_pw_5_relu (ReLU)	(None, 28, 28, 256)	0
conv_pad_6 (ZeroPadding2D)	(None, 29, 29, 256)	0
conv_dw_6 (DepthwiseConv2D)	(None, 14, 14, 256)	2304
conv_dw_6_bn (BatchNormaliza	(None, 14, 14, 256)	1024
conv_dw_6_relu (ReLU)	(None, 14, 14, 256)	0
conv_pw_6 (Conv2D)	(None, 14, 14, 512)	131072
conv_pw_6_bn (BatchNormaliza	(None, 14, 14, 512)	2048
conv_pw_6_relu (ReLU)	(None, 14, 14, 512)	0
conv_dw_7 (DepthwiseConv2D)	(None, 14, 14, 512)	4608
conv_dw_7_bn (BatchNormaliza	(None, 14, 14, 512)	2048
conv_dw_7_relu (ReLU)	(None, 14, 14, 512)	0
conv_pw_7 (Conv2D)	(None, 14, 14, 512)	262144
conv_pw_7_bn (BatchNormaliza	(None, 14, 14, 512)	2048
conv_pw_7_relu (ReLU)	(None, 14, 14, 512)	0
conv_dw_8 (DepthwiseConv2D)	(None, 14, 14, 512)	4608
conv_dw_8_bn (BatchNormaliza	(None, 14, 14, 512)	2048
conv_dw_8_relu (ReLU)	(None, 14, 14, 512)	0
conv_pw_8 (Conv2D)	(None, 14, 14, 512)	262144
conv_pw_8_bn (BatchNormaliza	(None, 14, 14, 512)	2048
conv_pw_8_relu (ReLU)	(None, 14, 14, 512)	0
conv_dw_9 (DepthwiseConv2D)	(None, 14, 14, 512)	4608
conv_dw_9_bn (BatchNormaliza	(None, 14, 14, 512)	2048

b)

图 7-16 classifier 网络模型摘要

conv_dw_9_relu (ReLU)	(None, 14, 14, 512)	0
conv_pw_9 (Conv2D)	(None, 14, 14, 512)	262144
conv_pw_9_bn (BatchNormaliza	(None, 14, 14, 512)	2048
conv_pw_9_relu (ReLU)	(None, 14, 14, 512)	0
conv_dw_10 (DepthwiseConv2D)	(None, 14, 14, 512)	4608
conv_dw_10_bn (BatchNormaliz	(None, 14, 14, 512)	2048
conv_dw_10_relu (ReLU)	(None, 14, 14, 512)	0
conv_pw_10 (Conv2D)	(None, 14, 14, 512)	262144
conv_pw_10_bn (BatchNormaliz	(None, 14, 14, 512)	2048
conv_pw_10_relu (ReLU)	(None, 14, 14, 512)	0
conv_dw_11 (DepthwiseConv2D)	(None, 14, 14, 512)	4608
conv_dw_11_bn (BatchNormaliz	(None, 14, 14, 512)	2048
conv_dw_11_relu (ReLU)	(None, 14, 14, 512)	0
conv_pw_11 (Conv2D)	(None, 14, 14, 512)	262144
conv_pw_11_bn (BatchNormaliz	(None, 14, 14, 512)	2048
conv_pw_11_relu (ReLU)	(None, 14, 14, 512)	0
conv_pad_12 (ZeroPadding2D)	(None, 15, 15, 512)	0
conv_dw_12 (DepthwiseConv2D)	(None, 7, 7, 512)	4608
conv_dw_12_bn (BatchNormaliz	(None, 7, 7, 512)	2048
conv_dw_12_relu (ReLU)	(None, 7, 7, 512)	0
conv_pw_12 (Conv2D)	(None, 7, 7, 1024)	524288
conv_pw_12_bn (BatchNormaliz	(None, 7, 7, 1024)	4096
conv_pw_12_relu (ReLU)	(None, 7, 7, 1024)	0
conv_dw_13 (DepthwiseConv2D)	(None, 7, 7, 1024)	9216
conv_dw_13_bn (BatchNormaliz	(None, 7, 7, 1024)	4096
conv_dw_13_relu (ReLU)	(None, 7, 7, 1024)	0
conv_pw_13 (Conv2D)	(None, 7, 7, 1024)	1048576
conv_pw_13_bn (BatchNormaliz	(None, 7, 7, 1024)	4096
conv_pw_13_relu (ReLU)	(None, 7, 7, 1024)	0

c)

conv2d_1 (Conv2D)	(None, 3, 3, 1024)	26215424
global_average_pooling2d_2 (	(None, 1024)	0
dense_1 (Dense)	(None, 4096)	4198400
dropout_1 (Dropout)	(None, 4096)	0
dense_2 (Dense)	(None, 1024)	4195328
dropout_2 (Dropout)	(None, 1024)	0
dense_3 (Dense)	(None, 3)	3075

```
Total params: 37,841,091
Trainable params: 36,743,683
Non-trainable params: 1,097,408
```

d)

图 7-16　（续）

【例 7-16】数据图像增强函数。

新的数据集共有 1504 张图像，1192 张训练数据和 312 张测试数据分别存放在 train_Img 和 test_Img 文件夹中，每个文件夹中分别有 3 个子文件夹，分别对应 3 个动植物种类。对于数量不够充分的数据集来说，可以使用 Keras 中图像增强函数来增强数据集，有利于提高模型的准确率。图像增强函数语句如下：

```
from keras.preprocessing.image import ImageDataGenerator
ImageDataGenerator(
    featurewise_center=False,    #布尔值，对输入数据去中心化（均值为0），按feature执行
```

```
    samplewise_center=False,     #布尔值，使输入数据的每个样本均值为0
    featurewise_std_normalization=False,  #布尔值，将输入除以数据集的标准差以完成标准化，
按feature执行
    samplewise_std_normalization=False,   #布尔值，将输入的每个样本除以其自身的标准差
    zca_whitening=False,       #布尔值，对输入数据施加ZCA白化
    zca_epsilon=1e-6,          #ZCA使用的epsilon，默认为1e-6
    rotation_range=0.,         #整数，数据提升时图像随机转动的角度
    width_shift_range=0.,      #浮点数，图像宽度的某个比例，数据提升时图像水平偏移的幅度
    height_shift_range=0.,     #浮点数，图像高度的某个比例，数据提升时图像竖直偏移的幅度
    shear_range=0.,            #浮点数，剪切强度（逆时针方向的剪切变换角度）
    zoom_range=0.,    #浮点数或形如[lower,upper]的列表，随机缩放的幅度，若为浮点数，则相当
于[lower,upper] = [1 - zoom_range, 1+zoom_range]
    channel_shift_range=0.,    #浮点数，随机通道偏移的幅度
    fill_mode='nearest',       # 'constant' 'nearest' 'reflect'或'wrap'之一，当进行
变换时，超出边界的点将根据本参数给定的方法进行处理
    cval=0.,                   #浮点数或整数，当fill_mode=constant时，指定要向超出边界的点填充的值
    horizontal_flip=False,     #布尔值，进行随机水平翻转
    vertical_flip=False,       #布尔值，进行随机竖直翻转
    rescale=None,              #重放缩因子，默认为None，如果为None或0则不进行放缩，否则会将该
数值乘到数据上(在应用其他变换之前)
    preprocessing_function=None,  #该函数将在图像缩放和数据提升之后运行。该函数接受一个参
数，为一张图像（秩为3的numpy array），并且输出一个具有相同shape的numpy array
data_format=K.image_data_format()) #字符串，"channel_first"或"channel_last"之一
```

实现从文件夹中提取图像，语句如下：

```
flow_from_directory(self,
directory, #目标目录的路径，每个类应该包含一个子目录
target_size=(256, 256), #整数元组 (height, width)，默认: (256, 256)，为所有的图像将被
调整到的尺寸
color_mode='rgb',      #"grayscale"或"rgb" 之一，默认为"rgb"
classes=None,          #可选的类的子目录列表，默认为None
class_mode='categorical',  #"categorical" "binary" "sparse" "input" 或 None 之一，
默认为"categorical"，为决定返回的标签数组的类型
batch_size=32,         #一批数据的大小（默认为32）
shuffle=True,          #是否混洗数据（默认为True）
seed=None,             #可选随机种子，用于混洗和转换
save_to_dir=None,      #None或字符串（默认为None）
save_prefix='',        #字符串，保存图像的文件名前缀（仅当 save_to_dir 设置时可用）
save_format='jpeg',    #"png"或"jpeg" 之一（仅当 save_to_dir 设置时可用）
follow_links=False     #是否跟踪类子目录中的符号链接（默认为 False）
)
```

【例 7-17】获取新数据集。

```
#导入图像增强函数
from keras.preprocessing.image import ImageDataGenerator
#训练数据路径和测试数据路径
train_path = './train_Img/'
test_path  = './test_Img/'
#从文件夹中提取图像，并对图像做增强处理
```

```
train_batches = ImageDataGenerator(rescale = 1./255).flow_from_directory(train_
path, target_size = (224, 224), batch_size = 10)
test_batches = ImageDataGenerator(rescale = 1./255).flow_from_directory(test_
path, target_size = (224, 224),batch_size = 5)
#打印训练数据每个类别及对应标签
print(train_batches.class_indices)
#打印测试数据每个类别及对应标签
print(test_batches.class_indices)
#计算step_size_train：训练数据总量除以批次
step_size_train = train_batches.n//train_batches.batch_size
```

类别与对应标签如图 7-17 所示。训练数据共 1192 个，测试数据共 312 个，每个数据集都分为 3 类，分别为 bird、fish 和 flower。类别 bird 对应标签 0，类别 fish 对应标签 1，类别 flower 对应标签 2。

```
Found 1192 images belonging to 3 classes.
Found 312 images belonging to 3 classes.
{'bird': 0, 'fish': 1, 'flower': 2}
{'bird': 0, 'fish': 1, 'flower': 2}
```

图 7-17　类别与对应标签

【例 7-18】对 classifier 进行编译与训练。

为了节省内存，在训练网络模型时通常使用 Keras 中的 fit_generator() 函数，这样就避免了在训练阶段一次性将所有数据送入内存而导致的存储空间不够的情况。

```
fit_generator(self,
          generator, #生成器函数，生成器将在数据集上无限循环。每个epoch以经过模型的样本数
达到samples_per_epoch时，记一个epoch结束
          steps_per_epoch=None, #整数，当生成器返回steps_per_epoch次数据时计一个epoch
结束，执行下一个epoch
          epochs=1,        #整数，数据迭代的轮数
          verbose=1,        #日志显示，0为不在标准输出流输出日志信息，1为输出进度条记录，2
为每个epoch输出一行记录
          callbacks=None, #回调函数
          validation_data=None,  #验证集
          validation_steps=None, #当验证集为生成器时，该参数指定验证集的生成器返回次数
          class_weight=None, #规定类别权重的字典，将类别映射为权重
          max_queue_size=10, #生成器队列的最大容量
          workers=1,          #最大进程数在使用基于进程的线程时，最多需要启动的进程数量
          use_multiprocessing=False, #布尔值，当为True时，使用基于过程的线程
          shuffle=True,            #是否混洗数据（默认为True）
          initial_epoch=0          #从该参数指定的epoch开始训练
)
```

对 classifier 模型进行编译与训练。程序如下：

```
#导入Adam算法
from keras.optimizers import Adam
#设置Adam学习率为0.0001
```

```
optimizer=Adam(lr=0.0001)
#对classifier网络模型进行编译，优化算法选择Adma，损失函数选择交叉熵函数，以准确率作为评估标准
classifier.compile(optimizer=optimizer, loss="categorical_crossentropy",
metrics=["accuracy"])
#对classifier网络模型进行训练
history = classifier.fit_generator(generator=train_batches, #生成器为train_batches
            epochs=5,   #设置epochs数值
            steps_per_epoch=step_size_train,#设置每个epoch结束时的次数
            validation_steps=5,              #验证集返回次数为5
            validation_data=test_batches,    #验证集为test_batches生成器
            verbose=1 #显示进度条
            )
```

训练过程如图 7-18 所示。整个训练过程一共有 5 个时期（epoch），每次迭代结束，显示本次迭代所用的时间、训练误差（loss）、训练准确率（acc）、验证误差（val_loss）、验证准确率（val_acc）。

```
Epoch 1/5
119/119 [==============================] - 142s 1s/step - loss: 0.7268
- acc: 0.7546 - val_loss: 0.7891 - val_acc: 0.7200
Epoch 2/5
119/119 [==============================] - 139s 1s/step - loss: 0.3122
- acc: 0.9051 - val_loss: 0.7371 - val_acc: 0.8400
Epoch 3/5
119/119 [==============================] - 137s 1s/step - loss: 0.1950
- acc: 0.9269 - val_loss: 0.5675 - val_acc: 0.8000
Epoch 4/5
119/119 [==============================] - 135s 1s/step - loss: 0.1674
- acc: 0.9496 - val_loss: 0.0675 - val_acc: 0.9600
Epoch 5/5
119/119 [==============================] - 134s 1s/step - loss: 0.1775
- acc: 0.9454 - val_loss: 0.1558 - val_acc: 0.9200
```

图 7-18　训练过程

【例 7-19】画出 classifier 训练过程随时期（epoch）变化的曲线。

```
import matplotlib.pyplot as plt
#定义绘制训练过程变化曲线函数
def plot_training_history(history):
    #将训练过程的训练准确率赋值给acc
    acc = history.history['acc']
    #将训练过程的训练误差赋值给loss
    loss = history.history['loss']
    #将训练过程的验证准确率赋值给val_acc
    val_acc = history.history['val_acc']
    #将训练过程的验证误差赋值给val_loss
    val_loss = history.history['val_loss']
    #在同一坐标下画出训练准确率和验证准确率变化曲线图
    #训练准确率变化曲线: '-'表示实线, 'b'表示蓝色, 标签为Training Acc.
    plt.plot(acc, linestyle='-', color='b', label='Training Acc.')
    #验证准确率变化曲线: '--'表示虚线, 'r'表示红色, 标签为Test Acc.
    plt.plot(val_acc, linestyle='--', color='r', label='Test Acc.')
    #图片标题Training and Test Accuracy
    plt.title('Training and Test Accuracy')
    #x轴为epoch
```

```
    plt.xlabel('epoch')
    #y轴为train
    plt.ylabel('train')
    #显示标签
    plt.legend()
    #开始绘图
    plt.show()
    #训练误差变化曲线: '-'表示实线, 'b'表示蓝色，标签为Training Loss
    plt.plot(loss, '-', color='b', label='Training Loss')
    #验证误差变化曲线: '--'表示破折线, 'r'表示红色，标签为Test Loss
    plt.plot(val_loss, '--', color='r', label='Test Loss')
    #图片标题Training and Test Loss
    plt.title('Training and Test Loss')
    #显示标签
    plt.legend()
    #x轴为epoch
    plt.xlabel('epoch')
    #y轴为train
    plt.ylabel('train')
    #开始绘图
    plt.show()
#调用plot_training_history()函数，输入参数history
plot_training_history(history)
```

准确率变化曲线如图 7-19 所示。经过 4 次迭代，训练准确率变化曲线不断上升，验证准确率变化曲线在 0.7 到 0.95 范围内有所波动；随着迭代次数的继续增加，准确率变化曲线将会更加趋于稳定。

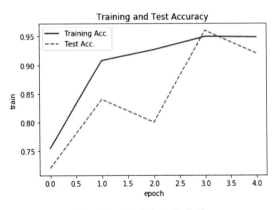

图 7-19　准确率变化曲线

误差变化曲线如图 7-20 所示。经过 4 次迭代，训练误差不断减小，验证误差在 0.1 到 0.8 之间有所波动。随着迭代次数的增加，训练误差和验证误差将会更加趋于收敛。

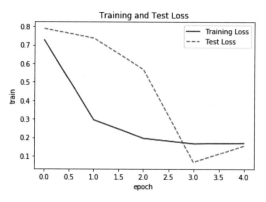

图 7-20　误差变化曲线

　　将基于 ImageNet 预训练完毕的 MobileNet 模型通过微调的思想迁移到新的网络模型中，用新的全连接层代替 MobileNet 模型的顶层，保留一定数量的参数，基于新的数据集训练余下参数，通过这种方式使得新网络模型在减少训练时间的同时，提高了泛化能力。

7.5　简单卷积网络实现迁移学习

　　在前 3 节中介绍了如何基于微调的方法将基于 ImageNet 预训练完毕的网络模型迁移到新的网络模型中，并解决新的数据集分类问题。事实上，迁移学习的方式有很多，不只局限于微调的思想。本节将介绍如何使用 MNIST 数据集实现简单卷积网络的迁移学习。

　　简单卷积网络实现迁移学习的主要思路是，将 MNIST 数据集分为两部分，一部分用来训练卷积网络的特征提取层，即卷积层；另一部分用来训练卷积网络的全连接层。

　　【例 7-20】搭建简单的卷积网络。

```
from keras.models import Sequential
from keras.layers import Dense, Dropout, Activation, Flatten
from keras.layers import Conv2D, MaxPooling2D
filters = 32  #卷积核个数
pool_size = 2 #池化窗口大小
kernel_size = 3 #卷积核大小
img_rows, img_cols = 28, 28
#输入数据形状为28×28×1
input_shape = (img_rows, img_cols, 1)
#搭建特征提取层
feature_layers = [
    #搭建卷积层，输入参数：卷积核个数、卷积核大小、像素填充方式、输入数据
    Conv2D(filters, kernel_size,
           padding='valid',
           input_shape=input_shape),
    #激活函数选择Relu函数
```

```
    Activation('relu'),
    #搭建卷积层，输入参数：卷积核个数、卷积核大小
    Conv2D(filters, kernel_size),
    #激活函数选择Relu函数
    Activation('relu'),
    #搭建最大池化层
    MaxPooling2D(pool_size=pool_size),
    #Dropout设置为0.25
    Dropout(0.25),
    #搭建平坦层
    Flatten(),
]
#搭建特征分类层
classification_layers = [
    #搭建全连接层，该层神经元个数为128
    Dense(128),
    #激活函数选择Relu函数
    Activation('relu'),
    #Dropout设置为0.5
    Dropout(0.5),
    #搭建输出层，神经元个数为3
    Dense(num_classes),
    #激活函数选择softmax函数
    Activation('softmax')
]
#采用序贯式创建模型model：将特征提取层与特征分类层组合在一起
model = Sequential(feature_layers + classification_layers)
#查看模型摘要
model.summary()
```

网络模型摘要如图 7-21 所示。从第 2 列可以看出每层网络层的输出形状，从第 3 列可以看出每层网络层所需要训练的参数个数。该网络模型一共有 600 165 个参数，其中需要训练的参数为 600 165 个，此时还未固定网络层的参数，所以不可训练的参数为 0 个。

```
Layer (type)                    Output Shape          Param #
=================================================================
conv2d_1 (Conv2D)               (None, 26, 26, 32)    320
activation_1 (Activation)       (None, 26, 26, 32)    0
conv2d_2 (Conv2D)               (None, 24, 24, 32)    9248
activation_2 (Activation)       (None, 24, 24, 32)    0
max_pooling2d_1 (MaxPooling2    (None, 12, 12, 32)    0
dropout_1 (Dropout)             (None, 12, 12, 32)    0
flatten_1 (Flatten)             (None, 4608)          0
dense_1 (Dense)                 (None, 128)           589952
activation_3 (Activation)       (None, 128)           0
dropout_2 (Dropout)             (None, 128)           0
dense_2 (Dense)                 (None, 5)             645
activation_4 (Activation)       (None, 5)             0
=================================================================
Total params: 600,165
Trainable params: 600,165
Non-trainable params: 0
```

图 7-21　网络模型摘要

【例 7-21】将数据集分为两部分。

```
from keras.datasets import mnist
(x_train, y_train), (x_test, y_test) = mnist.load_data()
#MNIST数据集的标签为0~9，将标签0~4分为第1组，包括训练集和测试集
x_train_lt5 = x_train[y_train < 5]
y_train_lt5 = y_train[y_train < 5]
x_test_lt5 = x_test[y_test < 5]
y_test_lt5 = y_test[y_test < 5]
#将标签5~9分为第2组，包括训练集和测试集
x_train_gte5 = x_train[y_train >= 5]
y_train_gte5 = y_train[y_train >= 5] - 5
x_test_gte5 = x_test[y_test >= 5]
y_test_gte5 = y_test[y_test >= 5] - 5
```

【例 7-22】定义简单卷积网络模型的训练与测试集评估函数。

```
#导入to_categorical，为标签编码转换做准备
from keras.utils.np_utils import to_categorical
#导入时间模块
import datetime
#读取系统本地的时间
now = datetime.datetime.now
batch_size = 128
num_classes = 5
epochs = 5
#定义训练函数，输入参数：模型、训练集、测试集、分类数目
def train_model(model, train, test, num_classes):
    #分别对训练数据和测试数据做形状变换
    x_train = train[0].reshape((train[0].shape[0],) + input_shape)
    x_test = test[0].reshape((test[0].shape[0],) + input_shape)
    #分别对训练数据和测试数据做浮点型转换
    x_train = x_train.astype('float32')
    x_test = x_test.astype('float32')
    #分别对训练数据和测试数据做归一化转换
    x_train /= 255
    x_test /= 255
    #打印训练数据形状
    print('x_train shape:', x_train.shape)
    #打印训练数据个数
    print(x_train.shape[0], 'train samples')
    #打印测试数据个数
    print(x_test.shape[0], 'test samples')
    #分别对训练标签和测试标签做one-hot编码转换
    y_train =to_categorical(train[1], num_classes)
    y_test =to_categorical(test[1], num_classes)
    #对模型进行编译
    model.compile(loss='categorical_crossentropy',
                optimizer='adadelta',
                metrics=['accuracy'])
    #对训练过程开始计时
```

```
t = now()
#对模型进行训练，训练过程存储在Training中
Training=model.fit(x_train, y_train,   #输入数据和标签
          batch_size=batch_size,      #设置batch_size
          epochs=epochs,              #设置epochs
          verbose=1,                  #显示进度条
          validation_split=0.2)       #验证集比例为0.2
#打印训练时间
print('Training time: %s' % (now() - t))
#用测试集评估网络模型
score = model.evaluate(x_test, y_test, verbose=0)
#打印测试集评估的误差
print('Test score:', score[0])
#打印测试集评估的准确率
print('Test accuracy:', score[1])
#该函数返回值为Training训练过程，为后续绘制训练过程变化曲线做准备
return Training
```

【例 7-23】 对简单卷积网络模型进行训练。

```
#第1次调用train_model()函数，用第1组数据训练和评估网络模型，使特征提取层得到训练，第1次训练过
程存储在history1中
history1=train_model(model, (x_train_lt5, y_train_lt5),(x_test_lt5, y_test_lt5),
num_classes)
#固定特征提取层的参数，使其不参与后续训练
for l in feature_layers:
    l.trainable = False
#再次查看网络模型
model.summary()
#第2次调用train_model()函数，用第2组数据训练和评估特征分类层；第2次训练过程存储在history中
history=train_model(model,(x_train_gte5, y_train_gte5),(x_test_gte5, y_test_
gte5), num_classes)
```

第 1 次调用 train_model() 函数，训练数据集形状，训练集数据个数和测试集数据个数运行结果如图 7-22 所示。第 1 组数据集中，训练集形状为 $30596 \times 28 \times 28 \times 1$，训练集数据个数为 30 586 个，测试集数据个数为 5139。

```
x_train shape: (30596, 28, 28, 1)
30596 train samples
5139 test samples
```

图 7-22　各数据集项数

第 1 次训练过程如图 7-23 所示。整个训练过程一共有 5 个时期（epoch），训练集数据依照 20% 的比例划分出验证集，训练数据有 24 476 个，验证数据有 6120 个。每次迭代结束，显示本次迭代所用的时间、训练误差（loss）、训练准确率（acc）、验证误差（val_loss）、验证准确率（val_acc）。第 1 次训练时间约为 52 秒，测试集评估该网络模型，误差约为 0.011，准确率约为 0.996。

第 1 次训练结束后，固定卷积网络中的特征提取层的参数，使其不参与后续训练，再次查看网络模型摘要。

```
Train on 24476 samples, validate on 6120 samples
Epoch 1/5
24476/24476 [==============================] - 11s 453us/step - loss: 0.1944 - acc: 0.9392 -
val_loss: 0.0412 - val_acc: 0.9881
Epoch 2/5
24476/24476 [==============================] - 10s 414us/step - loss: 0.0556 - acc: 0.9838 -
val_loss: 0.0372 - val_acc: 0.9881
Epoch 3/5
24476/24476 [==============================] - 10s 413us/step - loss: 0.0369 - acc: 0.9888 -
val_loss: 0.0206 - val_acc: 0.9940
Epoch 4/5
24476/24476 [==============================] - 10s 414us/step - loss: 0.0287 - acc: 0.9911 -
val_loss: 0.0226 - val_acc: 0.9925
Epoch 5/5
24476/24476 [==============================] - 10s 417us/step - loss: 0.0246 - acc: 0.9929 -
val_loss: 0.0184 - val_acc: 0.9948
Training time: 0:00:52.116031
Test score: 0.011018403099150875
Test accuracy: 0.9961081922553026
```

图 7-23　第一次训练过程

　　固定参数模型摘要如图 7-24 所示。网络结构相比于第 1 次网络模型摘要没有发生变化，特征提取层参数（即卷积层参数和）为 320+9248，共有 9568 个参数。特征提取层被固定后，这些参数不再参与训练。从运行结果最后的参数量中可以看出，总参数个数仍为 609 733，但可训练参数减少到 600 165，不可训练参数增加到 9568。

```
Layer (type)                 Output Shape              Param #
=================================================================
conv2d_1 (Conv2D)            (None, 26, 26, 32)        320
activation_1 (Activation)    (None, 26, 26, 32)        0
conv2d_2 (Conv2D)            (None, 24, 24, 32)        9248
activation_2 (Activation)    (None, 24, 24, 32)        0
max_pooling2d_1 (MaxPooling2 (None, 12, 12, 32)        0
dropout_1 (Dropout)          (None, 12, 12, 32)        0
flatten_1 (Flatten)          (None, 4608)              0
dense_1 (Dense)              (None, 128)               589952
activation_3 (Activation)    (None, 128)               0
dropout_2 (Dropout)          (None, 128)               0
dense_2 (Dense)              (None, 5)                 645
activation_4 (Activation)    (None, 5)                 0
=================================================================
Total params: 609,733
Trainable params: 600,165
Non-trainable params: 9,568
```

图 7-24　固定参数模型摘要

　　第 2 次训练过程如图 7-25 所示。在第 2 组数据集中，训练集形状为 29 404 × 28 × 28 × 1，训练数据个数为 29 404，测试数据个数为 4861。整个训练过程一共有 5 个时期（epoch），训练集数据依照 20% 的比例划分出验证集，训练数据有 23 523 个，验证数据有 5881 个。每次迭代结束，显示本次迭代所用的时间、训练误差（loss）、训练准确率（acc）、验证误差（val_loss）、验证准确率（val_acc）。第 2 次训练时间相比第 1 次训练时间有所减少，约为 18 秒，测试集评估该网络模型，误差约为 0.026，准确率约为 0.99。

```
x_train shape: (29404, 28, 28, 1)
29404 train samples
4861 test samples
D:\anaconda\lib\site-packages\keras\engine\training.py:490: UserWarning: Discrepancy between
trainable weights and collected trainable weights, did you set `model.trainable` without
calling `model.compile` after ?
  'Discrepancy between trainable weights and collected trainable'
Train on 23523 samples, validate on 5881 samples
Epoch 1/5
23523/23523 [==============================] - 4s 166us/step - loss: 0.2678 - acc: 0.9237 -
val_loss: 0.0671 - val_acc: 0.9801
Epoch 2/5
23523/23523 [==============================] - 4s 155us/step - loss: 0.0782 - acc: 0.9756 -
val_loss: 0.0505 - val_acc: 0.9838
Epoch 3/5
23523/23523 [==============================] - 4s 154us/step - loss: 0.0608 - acc: 0.9811 -
val_loss: 0.0471 - val_acc: 0.9859
Epoch 4/5
23523/23523 [==============================] - 4s 154us/step - loss: 0.0497 - acc: 0.9841 -
val_loss: 0.0459 - val_acc: 0.9874
Epoch 5/5
23523/23523 [==============================] - 4s 156us/step - loss: 0.0434 - acc: 0.9862 -
val_loss: 0.0420 - val_acc: 0.9879
Training time: 0:00:18.706395
Test score: 0.026695826834831096
Test accuracy: 0.9909483644236903
```

图 7-25　第 2 次训练过程

【例 7-24】卷积网络模型可视化。

```
from keras.utils.vis_utils import plot_model
#调用plot_model()函数, 输入参数: 网络模型, 存储文件名称
plot_model(model=model, to_file='model_cnntransfer.png',show_shapes=True)
```

卷积网络模型可视化图如图 7-26 所示。从该可视化图中可以清楚地看到依据上述步骤所搭建的网络模型结构, 以及每层网络的输入形状和输出形状。

【例 7-25】画出卷积网络模型训练过程随时期（epoch）变化的曲线。

```
import matplotlib.pyplot as plt
#定义绘制训练过程变化曲线函数
def plot_training_history(history):
    #将训练过程的训练准确率赋值给acc
    acc = history.history['acc']
    #将训练过程的训练误差赋值给loss
    loss = history.history['loss']
    #将训练过程的验证准确率赋值给val_acc
    val_acc = history.history['val_acc']
    #将训练过程的验证误差赋值给val_loss
    val_loss = history.history['val_loss']
    #在同一坐标下画出训练准确率和验证准确率变化曲线图
    #训练准确率变化曲线: '-'表示实线, 'b'表示蓝色, 标签为Training Acc.
    plt.plot(acc, linestyle='-', color='b', label='Training Acc.')
    #验证准确率变化曲线: '--'表示虚线, 'r'表示红色, 标签为Validation Acc.
    plt.plot(val_acc, linestyle='--', color='r', label=' Validation Acc.')
    #图片标题为Training and Test Accuracy
    plt.title('Training and Validation Accuracy')
    #显示标签
    plt.legend()
    #开始绘图
    plt.show()
    #训练误差变化曲线: '-'表示实线, 'b'表示蓝色, 标签为Training Loss
```

```
    plt.plot(loss, '-', color='b', label='Training Loss')
    #验证误差变化曲线：'--'表示虚线，'r'表示红色，标签为Validation Loss
    plt.plot(val_loss, '--', color='r', label='Validation Loss')
    #图片标题为Training and Validation Loss
    plt.title('Training and Validation Loss')
    #显示标签
    plt.legend()
    #开始绘图
    plt.show()
#调用plot_training_history()函数，输入参数history1
plot_training_history(history1)
plot_training_history(history)
```

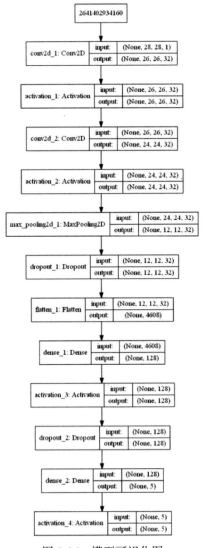

图 7-26　模型可视化图

输入参数 history1，即第 1 次训练过程，第 1 次训练过程中准确率变化曲线如图 7-27 所示。经过 4 次迭代，训练准确率不断上升，验证准确率也不断上升，并且二者都趋于稳定。

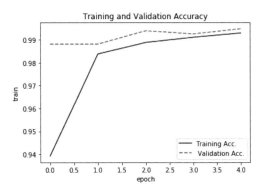

图 7-27　第 1 次训练过程准确率变化曲线

第 1 次训练过程中误差变化曲线如图 7-28 所示。经过 4 次迭代，训练误差不断下降，验证误差也不断下降，并且二者都趋于收敛。

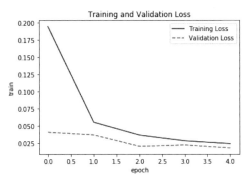

图 7-28　第 1 次训练过程误差变化曲线

输入参数 history，即第 2 次训练过程，第 2 次训练过程中准确率变化曲线如图 7-29 所示。随着迭代次数的增加，训练准确率和验证准确率都不断上升，并趋于稳定。

第 2 次训练过程中误差变化曲线运行结果如图 7-30 所示。随着迭代次数的增加，训练误差和验证误差都不断降低，进而达到收敛。

本节介绍了另一种实现简单卷积网络迁移学习的思路：将 MNIST 数据集分为两部分，一部分用来训练卷积网络的特征提取层，即卷积层，使得特征提取层获得学习通用特征的能力；另一部分用来训练卷积网络的全连接层，学习图像数据特定的特征。从训练过程变化曲线可以看出，通过这种迁移方式进行学习的简单卷积网络有着良好的泛化能力，且训练时间较短。

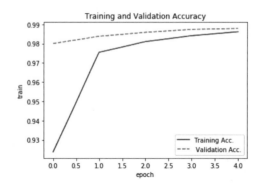

图 7-29　第 2 次训练过程准确率变化曲线

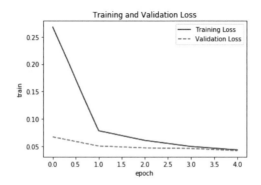

图 7-30　第 2 次训练过程误差变化曲线

7.6　思考与练习

1. 概念题

1）简述迁移学习的思想。

2）简述微调的思想。

3）总结在训练阶段，为提高网络训练精度，可从哪几方面进行调节和改进？

2. 操作题

1）对于由 Xception 迁移学习得到的 xception_model，尝试固定其不同层数的网络层参数，观察对训练结果的影响。

2）对于由 MobileNet 迁移学习得到的 classifier，实现其模型可视化。

3）对于简单卷积网络实现迁移学习，尝试改变训练特征提取层和训练全连接层各自所需要的数据量，观察对网络模型性能的影响。

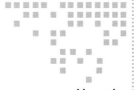

第 8 章 *Chapter 8*

循环神经网络

在之前的章节中介绍了一些传统的神经网络，如多层感知器、卷积神经网络及卷积神经网络中经典的网络模型等。这些传统的神经网络结构只是在层与层之间进行连接，每层的神经元之间并没有连接，这种连接方式使得传统的神经网络在图像分类领域经过训练可以有较好的性能，但对于序列问题的处理是非常低效的。传统的神经网络往往存在过多的参数，并且无法利用数据中的序列信息，如时间序列信息、文本数据中的语义信息等。因此处理序列问题将用到另一种网络结构，即循环神经网络（Recurrent Neural Network，RNN）。一个序列当前的输出与之前的输出有关，而在循环神经网络的 V 结构中，不仅隐藏层之间的神经元相互连接，而且隐藏层中的神经元也相互连接，因此隐藏层的当前时刻输入不仅包括上一层网络层的输出，还包括上一时刻隐藏层的输出，这样的网络结构使得循环神经网络可以记忆之前时刻的信息，并将其应用到当前输出的计算中。

8.1 循环神经网络概述

循环神经网络（RNN）主要用于处理和预测序列数据，其基本原理是将神经元的输出再接回神经元的输入，使得神经网络具有"记忆"功能，其结构如图 8-1 所示。X 是循环神经网络的输入；O 是循环神经网络的输出；U、V、W 分别为该神经网络的参数；S 代表隐藏状态。

以时间点展开该神经网络模型，得到循环神经网络的具体结构，如图 8-2 所示。图中一共有 3 个时间点，分别为 $t-1$、t、$t+1$。其中，X_t 表示 t 时刻神经网络的输入；O_t 表示 t 时刻神经网络的输出；U、V、W

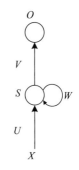

图 8-1 循环神经
网络结构图

分别为该神经网络的参数，参数 U 为输入 X 的权重矩阵，参数 V 为输出时的权重矩阵；参数 W 为本时刻（如 t 时刻）状态输入时的权重矩阵，即上一时刻（t–1 时刻）状态 S_{t-1} 作为 t 时刻状态输入的权重矩阵。

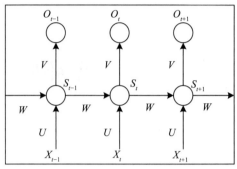

图 8-2　RNN 按时间点展开结构图

以 t 时刻为例，循环神经网络的输出层计算公式如式（8.1）所示，其中 g 为激活函数，V 为输出时的权重矩阵，S_t 为 t 时刻隐藏状态。隐藏层计算公式如式（8.2）所示，其中 f 为激活函数，t 时刻隐藏状态 S_t 由两部分组成，即 t 时刻的输入 X_t 和上一时刻 $t-1$ 的隐藏状态 S_{t-1}，U、W 分别为输入 X 的权重矩阵上一时刻（即 $t-1$ 时刻）状态 S_{t-1} 作为 t 时刻状态输入的权重矩阵。

$$O_t = g(VS_t) \tag{8.1}$$

$$S_t = f(UX_t + WS_{t-1}) \tag{8.2}$$

在循环神经网络中，前向传播是依次按照时间的顺序进行计算的，而反向传播则是从最后一个时间点将累积的残差传递回来。针对循环层的反向传播算法称为沿时间反向传播算法（BPTT），主要包含 4 个步骤：

1）通过前向传播计算神经元的输出值。

2）反向计算每个神经元的误差，一方面沿时间反向传播，计算每时刻的误差；另一方面将误差向上一层传播。

3）根据相应的误差，计算每个权重的梯度。

4）利用梯度下降后的误差反向传播进行权重的更新。

8.2　长短期记忆网络

循环神经网络（RNN）在训练阶段存在长期依赖的问题，即当时间间隔不断增大时，简单的 RNN 可能无法学习连接到距离较远的信息。针对 RNN 长期依赖的问题，存在一种特殊的循环神经网络，即长短期记忆网络（Long Short Term Memory，LSTM）。

8.2.1　LSTM 前向传播

LSTM 的网络结构比简单 RNN 的网络结构更复杂，是一个拥有 3 个门结构的特殊网络结构，其网络结构按时间点展开如图 8-3 所示。相比简单的 RNN，LSTM 多了一个长期状态 C，可以看出每个时刻的 LSTM 网络共有 3 个输入，2 个输出。以 t 时刻为例，3 个输入分别为当前时刻的输入 X_t，上一时刻 LSTM 网络的输出值 H_{t-1} 和上一时刻的状态 C_{t-1}；两个输出分别为当前时刻 LSTM 网络的输出 H_t 和当前时刻的状态 C_t。

以 t 时刻为例，LSTM 网络内部具体结构如图 8-3 所示。

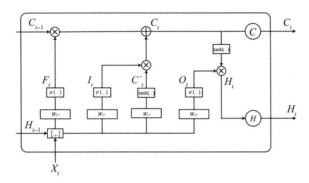

图 8-3　LSTM 按时间点展开网络结构图

LSTM 的 3 个门结构分别为遗忘门 F_t、输入门 I_t 和输出门 O_t。遗忘门 F_t 决定哪些信息要从状态 C 中删除，输入门 I_t 决定哪些信息要被增加到状态 C 中，输出门 O_t 决定哪些信息从状态 C 中输出。具体运算过程如下：

$$F_t = \sigma(W_f \cdot [H_{t-1}, X_t] + b_f) \tag{8.3}$$

$$I_t = \sigma(W_i \cdot [H_{t-1}, X_t] + b_i) \tag{8.4}$$

$$O_t = \sigma(W_o \cdot [H_{t-1}, X_t] + b_o) \tag{8.5}$$

其中，$\sigma(.)$ 为激活函数 sigmoid，$\boldsymbol{W}_f$ 为遗忘门的权重矩阵，b_f 为遗忘门的偏置项；$\boldsymbol{W}_i$ 为输入门的权重矩阵，b_i 为输入门的偏置项；$\boldsymbol{W}_o$ 为输出门的权重矩阵，b_o 为输出门的偏置项；$[H_{t-1}, X_t]$ 为上一时刻网络输出 H_{t-1} 和本时刻网络输入 X_t 拼接而成的向量。

当前时刻状态 C_t 计算公式如下：

$$C_t = F_t \cdot C_{t-1} + I_t \cdot C'_t \tag{8.6}$$

其中，C'_t 为当前时刻输入时的状态，计算公式如下：

$$C_t' = \tanh(W_c \cdot [H_{t-1}, X_t] + b_c) \tag{8.7}$$

LSTM 的输出 H_t 计算公式如下：

$$H_t = O_t \cdot \tanh(C_t) \tag{8.8}$$

8.2.2 LSTM 反向传播

LSTM 的反向传播算法仍然是沿时间反向传播算法 BPTT，与 RNN 的反向传播步骤非常相似。主要步骤如下：

1）通过前向传播计算每个神经元的输出值，例如 F_t、I_t、O_t、C_t 和 H_t。

2）反向计算每个神经元的误差，一方面沿时间反向传播，计算每时刻的误差；另一方面将误差向上一层传播。

3）根据相应的误差，计算每个权重的梯度。

4）利用梯度下降后的误差反向传播进行权重的更新。

8.3 Reuters 数据集

本节将介绍如何分别使用 RNN 和 LSTM 实现文本数据集的分类。在 Keras 的常用数据库中，图像类数据集已经较为熟悉，如 CIFAR10 数据集、MNIST 数据集；在文本类数据集中，有二分类的 IMDB 影评倾向数据集、多分类的 Reuters 路透社数据集等。在本节内容中将主要介绍路透社数据集 Reuters。

8.3.1 Reuters 数据集概述

Reuters 数据集包含来自路透社的 11 228 条新闻，分为 46 个主题。新闻内容已经被预处理为由词下标构成的序列。单词的下标是根据该单词在数据集中出现的频率标定的。例如，整数 4 所编码的单词为数据集中第 4 位经常出现的单词。按照惯例，0 不代表任何特定的词，而用来编码任何未知的单词。在 Keras 中下载 Reuters 数据集程序如下：

```
from keras.datasets import reuters
  (X_train, Y_train), (X_test,Y_test) = reuters.load_data(path="reuters.npz",  #如
果在本机上已有此数据集（位于'~/.keras/datasets/'+path），则载入。否则数据将下载到该目录下
                          nb_words=None,    #整数或None，要考虑的最常见的单词数，序列中任何出现
频率更低的单词将会被编码为oov_char的值
                          skip_top=0,       #整数，忽略最常出现的若干单词，这些单词将会被编码为
                                             oov_char的值
                          maxlen=None,      #整数，最大序列长度，任何长度大于此值的序列将被截断
                          test_split=0.2,   #用于指定从原数据中分割出作为测试集的比例
                          seed=113,         #整数，用于数据重排的随机数种子
                          start_char=1,     #字符，序列的起始将以该字符标记，默认为1，因为0通常
```

|用作padding
oov_char=2,　　　#整数，因nb_words或skip_top限制而截掉的单词将被
　　　　　　　　　　该字符代替
index_from=3)　　#整数，真实的单词（而不是类似于start_char的特殊占
　　　　　　　　　　位符）将从这个下标开始

其中，X_train 和 X_test 为序列的列表，每个序列都是词下标的列表。如果指定了 nb_words，则序列中可能的最大下标为 nb_words-1；如果指定了 maxlen，则序列的最大可能长度为 maxlen。Y_train 和 Y_test 为序列的标签。

8.3.2　文本信息预处理

在将文本数据送入神经网络之前，仍需要进行数据预处理的步骤。与图像数据预处理不同，文本数据预处理首先需要将文本内容转换为数字列表；数字列表通过截长补短的方式使得每个列表长度相同；最后将数字列表转换为向量列表。文本标签的预处理仍然是通过一位有效编码（One-HotEncoding）将数字标签转换为向量标签。

【例 8-1】Reuters 数据集下载。

```
from keras.datasets import reuters
#取Reuters数据集中前10 000个经常出现的单词
top_words = 10000
#Reuters数据集下载
(X_train, Y_train), (X_test, Y_test) = reuters.load_data(num_words=top_words)
```

若本机中已有此数据集（位于 '~/.keras/datasets/'+path），则载入该数据集。若没有此数据集，数据将下载到该目录下。数据集下载界面如图 8-4 所示。

```
Using TensorFlow backend.
Downloading data from https://s3.amazonaws.com/text-datasets/reuters.npz
2113536/2110848 [==============================] - 90s 42us/step
```

图 8-4　Reuters 数据集下载界面

打印 Reuters 的训练集数据个数、训练集标签数、测试集数据个数和测试集标签数；并以 Reuters 数据集的训练集第 1 项为例，查看文本数据集的内容。程序如下：

```
#打印训练集数据个数、训练集标签数、测试集数据个数、测试集标签数
print(len(X_train))
print(len(Y_train))
print(len(X_test))
print(len(Y_test))
#打印训练集第1项数据内容和训练集第1项标签
print(X_train[0])
print(Y_train[0])
```

各数据集数据个数及数据内容运行结果如图 8-5 所示。训练集数据共 8982 个，对应训

练标签为 8982 个；测试集数据共 2246 个，对应测试标签共 2246 个。以训练集第 1 个数据为例，可以看出由 Keras 提供的文本数据已经将文本内容转换为了数字列表，训练集第 1 项对应标签为 3。

```
8982
8982
2246
2246
[1, 2, 2, 8, 43, 10, 447, 5, 25, 207, 270, 5, 3095, 111, 16, 369, 186, 90,
67, 7, 89, 5, 19, 102, 6, 19, 124, 15, 90, 67, 84, 22, 482, 26, 7, 48, 4,
49, 8, 864, 39, 209, 154, 6, 151, 6, 83, 11, 15, 22, 155, 11, 15, 7, 48, 9,
4579, 1005, 504, 6, 258, 6, 272, 11, 15, 22, 134, 44, 11, 15, 16, 8, 197,
1245, 90, 67, 52, 29, 209, 30, 32, 132, 6, 109, 15, 17, 12]
3
```

图 8-5　各数据集数据个数及数据内容运行结果

【例 8-2】查看新闻具体文本内容。

也可以将数字列表解码为文本内容，查看具体的新闻内容。程序如下：

```
#获取单词的词下标，返回值为字典，关键字为单词，值为下标
word_index = reuters.get_word_index()
#将关键字和值颠倒，将整数索引映射为单词
reverse_word_index = dict([(value, key) for (key, value) in word_index.items()])
#将数字列表解码；注意，索引减去了3，因为0、1、2是为"padding"（填充）、"start of
sequence"（序列开始）、"unknown"（未知词）分别保留的索引
decoded_review = ' '.join([reverse_word_index.get(i - 3, '?') for i in X_
train[0]])
#打印解码后的文本内容
print(decoded_review)
```

文本内容解码结果如图 8-6 所示。

```
? ? ? said as a result of its december acquisition of space co it expects
earnings per share in 1987 of 1 15 to 1 30 dlrs per share up from 70 cts in
1986 the company said pretax net should rise to nine to 10 mln dlrs from six
mln dlrs in 1986 and rental operation revenues to 19 to 22 mln dlrs from 12
5 mln dlrs it said cash flow per share this year should be 2 50 to three
dlrs reuter 3
```

图 8-6　文本内容解码结果

【例 8-3】文本数据预处理。

由于 Keras 提供的文本数据已经将文本内容转换为数字列表，所以文本预处理可以从统一数字列表长度开始。将所有数字列表的长度通过 sequence.pad_sequences() 的方式统一为 100，长度过长的列表会从第 1 个数字开始截去多余的数字，长度不够 100 的列表则从数字列表前面开始进行补 0 处理，直到长度为 100。

```
#导入sequence模块
from keras.preprocessing import sequence
#将训练数据集的数字列表长度统一为100
X_train=sequence.pad_sequences(X_train,maxlen=100)
```

```
#将测试数据集的数字列表长度统一为100
X_test=sequence.pad_sequences(X_test,maxlen=100)
#以训练集中第1项数据为例，查看统一长度后的数字列表内容
print(X_train[0])
```

以训练集第 1 项数据为例，通过数字列表统一长度处理后，如图 8-7 所示。对比图 8-5 各数据集项数及数据内容运行结果可以看出，训练集的第 1 个数字列表进行了补零处理，处理后的长度为 100。

```
[    0    0    0    0    0    0    0    0    0    0    0    0    1
     2    2    8   43   10  447    5   25  207  270    5 3095  111   16
   369  186   90   67    7   89    5   19  102    6   19  124   15   90
    67   84   22  482   26    7   48    4   49    8  864   39  209  154
     6  151    6   83   11   15   22  155   11   15    7   48    9 4579
  1005  504    6  258    6  272   11   15   22  134   44   11   15   16
     8  197 1245   90   67   52   29  209   30   32  132    6  109   15
    17   12]
```

图 8-7 统一数字列表长度

【例 8-4】将数字列表转换为向量列表。

Reuters 数据集中的新闻内容已经被预处理为由词下标构成的数字序列，单词的下标是根据该单词在数据集中出现的频率标定的。因而这些数字之间并没有语义上的联系，将文本内容处理为数字列表并不利于后续进行 46 个主题的分类。Keras 提供了一种自然语言处理技术，即词嵌入。这种技术的原理是将文本内容映射成多维几何空间的向量，语义越相近的单词，其对应的向量在多维空间中的位置也就越靠近。

如何找到理想的词嵌入空间则成为问题的关键，对于不同领域的文本内容来说，其理想的词嵌入空间应该是不同的。词嵌入空间是否理想应该取决于具体的文本分类任务，取决于具体的语义关系的重要性。因此，合理的做法应该是针对每个任务都学习一个新的词嵌入空间，通过反向传播算法找到理想的词嵌入空间。在 Keras 中，可以通过 Embedding() 层的学习，实现文本内容向量化。

```
keras.layers.Embedding (input_dim,    #整数，为字典长度
              output_dim,             #整数，全连接嵌入的维度
              embeddings_initializer='uniform',    #嵌入矩阵的初始化方法
              embeddings_regularizer=None,  #嵌入矩阵的正则项，为Regularizer对象
              activity_regularizer=None,
              embeddings_constraint=None,   #嵌入矩阵的约束项，为Constraints对象
              mask_zero=False,       #布尔值，确定是否将输入中的‘0’看作应该被忽略的‘填
                                      充’（padding）值
              input_length=None) #当输入序列的长度固定时，该值为其长度
```

【例 8-5】Reuters 数据集的标签预处理。

对于 Reuters 数据集的标签，仍然是通过一位有效编码（One-HotEncoding）进行编码转换。程序如下：

```
#Reuters数据集共有46个分类标签
nb_class=46
from keras.utils import np_utils
#将测试集的标签进行编码转换
Y_test=np_utils.to_categorical(Y_test,nb_class)
#将训练集的标签进行编码转换
Y_train=np_utils.to_categorical(Y_train,nb_class)
#以训练集第1项数据的标签为例，查看其编码后的结果
print(Y_train[0])
```

训练集第 1 项数据的标签经过一位有效编码转换后的结果如图 8-8 所示。由例 8-1 可知，训练集第 1 项数据的标签为 3，则对应标签转换后，第 1 行从 0 开始数，第 3 个位置上数值为 1，其余为 0。

```
[0. 0. 0. 1. 0. 0. 0. 0. 0. 0. 0. 0. 0. 0. 0. 0. 0. 0. 0. 0. 0. 0. 0. 0.
 0. 0. 0. 0. 0. 0. 0. 0. 0. 0. 0. 0. 0. 0. 0. 0. 0. 0. 0. 0. 0. 0.]
```

图 8-8   编码转换结果

8.4   简单 RNN 实现 Reuters 分类

Keras 提供了简单 RNN 网络框架 SimpleRNN()，在搭建 RNN 层时可直接调用。SimpleRNN() 程序如下：

```
keras.layers.recurrent.SimpleRNN( output_dim,    #内部投影和输出的维度
                   init='glorot_uniform',         #初始化方法，为预定义初始化方法名的字符串
                   inner_init='orthogonal',       #内部单元的初始化方法
                   activation='tanh',             #激活函数，为预定义的激活函数名
                   W_regularizer=None,            #施加在权重上的正则项
                   U_regularizer=None,            #施加在递归权重上的正则项
                   b_regularizer=None,            #施加在偏置向量上的正则项
                   dropout_W=0.0, #0~1的浮点数，控制输入单元到输入门的连接断开比例
                   dropout_U=0.0  #0~1的浮点数，控制输入单元到递归连接的断开比例
)
```

Reuters 数据集的预处理已经完成，接下来将在 Keras 中采用 Sequential 序贯模型搭建简单 RNN 网络模型，来完成 Reuters 数据集 46 个主题的分类任务。

【例 8-6】搭建简单 RNN 网络。

```
#导入Sequential模块
from keras.models import Sequential
#导入相关网络层模块，为后续搭建网络做准备
from keras.layers import  SimpleRNN,Dense,Dropout
#导入嵌入层Embedding
from keras.layers.embeddings import  Embedding
```

```
#开始搭建简单RNN网络
model=Sequential()
#搭建嵌入层：输入维度为top_words，即字典长度为10 000；输入长度已经统一为100，故输入长度为
100；输出维度为32
model.add(Embedding(output_dim=32,
                    input_dim=top_words,
                    input_length=100))
#Dropout设置为0.2
model.add(Dropout(0.2))
#该简单RNN含有64个神经元
model.add(SimpleRNN(units=64))
#搭建隐藏层，该层有256个神经元，激活函数为Relu函数
model.add(Dense(units=256,activation='relu'))
#Dropout设置为0.25
model.add(Dropout(0.25))
#搭建输出层，该层有46个神经元，对应46个主题分类，激活函数选择Softmax函数
model.add(Dense(units=46,activation='softmax'))
#查看网络模型摘要
model.summary()
```

简单 RNN 网络模型摘要运行结果如图 8-9 所示。从第 1 列可以看出各网络层名称，从第 2 列可以看出每层网络层的输出形状，从第 3 列可以看出每层网络层所需要训练的参数个数。该网络模型一共有 354 670 个参数，该网络模型中所有带参数的网络层都需要训练，所以需要训练的参数仍为 354 670 个，不可训练的参数为 0 个。

```
Layer (type)                 Output Shape              Param #
=================================================================
embedding_1 (Embedding)      (None, 100, 32)           320000
dropout_1 (Dropout)          (None, 100, 32)           0
simple_rnn_1 (SimpleRNN)     (None, 64)                6208
dense_1 (Dense)              (None, 256)               16640
dropout_2 (Dropout)          (None, 256)               0
dense_2 (Dense)              (None, 46)                11822
=================================================================
Total params: 354,670
Trainable params: 354,670
Non-trainable params: 0
```

图 8-9　简单 RNN 网络模型摘要

【例 8-7】可视化简单 RNN 网络模型。

```
from keras.utils.vis_utils import plot_model
#调用plot_model()函数，输入参数：网络模型，存储文件名称
plot_model(model=model, to_file='model_rnn.png',show_shapes=True)
```

简单 RNN 模型可视化图如图 8-10 所示。从该可视化图中可以清楚地看到依据上述步骤所搭建的网络模型结构，以及每层网络的输入形状和输出形状。

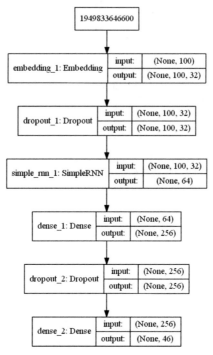

图 8-10 简单 RNN 模型可视化图

【例 8-8】简单 RNN 网络模型进行编译与训练。

```
#对简单RNN网络进行编译，优化算法选择adma，损失函数选择交叉熵函数，以准确率作为评估标准
model.compile(loss= 'binary_crossentropy', optimizer='adam',
metrics=['accuracy'])
#对简单RNN网络进行训练，输入参数：训练数据集、训练标签，batch_size为100，epochs为10；
verbose为1，显示训练进度条；验证集比例为0.2
train_history=model.fit(X_train,Y_train,batch_size=100,epochs=10,verbose=1,valida
tion_split=0.2)
```

训练过程如图 8-11 所示。整个训练过程一共有 10 个时期（epoch），训练集数据依照 20% 的比例划分出验证集，则训练数据有 7185 个，验证数据有 1797 个。每次迭代结束，显示本次迭代所用的时间、训练误差（loss）、训练准确率（acc）、验证误差（val_loss）、验证准确率（val_acc）。

【例 8-9】利用测试集对简单 RNN 网络进行准确率评估。

```
#利用测试集对训练完成的模型进行准确率评估，输入参数：测试集、测试标签，verbose为1，显示测试进
度条；评估结果存储在变量scores中
scores=model.evaluate(X_test,Y_test,verbose=1)
#打印准确率
print(scores[1])
```

```
Train on 7185 samples, validate on 1797 samples
Epoch 1/10
7185/7185 [==============================] - 2s 249us/step - loss: 0.0765 - acc: 0.9795
 - val_loss: 0.0620 - val_acc: 0.9830
Epoch 2/10
7185/7185 [==============================] - 1s 200us/step - loss: 0.0605 - acc: 0.9836
 - val_loss: 0.0580 - val_acc: 0.9839
Epoch 3/10
7185/7185 [==============================] - 1s 201us/step - loss: 0.0566 - acc: 0.9843
 - val_loss: 0.0554 - val_acc: 0.9849
Epoch 4/10
7185/7185 [==============================] - 1s 201us/step - loss: 0.0507 - acc: 0.9870
 - val_loss: 0.0531 - val_acc: 0.9861
Epoch 5/10
7185/7185 [==============================] - 1s 201us/step - loss: 0.0466 - acc: 0.9884
 - val_loss: 0.0533 - val_acc: 0.9863
Epoch 6/10
7185/7185 [==============================] - 1s 200us/step - loss: 0.0447 - acc: 0.9888
 - val_loss: 0.0548 - val_acc: 0.9861
Epoch 7/10
7185/7185 [==============================] - 1s 200us/step - loss: 0.0422 - acc: 0.9892
 - val_loss: 0.0566 - val_acc: 0.9858
Epoch 8/10
7185/7185 [==============================] - 1s 202us/step - loss: 0.0398 - acc: 0.9895
 - val_loss: 0.0563 - val_acc: 0.9861
Epoch 9/10
7185/7185 [==============================] - 1s 199us/step - loss: 0.0355 - acc: 0.9903
 - val_loss: 0.0594 - val_acc: 0.9854
Epoch 10/10
7185/7185 [==============================] - 1s 202us/step - loss: 0.0308 - acc: 0.9916
 - val_loss: 0.0631 - val_acc: 0.9850
2246/2246 [==============================] - 0s 103us/step
0.9858395741225775
```

图 8-11　训练过程

准确率评估结果如图 8-12 所示。测试集共有数据 2246 个，测试集评估的准确率约为 98.61%。

```
2246/2246 [==============================] - 0s 90us/step
0.9861396236389955
```

图 8-12　准确率评估

【例 8-10】画出简单 RNN 网络训练过程随时期（epoch）变化曲线。

```python
import matplotlib.pyplot as plt
#定义绘制训练过程变化曲线函数
def plot_training_history(history):
    #将训练过程的训练准确率赋值给acc
    acc = history.history['acc']
    #将训练过程的训练误差赋值给loss
    loss = history.history['loss']
    #将训练过程的验证准确率赋值给val_acc
    val_acc = history.history['val_acc']
    #将训练过程的验证误差赋值给val_loss
    val_loss = history.history['val_loss']
    #在同一坐标下画出训练准确率和验证准确率变化曲线图
    #训练准确率变化曲线：'-'表示实线，'b'表示蓝色，标签为Training Acc.
    plt.plot(acc, linestyle='-', color='b', label='Training Acc.')
    #验证准确率变化曲线：'--'表示虚线，'r'表示红色，标签为Test Acc.
    plt.plot(val_acc, linestyle='--', color='r', label='Test Acc.')
    #图片标题Training and Test Accuracy
    plt.title('Training and Test Accuracy')
```

```
    #x轴为epoch
    plt.xlabel('epoch')
    #y轴为train
    plt.ylabel('train')
    #显示标签
    plt.legend()
    #开始绘图
    plt.show()
    #训练误差变化曲线：'-'表示实线，'b'表示蓝色，标签为Training Loss
    plt.plot(loss, '-', color='b', label='Training Loss')
    #验证误差变化曲线：'--'表示虚线，'r'表示红色，标签为Test Loss
    plt.plot(val_loss, '--', color='r', label='Test Loss')
    #图片标题Training and Test Loss
    plt.title('Training and Test Loss')
    #x轴为epoch
    plt.xlabel('epoch')
    #y轴为train
    plt.ylabel('train')
    #显示标签
    plt.legend()
    #开始绘图
    plt.show()
#调用plot_training_history()函数，输入参数train_history
plot_training_history(train_history)
```

准确率变化曲线如图 8-13 所示。经过 10 次迭代，训练准确率变化曲线（实线）不断上升，验证准确率变化曲线（虚线）在 0.984 到 0.988 范围内有所波动。随着迭代次数的继续增加，准确率变化曲线将会更加趋于稳定。

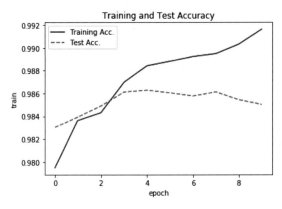

图 8-13　准确率变化曲线

误差变化曲线如图 8-14 所示。经过 10 次迭代，训练误差（实线）不断减小，验证误差（虚线）在 0.05 到 0.06 之间有所波动。随着迭代次数的增加，训练误差和验证误差将会更加趋于收敛。

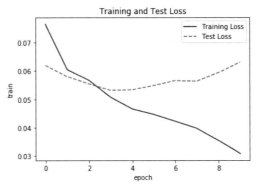

图 8-14　误差变化曲线

8.5　LSTM 实现 Reuters 分类

Keras 提供了简单 LSTM 网络框架 SimpleRNN()，在搭建 LSTM 层时可直接调用。SimpleRNN() 程序如下：

```
keras.layers.recurrent.LSTM( output_dim,          #内部投影和输出的维度
                    init='glorot_uniform',         #初始化方法，为预定义初始方法名的字符串
                    inner_init='orthogonal',       #内部单元的初始化方法
                    forget_bias_init='one',        #遗忘门偏置的初始化函数
                    activation='tanh',             #激活函数，为预定义的激活函数名
                    inner_activation='hard_sigmoid', #内部单元激活函数
                    W_regularizer=None,            #施加在权重上的正则项
                    U_regularizer=None,            #施加在递归权重上的正则项
                    b_regularizer=None,            #施加在偏置向量上的正则项
                    dropout_W=0.0,  #0~1的浮点数，控制输入单元到输入门的连接断开比例
                    dropout_U=0.0   #0~1的浮点数，控制输入单元到递归连接的断开比例
                    )
```

Reuters 数据集的预处理已经完成，具体程序可参考 8.3.2 节。接下来将在 Keras 中采用 Sequential 序贯模型搭建 LSTM 网络模型，来完成 Reuters 数据集 46 个主题的分类任务。

【例 8-11】搭建 LSTM 网络。

```
#导入Sequential模块
from keras.models import Sequential
#导入相关网络层模块，为后续搭建网络做准备
from keras.layers import LSTM,Dense,Conv1D,MaxPooling1D
#导入嵌入层Embedding
from keras.layers.embeddings import Embedding
#开始搭建LSTM网络
model=Sequential()
##搭建嵌入层：输入维度为top_words，即字典长度为10 000；输入长度已经统一为100，故输入长度为
```

```
                                                          100；输出维度为32
model.add(Embedding(output_dim=32,
                    input_dim=top_words,
                    input_length=100))
#搭建卷积层，卷积核个数为32，卷积大小为3×3，像素填充方式选择same，激活函数选择Relu函数
model.add(Conv1D(filters=32, kernel_size=3, padding='same', activation='relu'))
#搭建池化层，池化窗口为2×2
model.add(MaxPooling1D(pool_size=2))
#搭建LSTM层，该层神经元有16个
model.add(LSTM(16))
#搭建输出层，该层神经元有46个，对应46个主题分类，激活函数选择softmax函数
model.add(Dense(units=46,activation='softmax'))
#查看网络摘要
model.summary()
```

LSTM 网络模型摘要如图 8-15 所示。该网络模型一共有 327 022 个参数，该网络模型中所有带参数的网络层都需要训练，所以需要训练的参数仍为 327 022 个，不可训练的参数为 0 个。

```
Layer (type)                 Output Shape              Param #
=================================================================
embedding_1 (Embedding)      (None, 100, 32)           320000

conv1d_1 (Conv1D)            (None, 100, 32)           3104

max_pooling1d_1 (MaxPooling1 (None, 50, 32)            0

lstm_1 (LSTM)                (None, 16)                3136

dense_1 (Dense)              (None, 46)                782
=================================================================
Total params: 327,022
Trainable params: 327,022
Non-trainable params: 0
```

图 8-15　LSTM 网络模型摘要

【例 8-12】可视化 LSTM 网络模型。

```
from keras.utils.vis_utils import plot_model
#调用plot_model()函数，输入参数：网络模型，存储文件名称
plot_model(model=model, to_file='model_lstm.png',show_shapes=True)
```

LSTM 网络模型可视化图如图 8-16 所示。

【例 8-13】LSTM 网络模型进行编译与训练。

```
#对LSTM网络进行编译，优化算法选择adma，损失函数选择交叉熵函数，以准确率作为评估标准
model.compile(loss= 'binary_crossentropy', optimizer='adam',
metrics=['accuracy'])
#对LSTM网络进行训练，输入参数：训练数据集、训练标签，batch_size为100，epochs为10；verbose
为1，显示训练进度条；验证集比例为0.2
train_history=model.fit(X_train,Y_train,batch_size=100,epochs=10,verbose=1,valida
tion_split=0.2)
```

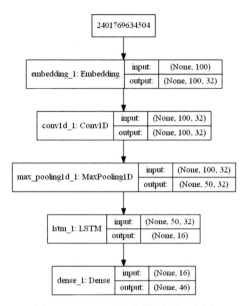

图 8-16　LSTM 网络模型可视化图

　　训练过程如图 8-17 所示。整个训练过程一共有 10 个时期（epoch），训练集数据依照20% 的比例划分出验证集，则训练数据有 7185 个，验证数据有 1797 个。每次迭代结束，显示本次迭代所用的时间、训练误差（loss）、训练准确率（acc）、验证误差（val_loss）、验证准确率（val_acc）。

```
Train on 7185 samples, validate on 1797 samples
Epoch 1/10
7185/7185 [==============================] - 2s 249us/step - loss: 0.0765 - acc: 0.9795
- val_loss: 0.0620 - val_acc: 0.9830
Epoch 2/10
7185/7185 [==============================] - 1s 200us/step - loss: 0.0605 - acc: 0.9836
- val_loss: 0.0580 - val_acc: 0.9839
Epoch 3/10
7185/7185 [==============================] - 1s 201us/step - loss: 0.0566 - acc: 0.9843
- val_loss: 0.0554 - val_acc: 0.9849
Epoch 4/10
7185/7185 [==============================] - 1s 201us/step - loss: 0.0507 - acc: 0.9870
- val_loss: 0.0531 - val_acc: 0.9861
Epoch 5/10
7185/7185 [==============================] - 1s 201us/step - loss: 0.0466 - acc: 0.9884
- val_loss: 0.0533 - val_acc: 0.9863
Epoch 6/10
7185/7185 [==============================] - 1s 200us/step - loss: 0.0447 - acc: 0.9888
- val_loss: 0.0548 - val_acc: 0.9861
Epoch 7/10
7185/7185 [==============================] - 1s 200us/step - loss: 0.0422 - acc: 0.9892
- val_loss: 0.0566 - val_acc: 0.9858
Epoch 8/10
7185/7185 [==============================] - 1s 202us/step - loss: 0.0398 - acc: 0.9895
- val_loss: 0.0563 - val_acc: 0.9861
Epoch 9/10
7185/7185 [==============================] - 1s 199us/step - loss: 0.0355 - acc: 0.9903
- val_loss: 0.0594 - val_acc: 0.9854
Epoch 10/10
7185/7185 [==============================] - 1s 202us/step - loss: 0.0308 - acc: 0.9916
- val_loss: 0.0631 - val_acc: 0.9850
2246/2246 [==============================] - 0s 103us/step
0.9858395741225775
```

图 8-17　训练过程

【例 8-14】利用测试集对 LSTM 网络进行准确率评估。

```
#利用测试集对训练完成的模型进行准确率评估，输入参数：测试集、测试标签，verbose为1，显示测试进度条；评估结果存储在变量scores中
scores=model.evaluate(X_test,Y_test)
#打印准确率
print('accuracy=',scores[1])
```

测试集对 LSTM 模型准确率评估结果如图 8-18 所示。测试集共有数据 2246 个，其中，准确率约为 98.58%。

```
2246/2246 [==============================] - 0s 103us/step
0.9858395741225775
```

图 8-18　准确率评估结果

【例 8-15】画出 LSTM 网络训练过程随时期（epoch）变化的曲线。

```
import matplotlib.pyplot as plt
#定义绘制训练过程变化曲线函数
def plot_training_history(history):
    #将训练过程的训练准确率赋值给acc
    acc = history.history['acc']
    #将训练过程的训练误差赋值给loss
    loss = history.history['loss']
    #将训练过程的验证准确率赋值给val_acc
    val_acc = history.history['val_acc']
    #将训练过程的验证误差赋值给val_loss
    val_loss = history.history['val_loss']
    #在同一坐标下画出训练准确率和验证准确率变化曲线图
    #训练准确率变化曲线：'-'表示实线，'b'表示蓝色，标签为Training Acc.
    plt.plot(acc, linestyle='-', color='b', label='Training Acc.')
    #验证准确率变化曲线：'--'表示虚线，'r'表示红色，标签为Validation Acc.
    plt.plot(val_acc, linestyle='--', color='r', label='Validation Acc.')
    #图片标题为Training and Validation Accuracy
    plt.title('Training and Validation Accuracy')
    #显示标签
    plt.legend()
    #开始绘图
    plt.show()
    #训练误差变化曲线：'-'表示实线，'b'表示蓝色，标签为Training Loss
    plt.plot(loss, '-', color='b', label='Training Loss')
    #验证误差变化曲线：'--'表示虚线，'r'表示红色，标签为Validation Loss
    plt.plot(val_loss, '--', color='r', label='Validation Loss')
    #图片标题为Training and Validation Loss
    plt.title('Training and Validation Loss')
    #显示标签
    plt.legend()
    开始绘图
    plt.show()
#调用plot_training_history()函数，输入参数train_history
plot_training_history(train_history)
```

　　准确率变化曲线如图 8-19 所示。经过 10 次迭代，训练准确率（实线）不断上升，验证准确率（虚线）也不断上升，并且在迭代后期，二者都趋于稳定。随着迭代次数的继续增加，准确率变化曲线将会更加趋于稳定。

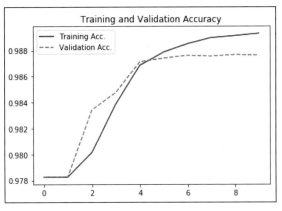

图 8-19　准确率变化曲线

　　误差变化曲线如图 8-20 所示。经过 10 次迭代，训练误差（实线）不断减小，验证误差（虚线）也不断减少，并且在迭代后期，二者都有收敛趋势。随着迭代次数的增加，训练误差和验证误差将会更加趋于收敛。

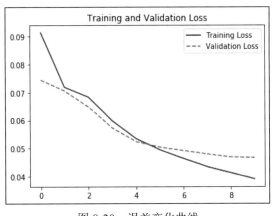

图 8-20　误差变化曲线

　　简单的 RNN 网络结构仅仅是将神经元的输出再次接回神经元的输入，使神经网络具备"记忆"的功能。相比之下，LSTM 的网络结构则更加复杂，不仅增加了一个神经网络的长期状态，而且使用了 3 个门结构来影响每个时刻信息的传递，这样的设计使得 LSTM 解决了 RNN 的长期依赖问题，并且使得网络性能得到了提高。从本章的两个实例可以看出，相比于简单 RNN 网络的训练过程，LSTM 网络模型准确率上升更加稳定，误差更加趋于收敛。

LSTM 网络模型的性能比简单 RNN 网络模型的性能更好、更稳定。

8.6 思考与练习

1. 概念题

1）简述 RNN 前向传播和反向传播过程。

2）推导 LSTM 前向传播，并简述其反向传播过程。

2. 操作题

1）实现简单 RNN 模型对 Reuters 测试集的预测。

2）实现 LSTM 模型对 Reuters 测试集的预测。

第 9 章 *Chapter 9*

强 化 学 习

Google 研发的 AlphaGo 在与韩国九段围棋高手李世石进行对战时，以出人意料的 4 : 1 的战绩战胜世界围棋高手。但在比赛前夕，围棋界、网络界很多人都不看好 AlphaGo，认为机器始终没有人类能够战胜复杂多变的环境。而 AlphaGo 的胜利让人们重新正视强化学习这种学习方式，正是这种通过不断地与自己及其他人对战来获取经验的学习过程，使得处在未知环境时，机器也能够根据经验做出正确的反应。

本章对强化学习的理论基础、求解模型、应用与实现等做进一步介绍，使读者对强化学习从认识→理解→应用。在讲解强化学习的求解模型时，分别从两个方向介绍：有模型和无模型，对这两种求解方式采用的算法分别进行讨论和分析。同时本章也将给出用两种模型来实现简单的格子世界的例子，以此让读者能够对这两种模型的应用有更加深入的了解，便于对求解强化学习任务有更多的思路。

9.1 初识强化学习

本节对强化学习的定义、强化学习适合解决什么类型的问题，以及如何去解决这类问题都将做出详细介绍，为进一步的强化学习奠定基础。希望通过本节的学习，使得我们对什么样的任务能够使用强化学习去解决有一个大致的了解，在今后处理问题的时候，能够快速将问题分类，应用不同的解决方案去解决每一类中所需解决的问题。

9.1.1　什么是强化学习

维基百科对强化学习下的定义是：强化学习是机器学习中一个的领域，强调如何基于环境而行动，以取得最大化的预期利益。

在对强化学习进行解释之前，首先要对其所属问题做出解释。强化学习属于机器学习，但只是其中之一，机器学习分为监督学习、非监督学习、强化学习，如图 9-1 所示。强化学习和其他两种常见学习方式存在着不同。

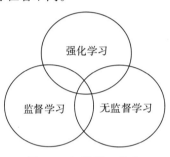

图 9-1　机器学习分类

监督学习中机器需要通过带有标签的数据学习数据中固有规则，然后对未知的无标签数据进行分类。无监督学习中机器需要先学习这些没有标签的数据，找到其内部结构，然后利用内部结构特征对未知的无标签数据进行分类。强化学习是通过与环境的交互获取所需信息，然后利用学习策略，达成回报最大化或实现特定目标的问题。

强化学习最早是由心理学家从动物学习方式中提出的，故从动物学习的方式来形象地解释什么是强化学习更加能够体会到其本质。

生活中，蚂蚁出门寻找食物是一个很常见的例子。在探寻食物的路上，有着多种不同的路径，而不同的路径上又存在着不同的环境状况，例如，有石头阻隔，有大滩水渍等这些不能提前预知的环境状况。因此蚂蚁不得不重新规划路径，避开这些障碍物，以找到食物。

为了便于观察蚂蚁的这种学习方式，人们将蚂蚁放在已经做好路径的迷宫里，如图 9-2 所示。只有找到这个迷宫出口才能获得食物。当蚂蚁出发去寻找食物时，它会不断地尝试其他的路能不能走通，在这个过程中，它不断地碰壁，不断地重新选择路径。在同一个地方也可能会出现多次碰壁，但这样多次的碰壁会让蚂蚁学习并加深此路不通的思想，进而在下次学习的时候避免这种状况。最后蚂蚁通过不断地试路找到了食物，走出迷宫。第 2 次同样让这只蚂蚁从入口进去寻找食物，它同样也会碰壁，但所消耗的时间比第 1 次少了许多。不断地让这只蚂蚁从入口进去寻找食物，通过这样不断的训练，最后这只蚂蚁能够在尽可能短的时间内找到食物，走出迷宫。

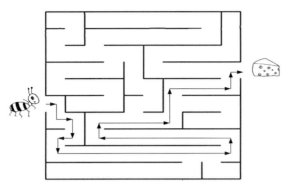

图 9-2 蚂蚁迷宫寻食

这个蚂蚁寻食的例子中又是怎样体现了强化学习呢？蚂蚁通过对未知环境的不断探索，摸索出了一条能够到达食物的路径，之后蚂蚁就会对这条路径进行记忆，因为它知道走这条路可以获得所需的食物，而不断的训练就是让蚂蚁能够对这段记忆更加深刻。这个探寻路径的过程，也就是所说的强化学习的过程。

9.1.2 强化学习能解决什么类型的问题

在了解了强化学习是什么之后，强化学习具体能够用来解决什么问题便是本节所要介绍的内容了。

强化学习能够让智能机器人在未知的环境中进行自我决策，并且这个决策过程不是间断性的，而是可以长期做出连续性的决策。也就是说，只要涉及智能决策的问题，并且符合强化学习中规则的情况下都可以应用。智能决策也就是在环境中连续不断地做出决策。

在实际生活中，强化学习更多应用在游戏博弈中，最受瞩目的就是在围棋场上的AlphaGO。比赛前期它通过不断自我博弈、与他人的博弈的强化学习，最终在与人类的对决中胜出。同样的，在其他类的游戏中强化学习也扮演了很好的角色，比如让小车学习将一个活动的杆竖立起来（如图 9-3 所示），让智能红块学习在迷宫里寻找宝藏（如图 9-4 所示）等。

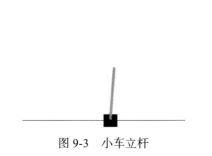

图 9-3 小车立杆   图 9-4 寻找宝藏

当然，强化学习也在制造业、医疗业、电子商务等方面有很多的应用，通过强化学习这种研究方式可以不断地改善和服务人类生活。

9.1.3 强化学习如何解决问题

强化学习的应用十分广泛，但如何把强化学习应用到所需的问题上是研究的重点。

在强化学习中，并不关心输入是什么样子的，只关心当前输入下采取什么样的动作才能达到最终目的。

正如一个要学会走路的小孩，首先他要考虑的是怎么走出第 1 步，是先抬左脚还是右脚。他只有将两种方式都尝试了，比较两种方式的结果，才知道到底在走路的时候先抬右脚还是先抬左脚能走得更稳。通过这样不断的尝试，也就是"试错"，同样的在第 1 步走稳了之后，小孩又会尝试走出第 2 步。在这样不断的试错、不断的改进、不断的学习之后，进而找到"最优决策"，他就会走得更快、更稳。

由上述例子可以了解到强化学习是让智能机器在未知环境中，通过与环境交互，利用"试错"的方式，不断优化学习系统，达到"最优控制"的目的。也就是说强化学习是通过"吃一堑，长一智"的方式进行学习的。

利用强化学习解决所需问题，在很大程度上是找到合适的算法、模型去解决这个问题。如图 9-5 所示，在强化学习中有两类算法：一类是基于模型的算法，如动态规划法等，这类算法虽然上手很容易，但现实生活中的问题大多是不固定的环境，所以其适用范围较为狭窄，但对于处理一些模式化的东西，有模型的算法还是很便捷的；另一类是无模型的算法，如时间差分法等，这类算法不需要提前预知环境，故适用范围更广。具体的算法会在接下来的章节中详细介绍，我们将利用算法实现一个简单的游戏，从而理解算法的用途。

9.2 强化学习理论基础

强化学习在生活中很容易从生物的角度观察到，比如蚂蚁在没有被告知迷宫的情况下，去探索迷宫找到食物。在这个实例中，蚂蚁就是一个智能体（agent），而未知的迷宫是环境（environment）。在这个强化学习的例子中，强化学习要做的就是让蚂蚁在这个迷宫中不断地尝试、不断地学习，最后快速地找到食物。这是智能体和环境的一个交互运动，不断地从环境中获取信息，而智能体通过这些信息做出决策。而环境反馈回来的信息又包含对采取动作的奖励及到达的状态等。

9.2.1 基本组成元素

强化学习的主要构成部分是智能体和环境。智能体通过动作、奖励、状态与环境进行交互，交互过程如图 9-6 所示。

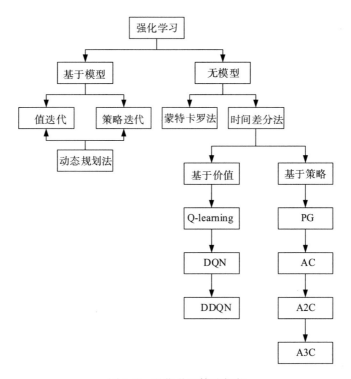

图 9-5　强化学习算法框架

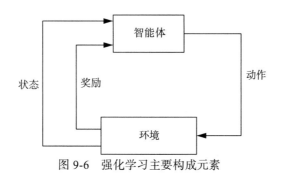

图 9-6　强化学习主要构成元素

- ❑ 智能体（agent）：能够拥有独立的思想并且可以同环境交互的实体（如蚂蚁）。
- ❑ 环境（environment）：智能体进行学习的地方（如迷宫）。
- ❑ 动作（action）：智能体在每个状态中可以做的事情（如蚂蚁的行动）。
- ❑ 状态（state）：在环境里采取的动作后改变的所处环境（如蚂蚁到达的下个地方）。
- ❑ 奖励（reward）：是改变行为的关键，告知智能体所采取动作的好坏程度（如蚂蚁走出迷宫获得的食物）。

假设当前智能体所处的环境状态为 S_t，并在当前环境中选取了动作 a_t，到达了下一时刻的状态 s_{t+1}，在这个过程中，执行的动作改变了智能体所处的环境状态，并且环境给予了智能体一定的奖励 r，而后智能体在新的状态 s_{t+1} 下根据奖励 r 执行新的动作，不断地与环境进行交互，反复迭代，从而形成一个学习过程。

9.2.2 基本模型

求解强化学习的过程中，希望有一个能够描述智能体所处环境的工具，并且在这种模型下能够真正了解强化学习的意义，这就是马尔科夫决策过程（Markov Decision Process，MDP）。

马尔科夫决策过程由一个五元组构成，即 MDP $=(S, A, P, \gamma, R)$。

❑ S：状态集，包含过程中所有的状态，即 $S = \{s_1, s_2, s_3, \cdots, s_n\}$。

❑ A：动作集，包含过程中所有的动作，即 $A = \{a_1, a_2, a_3, \cdots, a_n\}$。

❑ P：状态转移矩阵，在当前状态 s 下，选择动作 a 后，到达下一个状态 s'，即 $P = (s' \mid s, a)$。

❑ γ：折扣因子，取值范围为 $0 \leq \gamma \leq 1$，表示越远的时间状态对当前的状态影响越小，也就是无后效性。

❑ R：奖励值，表示对选取动作的评估，通过积累奖励值，进而找到最优策略。奖励值等于各个阶段奖励之和：

$$R = r_1 + r_2 + \cdots + r_n \tag{9.1}$$

接下来利用一个小例子解释马尔科夫决策过程。

以一位学生的一天为例，如图 9-7 所示。假设对于每个状态的转移概率都已经知道了，且折扣因子为 1。假设他当前的状态是在上课，当然在上课途中有 70% 的概率会选择玩手机，同时也有 30% 的概率听完这堂课后去吃饭，吃完饭后，有 40% 概率选择玩手机，然后睡觉结束一天；也有 60% 概率他觉得需要复习上课所听的内容，所以选择学习。在学习的途中，有 50% 几率会继续坚持学习，同时也有 50% 的几率觉得学习很累，决定去睡觉。这一天有 5 个状态，如果上完课后选择去吃饭，则奖励 +1；吃完饭如果选择学习，则奖励 +1；如果学习完选择睡觉，则奖励 +1；否则就不给奖励。

这些状态的转移过程就是一系列的马尔科夫链，可以从任一个状态开始。假设把上课作为他的第 1 个状态，那么可能的马尔科夫链有：

❑ 上课→玩手机→睡觉

❑ 上课→吃饭→学习→睡觉

❑ 上课→吃饭→玩手机→睡觉

❑ 上课→吃饭→学习→学习→睡觉

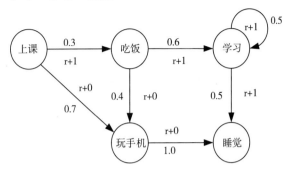

图 9-7 学生一天的马尔科夫链

状态转移矩阵为：

$$
\begin{array}{c}
\begin{array}{ccccc} \text{上课} & \text{吃饭} & \text{学习} & \text{玩手机} & \text{睡觉} \end{array} \\
\boldsymbol{P} = \begin{array}{c} \text{上课} \\ \text{吃饭} \\ \text{学习} \\ \text{玩手机} \\ \text{睡觉} \end{array}
\left[\begin{array}{ccccc}
0 & 0.3 & 0 & 0.7 & 0 \\
0 & 0 & 0.6 & 0.4 & 0 \\
0 & 0 & 0.5 & 0 & 0.5 \\
0 & 0 & 0 & 0 & 1.0 \\
0 & 0 & 0 & 0 & 1.0
\end{array}\right]
\end{array}
$$

状态转移后的奖励矩阵为：

$$
\begin{array}{c}
\begin{array}{ccccc} \text{上课} & \text{吃饭} & \text{学习} & \text{玩手机} & \text{睡觉} \end{array} \\
\boldsymbol{R} = \begin{array}{c} \text{上课} \\ \text{吃饭} \\ \text{学习} \\ \text{玩手机} \\ \text{睡觉} \end{array}
\left[\begin{array}{ccccc}
0 & +1 & 0 & 0 & 0 \\
0 & 0 & +1 & 0 & 0 \\
0 & 0 & +1 & 0 & +1 \\
0 & 0 & 0 & 0 & 0 \\
0 & 0 & 0 & 0 & 0
\end{array}\right]
\end{array}
$$

马尔科夫决策过程就是为了找到最优方式，进而获得最大累计奖励。

$$
G = R_t + \gamma R_{t+1} + \cdots + \gamma^{n-t} R_n = R_t + \gamma G_{t+1} \tag{9.2}
$$

而这个学生的一天就是一个马尔科夫决策过程，这个学生获得最大累积奖励的最优策略为：上课→吃饭→学习→学习→睡觉，最大累计奖励为 4。

通过这个小例子可以看出，马尔科夫决策过程将强化学习的任务变简单了，简化了强化学习的复杂度。

当然利用马尔科夫决策解决强化学习的问题并不都像这个例子那样仅仅只有几个状态，问题可能很复杂，因此引入了一些其他概念来更好地表述，如策略、探索、利用。

（1）策略（policy）

策略有时也用 π 来表示，它是从状态到动作的一种映射，也就是某一时刻做出的动作反应。同时也作为智能体进行决策的关键部分，通过环境反应当前状态来确定下一步要执行的动作。

（2）探索（exploration）

尝试还没有尝试过的动作，进而获得更多的环境信息。这是强化学习与马尔科夫决策过程不同的地方之一，在未知环境状态中，并没有数据告诉智能体它应该怎么走出下一步，只能通过试错的方式去尝试各个动作，但并不一定能得到最优解，这就是探索。

（3）利用（exploitation）

从已经尝试过的动作中选取动作，利用已知环境的信息来得到最大的回报，这种学习方式为利用。每次都会选择当前的最优解，也是强化学习和马尔科夫决策过程不同的地方之一。

9.2.3　价值函数

如果知道每一个状态的好坏，这样就能得到一个最好的策略，一直向着状态好的方向进行选择。因此需要对当前智能体的动作状态进行评估，而价值函数就是用来衡量当前状态的好坏程度的。由于输入可以有单独的状态和状态—动作两种，所以价值函数可以分为两种：状态值函数 $v(s)$，动作值函数 $q(s, a)$。

状态值函数是从状态 s 出发，在策略 π 的指导下采取行为获得的期望回报，表示对未来奖励的预测，用来评估状态的好坏。

$$v(s) = E[G_t \mid s_t = s] \tag{9.3}$$

动作值函数是从状态 s 出发，采取动作 a 后，按照策略 π 采取行为得到的期望回报，用来评估智能体在状态 s 下选取动作 a 的好坏程度。与状态值函数不同的，动作值函数考虑了当前状态下执行 a 所带来的影响。

$$q(s, a) = E[G_t \mid s_t = s, a_t = a] \tag{9.4}$$

由状态值函数和动作值函数的公式可知，价值函数最后得到的是累计奖励 G_t 的期望，也就是一个数值。因此，强化学习的目标就是选择一组最佳动作，使得全部回报加权和期望最大。

9.3 求解强化学习——有模型

在学习了前面两节的知识后，对强化学习有了一个基本的认识，也具备一些强化学习的基本知识。在构建强化学习的框架时，最重要的还是怎么去求解强化学习的问题。对于不同情况，采用不同的框架去处理问题。框架类型主要分为两种：有模型和无模型，有模型的算法又称为动态规划法，具体分为策略迭代和值迭代。

9.3.1 动态规划与贝尔曼方程

通常利用强化学习解决的都是一些比较复杂的任务，对整个问题无从下手的时候，会将整个问题划分为一些很小的小问题，通过对这些小问题的求解，逐步解决强化学习任务。这样由整化小的思想就是动态规划法。动态是由一系列随时会变的状态组成的，规划指的是对每一个子问题进行优化。

由一个小例子来解释动态规划法。假设你带了足够多的 1 元钱、5 元钱、10 元钱，现在让你从中取出 21 元钱，可能的取法为：

$$21 = 10 \times 2 + 1$$
$$21 = 10 + 5 \times 2 + 1$$
$$21 = 10 + 5 + 1 \times 6$$
$$\cdots$$

取钱的方法有很多种，这里就不一一列举了。但可以知道最快、最便捷的取钱方法只有一种，动态规划就是找到这个取法。并且由上述取钱的例子可以看出，每次取钱的状态只与上一次取钱的状态有关，与上上次的取钱状态无关。

既然动态规划能够帮助解决强化学习中的问题，那么如何把动态规划的思想运用到求解过程中呢？强化学习的核心思想实际上是求解最优策略的过程，最优策略可以通过求解最优值函数得到。贝尔曼等人在研究多阶段决策过程优化的时候，将动态规划与价值函数结合起来，提出了贝尔曼方程。

$$
\begin{aligned}
v(s) &= E[G_t \mid S_t = s] \\
&= E[\sum_{i=0}^{h} \gamma^i R_{t+i} \mid S_t = s] \\
&= E[R_t + \sum_{i=1}^{h} \gamma^i R_{t+i} \mid S_t = s'] \\
&= \pi(s) \sum_{s' \in s} p(s, s') E[R_t + \gamma \sum_{i=0}^{h} \gamma^i R_{t+i} \mid S_t = s'] \\
&= \pi(s) \sum_{s' \in s} p(s, s') [R_t + E[\gamma \sum_{i=0}^{h} \gamma^i R_{t+i} \mid S_t = s']] \\
&= \pi(s) \sum_{s' \in s} p(s, s') [R_t + \gamma E[\sum_{i=0}^{h} \gamma^i R_{t+i} \mid S_t = s']] \\
&= \pi(s) \sum_{s' \in s} p(s, s') [R_t + \gamma v(s')]
\end{aligned}
\tag{9.5}
$$

通过方程可以看出，值函数分为两个部分，前面一部分 R_t 是即时奖励，后面一部分为未来状态的折扣价值。

其中 $\pi(s)$ 为学习过程中的某种策略，$p(s, s')$ 为状态转移概率。假设在某种策略中，也就是 $\pi(s)$ 一定时，贝尔曼方程可以简化为：

$$v(s) = R_t + \gamma \sum_{s' \in s} p(s, s') v(s') \tag{9.6}$$

通过贝尔曼方程我们了解到，值函数的求解实际上就是动态规划的迭代过程。当前状态的值函数主要是由下一个状态的值函数和奖励得到的，但是要乘以一个衰减系数，因为未来都是会衰减的，依次迭代得到全部值函数的值。

每一个状态都可以得到一个值，当把所有状态的值都求出来之后，那么朝着值函数增大的方向走，就会得到一个好的策略。

9.3.2 策略迭代

我们知道，要想得到一个最优策略，就需要知道准确的估计值函数。但要想知道准确的估计值函数，又需要知道具体的最优策略。这是一个不能一蹴而就的过程，因此我们选择用值函数不断地逼近最优策略，也就是一个迭代过程。

1）随机以某种策略 $\pi(s)$ 开始，通过贝尔曼方程计算当前策略的值函数。

2）利用这个值函数，找到更好的策略 $\pi^*(s)$。

3）用这个策略 $\pi^*(s)$ 重新开始，然后重新计算值函数。

通过这样不断的迭代，会得到一个最优策略。在迭代中，出现了两个过程：策略评估（Policy Evaluation，PE）和策略改进（Policy Improvement，PI），两者的关系如图 9-8 所示。

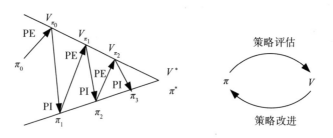

图 9-8 策略迭代实现

1. 策略评估

策略评估是根据贝尔曼方程计算的值函数来评估策略的好坏程度，是否最优。由式（9.6）可知，对于某一确定的策略 $\pi(s)$，其状态值函数可以表示为：

$$v_\pi(s) = \sum_{s' \in s} p(s' \mid s, \pi(s))[R_t(s' \mid s, \pi(s)) + \gamma v(s')] \tag{9.7}$$

其中，$p(s' \mid s, \pi(s))$ 为在策略 $\pi(s)$ 的指导下从 s 状态转移到 s' 状态的状态转移概率，$R_t(s' \mid s, \pi(s))$ 为在策略 $\pi(s)$ 的指导下从 s 状态转移到 s' 状态获得的奖励。

将策略 $\pi(s)$ 抽象化，应用到更一般的情况上，则状态值函数可以表示为：

$$v_\pi(s) = \sum_a \pi(a \mid s) \sum_{s',r} p(s', r \mid s, a)[r + \gamma v(s')] \tag{9.8}$$

其中，$\pi(a \mid s)$ 为在状态 s 的指导下，可以采取多种动作 a 的策略 π。策略评估的输入为策略 π，输出为策略 π 对应的值函数 $v_\pi(s)$。策略评估的具体算法流程如下。

输入：待评估的策略 π

初始化：状态值函数 $v_\pi(s) = 0$，θ，θ 为一个很小的正数，判断是否收敛

循环：

初始化：$\Delta = 0$，Δ 为状态值函数的差值，用于和 θ 比较，判断是否收敛

循环：

$v = v(s)$，记录上一次的状态值函数

$v_\pi(s) = \sum_a \pi(a \mid s) \sum_{s',r} p(s', r \mid s, a)[r + \gamma v(s')]$，更新值函数

$\Delta = \max(\Delta, |v - v(s)|)$，判断是否收敛

当 $\Delta < \theta$ 时，结束循环

输出：$v \approx v_\pi$

2. 策略改进

策略评估的目的是为了评估策略的好坏程度，而策略改进则是通过前面的评估来找到更优的策略。通过策略评估得到状态值函数 $v(s)$，然后通过策略改进对状态值函数 $v(s)$ 做进一步计算，得到更优策略。

通过遍历状态 s 下的所有动作集，得到的动作状态值函数 $q_\pi(s, a)$ 最大的策略即为最优策略 $\pi^*(s)$。

$$\pi^*(s) = \arg\max_a \sum_{s' \in S} p(s', r \mid s, a)[r + \gamma v_\pi(s')] \tag{9.9}$$

策略改进的输入为有待改进的策略 $\pi(s)$，和对该策略的评估值 $v_\pi(s)$。策略改进的具体算法流程如下：

输入：有待改进的策略 $\pi(s)$，对该策略的评估值 $v_\pi(s)$

循环 $s \in S$：

$a \leftarrow \pi(s)$，记录当前策略选择的动作

$$\pi(s) \leftarrow \arg\max_a \sum_{s' \in S} p(s',r\,|\,s,a)[r+\gamma v_\pi(s')],\ 选择出最优策略$$

9.3.3 值迭代

虽然策略迭代能够得到最好的策略，但它的算法本身存在一些缺陷，每进行一次策略改进都要历经整个算法，这样下来，消耗时间长，占用存储空间大。同时策略迭代最开始是利用随机产生的一个策略进行策略评估和策略改进，如果这个随机产生的策略一开始就是一个错误的、偏置很大的策略，最终可能使得策略不能收敛，找不到最优策略。这时，值迭代算法出现了，它对所有状态进行一次策略评估后，就终止策略评估，然后再根据策略评估的值做策略迭代，这就是值迭代的算法思想。

通过将状态值函数直接更新为最大值，利用最大值的状态值函数找到最优策略。值迭代的公式为：

$$v(s) \leftarrow \max_a \sum_{s',r} p(s',r\,|\,s,a)[r+\gamma v(s')] \tag{9.10}$$

值迭代在迭代完所有状态后，获得了局部最优值函数，然后利用局部最优获得局部最优策略，再不断地迭代局部，使得局部最优策略收敛为最优策略。值迭代的具体算法流程如下。

初始化：状态值函数 $v(s)=0, \theta$，

循环：

$\Delta=0$（Δ 为状态值函数的差值，用于和 θ 比较，判断是否收敛）

循环：

$v=v(s)$（记录当前的状态值函数）

$v(s) \leftarrow \max_a \sum_{s',r} p(s',r\,|\,s,a)[r+\gamma v(s')]$（更新状态值）

$\Delta = \max(\Delta, |\,v-v(s)|)$

直到：$\Delta < \theta$（θ 为一个很小的正值）

输出：确定策略 $\pi \approx \pi^*$：

$$v(s) = \arg\max_a \sum_{s',r} p(s',r\,|\,s,a)[r+\gamma v(s')]$$

9.3.4 值迭代算法实现格子世界

接下来对强化学习中较为常用的算法——值迭代进行实例应用，在具体的例子中进一步理解值迭代算法是如何在环境中使用的。本次选择的环境是格子世界（grid world），智能体在 16 个格子中运动，穿越过障碍后，到达目的地。

首先，我们需要搭建一个格子世界，在这个世界里，A 表示可以移动的智能体，X 表示障碍物，O 表示可以到达的格子，G 表示目标位置。A 在格子中运动时，只有到达 G 位置时，给予奖励 +1，其他位置均给予 –1 的奖励。而智能体 A 可以选择的动作空间为上下左右，只有到达 G 位置时，智能体才停止运动。

【例 9-1】在 Spyder 中建立格子世界。

```python
#调取Python中数值计算的库numpy
import numpy as np
#游戏参数及运行的设定
class Game():
#对格子世界内容进行设定
    def __init__(self):
        #设定格子世界的状态空间
        self.stateSpace = [0, 1, 2, 3, 4, 5, 6, 7, 8, 9, 10, 11, 12, 13, 14, 15]
        #设定动作空间
        self.actionSpace = [0, 1, 2, 3]
        #设定起始状态位置
        self.currentState = 0
        #设定目标状态
        self.goalState = 15
        #用于判断是否到达终点位置
        self.done = 0
        #用于找到最优策略
        self.reward = 0

#对物体移动的范围和奖励进行设定
    def step(self, action):
        #如果当前动作选择向上运动，判断物体是否能够选择向上运动
        if action == 0:
        # 判断当前状态位置是否能够向上运动
            if self.currentState not in [0, 1, 2, 3, 10, 13]:
        #向后移动4格等同于向上运动1格
                self.currentState -= 4
            #没有达到终态，给出负奖励
            self.reward = -1
        #如果当前动作选择向右运动，判断物体是否能够选择向右运动
        elif action == 1:
        # 判断当前状态位置是否能够向右运动
            if self.currentState not in [3, 7, 11, 5, 8]:
                # 向右移动1格
                self.currentState += 1
            #没有达到终态，给出负奖励
            self.reward = -1
        #如果当前动作选择向下运动，判断物体是否能够选择向下运动
        elif action == 2:
            # 判断当前状态位置是否能够向下运动
            if self.currentState not in [12, 13, 14, 2, 5]:
                #向前移动4格等同于向下运动1格
```

```
            self.currentState += 4
        #没有达到终态，给出负奖励
        self.reward = -1
#如果当前动作选择向左运动，判断物体是否能够选择向左运动
elif action == 3:
    # 判断当前状态位置是否能够向左运动
        if self.currentState not in [0, 4, 8, 12, 7, 10]:
            # 向左移动1格
            self.currentState -= 1
        #没有达到终态，给出负奖励
        self.reward = -1
    # 如果当前状态为终态，则不再进行移动
    if self.currentState == 15:
        #任务完成
        self.done = 1
    #将当前状态、奖励、任务的完成状态返回给环境，用于更新环境
    return self.currentState, self.reward, self.done

#完成一次任务后，对物体的状态和任务完成情况置零重建
def reset(self):
    self.currentState = 0
    self.done = 0

#对格子世界中的具体环境进行设定
def playGame(self, Q):
    def displayGrid(state):
        for i in range(16):
            if i == state:
                if state in [3, 7, 11, 15]:
                    print('A')
                else:
                    print('A', end='')
            elif i in [6, 9]:
                print('X', end='')
            elif i == 15:
                print('G')
            elif i in [3, 7, 11]:
                print('O')
            else:
                print('O', end='')
    self.reset()
    #更新当前状态
    state = self.currentState
    #对格子世界中的标识进行解释
    print('A = agent, X = blocked, G = goal, O = open')
    #显示最开始的格子世界
    print('\ntimestep 0 (start):')
    displayGrid(state)
    done = 0
    #记录运动次数
```

```
t = 1
#用于判断任务是否完成
while done == 0:
    #显示运动次数
    print('\ntimestep {}:'.format(t))
    #从最大的Q值中选取对应的动作
    action = np.argmax(Q[state])
    #在选取的动作中读取它的状态和任务完成状况
    state, _, done = self.step(action)
    displayGrid(state)
    #记录迭代次数
    t += 1
```

根据上述对格子世界的设定，我们可以得出如图 9-9 所示的格子世界。接下来将会在这个格子世界的环境基础上，利用不同的算法对格子世界求解最佳路径。也就是上一节中讲到的值迭代算法和后续要讲的 Q-learning 算法。

在上述环境的显示中，我们可以看到每个位置能够做出的下一状态的选择范围，例如在 0 这个起始位置上，能够供智能体 A 选择的动作范围只有向右或向下运动；又例如在 3 这个位置上由于下方有障碍物阻碍，故智能体 A 只能选择向左或者向右运动。每个位置上都有对应的动作移动范围，如图 9-10 所示。

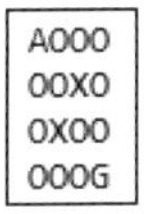

```
A000
00X0
0X00
000G
```

图 9-9　在 Spyder 中搭建的格子世界

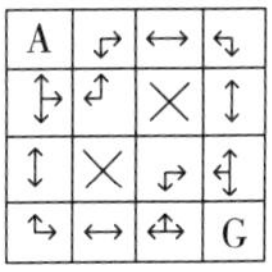

图 9-10　格子世界中每个位置的移动范围

有了环境的设定，再将所学的算法和环境连接起来，就可以运行这个环境了。

下面给出值迭代的算法和格子世界的结合。在本次求解过程中，为了便于计算，将值迭代算法中的状态转移概率 $p(s', r \mid s, a)$ 都置为 1。

【例 9-2】利用值迭代求解格子世界。

```
#调取numpy用于数值、矩阵计算
import numpy as np
#从game中调取Game函数, game为【例9-1】所搭建的格子世界
from game import Game

# 定义格子世界中，状态6、9是障碍所在处，状态15是终止状态
gridWorld = np.array(Game().stateSpace)
not_states = [6, 9]
terminal_state = 15

#对值函数的参数进行设定
```

```python
#初始化值函数
V = np.zeros(gridWorld.shape)
# 将环境中障碍部分用nan表示
V[not_states] = np.nan
#用于更新值函数
new_V = np.array(V)
#衰减率
gamma = 0.5
#回合数
num_eps = 20
print('Initialized V:')
#对值函数的形式进行设定
print(V.reshape(4, 4))

# 运行设定的回合数，更新如图9-11所示的初始V表，用于找到最佳策略
for ep in range(num_eps):

    # 判别下一个状态能够选择的动作空间，利用值迭代算法对V表进行更新
    for state in gridWorld:
        if state == 0:
            #状态0能够达到的下一个状态可以为状态1、4
            successor_states = [ 1, 4]
            #利用式（9.10）值迭代算法公式，未到达终态时奖励值为-1
            new_V[state] = -1 + gamma * np.max(V[successor_states])
        if state == 1:
            #状态1能够达到的下一个状态可以为状态0、5、2
            successor_states = [0, 5, 2]
            new_V[state] = -1 + gamma * np.max(V[successor_states])
        if state == 2:
            #状态2能够达到的下一个状态可以为状态1、3
            successor_states = [1, 3]
            new_V[state] = -1 + gamma * np.max(V[successor_states])
        if state == 3:
            #状态3能够达到的下一个状态可以为状态2、7
            successor_states = [2, 7]
            new_V[state] = -1 + gamma * np.max(V[successor_states])
        if state == 4:
            #状态4能够达到的下一个状态可以为状态0、5、8
            successor_states = [0, 5, 8]
            new_V[state] = -1 + gamma * np.max(V[successor_states])
        if state == 5:
            #状态5能够达到的下一个状态可以为状态1、4
            successor_states = [1, 4]
            new_V[state] = -1 + gamma * np.max(V[successor_states])
        if state == 7:
            #状态7能够达到的下一个状态可以为状态3、11
            successor_states = [3, 11]
            new_V[state] = -1 + gamma * np.max(V[successor_states])
        if state == 8:
            #状态8能够达到的下一个状态可以为状态4、12
```

```
                        successor_states = [4, 12]
                        new_V[state] = -1 + gamma * np.max(V[successor_states])
                if state == 10:
                        #状态10能够达到的下一个状态可以为状态11、14
                        successor_states = [11, 14]
                        new_V[state] = -1 + gamma * np.max(V[successor_states])
                if state == 11:
                        #状态11能够达到的下一个状态可以为状态7、10、15
                        successor_states = [7, 10, 15]
                        new_V[state] = -1 + gamma * np.max(V[successor_states])
                if state == 12:
                        #状态12能够达到的下一个状态可以为状态8、13
                        successor_states = [8, 13]
                        new_V[state] = -1 + gamma * np.max(V[successor_states])
                if state == 13:
                        #状态13能够达到的下一个状态可以为状态12、14
                        successor_states = [12, 14]
                        new_V[state] = -1 + gamma * np.max(V[successor_states])
                if state == 14:
                        #状态14能够达到的下一个状态可以为状态10、13、15
                        successor_states = [10, 13, 15]
                        new_V[state] = -1 + gamma * np.max(V[successor_states])
                if state ==15:
                        #状态15为终止状态
                        successor_states = [15]
                        #达到终止状态，则奖励值为0
                        new_V[state] = gamma * np.max(V[successor_states])
        #对V表进行更新
        V = np.array(new_V)

        # 输出更新后的V表
        print('Iteration {}:'.format(ep + 1))
        print(V.reshape(4, 4))
```

在图 9-11 至图 9-17 中分别展示了值迭代的过程，其中 nan 表示此处为障碍物，不能通过，在迭代到第 5 次后 V 表就不再继续更新，后续的运行结果和图 9-17 一样，这里就不一一展示了。从迭代的 V 表中，我们可以通过值函数的大小找到一条最优路径。在本次的格子世界中，从状态 0 到状态 15 其实存在两条等价最优的路径，而这两条路径都被智能体找到并加以学习了，这就是值迭代的过程。

```
[[ 0.  0.  0.  0.]
 [ 0.  0. nan  0.]
 [ 0. nan  0.  0.]
 [ 0.  0.  0.  0.]]
```

图 9-11　初始 V 表

```
[[-1. -1. -1. -1.]
 [-1. -1. nan -1.]
 [-1. nan -1. -1.]
 [-1. -1. -1.  0.]]
```

图 9-12　迭代 1 次的 V 表

```
[[-1.5 -1.5 -1.5 -1.5]
 [-1.5 -1.5  nan -1.5]
 [-1.5  nan -1.5 -1. ]
 [-1.5 -1.5 -1.   0. ]]
```

图 9-13　迭代 2 次的 V 表

```
[[-1.75 -1.75 -1.75 -1.75]
 [-1.75 -1.75   nan -1.5 ]
 [-1.75   nan -1.5 -1.  ]
 [-1.75 -1.5 -1.    0.  ]]
```

图 9-14　迭代 3 次的 V 表

```
[[-1.875 -1.875 -1.875 -1.75 ]
 [-1.875 -1.875   nan -1.5 ]
 [-1.875   nan -1.5 -1.  ]
 [-1.75 -1.5 -1.    0.  ]]
```

图 9-15　迭代 4 次的 V 表

```
[[-1.9375 -1.9375 -1.875 -1.75 ]
 [-1.9375 -1.9375   nan -1.5 ]
 [-1.875   nan -1.5 -1.  ]
 [-1.75 -1.5 -1.    0.  ]]
```

图 9-16　迭代 5 次的 V 表

```
[[-1.96875 -1.9375 -1.875  -1.75 ]
 [-1.9375 -1.96875   nan -1.5 ]
 [-1.875   nan -1.5 -1.  ]
 [-1.75 -1.5 -1.    0.  ]]
```

图 9-17　迭代 6 次的 V 表

9.4　求解强化学习——无模型

　　强化学习的求解分为有模型算法和无模型的算法。上一节具体介绍了策略迭代和值迭代这两种有模型算法，并用值迭代算法实现了一个"格子世界"的小游戏。这一节中将会介绍另一种更加适用的算法——无模型的算法。在实际生活中，环境的未知性使得一些条件很难满足，而无模型的算法正是针对这一点，利用智能体去探索环境，同样也会利用无模型算法中的一种算法——Q-learning 去实现"格子世界"。将两种算法进行比较，能使读者更好地理解强化学习算法。

9.4.1　蒙特卡罗算法

　　蒙特卡罗法是基于随机采样的一种算法，采样越多，越近似最优解。首先通过一个例子来说明什么是蒙特卡罗算法，然后再来看它在解决强化学习时是怎么应用的。

　　有一箱苹果被包装起来看不见，第 1 次随机从箱子中拿出来两个苹果，留下较大的那个苹果，将较小的那个放回箱子中。接下来每次都从箱子中随机拿出一个，然后和手里的苹果相比较，依旧留下较大的那一个苹果，这样不断地进行取苹果，至少可以保证手里拿的永远都是相对而言"最大"的苹果，如图 9-18 所示。你取的次数越多，越有可能取到箱子里最大的苹果。

　　由此而言，蒙特卡罗算法的思想是：尽量找好的，但不保证是最好的。

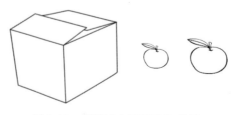

图 9-18　用蒙特卡罗算法取苹果

蒙特卡罗算法在进行学习的过程中，无论选择哪一种策略 π，都会从起始状态到达终止状态。就如每次从箱子中拿出苹果进行比较，然后将小苹果放回到箱子中，这就是一个采样过程。随后利用一系列的采样过程进行学习，最终得到最优解。将这种利用采样后的数据进行学习，从而找到最优解的方式，也就是一个回合更新一次，这种方式为离线学习（Off-line）。

蒙特卡罗算法是一种随机采样的算法，能够在一定程度上求解强化学习中无模型的任务。但是由于其自身算法存在一些不完美的地方，如耗时长、收敛速度慢、数据方差大等，于是人们找到了另一种能更好地解决强化学习中问题的算法——时间差分法。时间差分法采用的学习方法和蒙特卡罗算法不同，它采用的是在线学习（On-line）。在线学习是智能体和环境的一种交互，边互动、边学习，在动态交互过程中进行学习，进而找到最优解。

这两种学习方式的本质不同，也就决定了在求解强化学习任务时哪一种更加便利、更加适应复杂多变的环境。

9.4.2　时间差分法

虽然动态规划在一定程度上能够解决有模型的强化学习任务，但现实生活中，需要用到强化学习的地方大多不能提前获取环境信息，因此有一定的局限性。在后面所讲的无模型的蒙特卡罗算法中，能够在一定程度上用于解决无模型的强化学习任务，但因为其自身具有耗时长、收敛慢等缺点，在求解复杂的强化学习任务时也存在一些局限性。既然这两种算法都不能有很高的普适性，人们结合两者的优点，提出了更加具有普适性的时间差分法（Temporal-difference，TD）。

时间差分法结合了动态规划法和蒙特卡罗法的优点，截取了动态规划法中解决动态连续性任务的思想，同时也截取了蒙特卡罗算法中直接从环境中获取经验轨迹，免于模型的思想。但时间差分法也进行了改进，不再使用完整的经验轨迹进行学习，而是采用逐步递进的在线学习。

时间差分法通过下一时刻的价值去更新前一时刻的价值，似乎是承认了下一时刻的回报和价值足够优秀，从而利用了这个子结构进行更新。时间差分法（TD 法）更新值函数的公式为：

$$V(s_t) \leftarrow V(s_t) + \alpha[R_{t+1} + \gamma V(s_{t+1}) - V(s_t)] \tag{9.11}$$

式子中 $R_{t+1} + \gamma V(s_{t+1})$ 表示下一步预测的实际奖励，利用下一步的实际奖励与当前的状态值估计之差去更新值函数。时间差分法的具体流程如下。

输入：需要被估计的策略 π

初始化：$V(s) = 0$

循环：

    初始化状态 S

    循环：

        在策略 π 的作用下产生的状态 S 给出相应的动作 A

        执行动作 A，获得奖励 R 和下一状态 S'

        $V(s_t) \leftarrow V(s_t) + \alpha[R_{t+1} + \gamma V(s_{t+1}) - V(s_t)]$

        $S \leftarrow S'$，记录状态

    当状态 S 为终态时结束循环

输出：状态值函数

9.4.3　Q-learning 算法

时间差分法中利用率最高的就是 Q-learning。Q-learning 通过 Bellman 方程利用下一状态的 Q 值计算出当前 Q 值，计算出来的 Q 值与原来的该状态下的 Q 值存在一个差异，这个差异就是 Q 值的增量，通过这个增量去更新当前的 Q 值。

但在更新 Q 值的时候直接使用了最大的 Q 值，相当于采取了 Q 值最大的动作，并且与当前执行的策略，即选取动作时采用的策略无关。在 Q-learning 算法中，动作值函数的更新则不同于选取动作时遵循的策略，这种方式称为离线策略（Off-Policy）。

由于每次都只选择 Q 值最大的动作，因此这个算法也会导致部分的状态 – 动作不会被策略选中，相应的动作值函数也就无法得到更新。为了确保能收敛到最优策略，算法在生成动作时也相应地使用了 ε-greedy 策略，也就是贪婪策略。ε-greedy 能够根据选择的动作和反馈的奖励及时进行策略调整，避免陷入次优状态。

在时间差分法的基础上，对动作状态值函数直接选取最大值，偏向于最大值动作，改进时间差分法后提出了 Q-learning 算法，它的状态、动作值函数的更新公式为：

$$Q^*(s,a) \leftarrow Q(s,a) + \alpha\left[r + \gamma \max_a Q(s',a) - Q(s,a)\right] \tag{9.12}$$

其中目标函数为：

$$Target\,Q = r + \max_a Q(s',a) \tag{9.13}$$

在更新公式的帮助下，通过对 Q 值最大化的选择去更新 Q 表，我们可以了解到 Q-learning 算法的具体流程如下。

初始化：对于任意的 $s \in S$，$a \in A(S)$，Q（终止状态）$= 0$

循环（每一回合）：

　　初始化状态 S

　　循环（回合中的每一步）：

　　　　根据动作状态值 Q，在状态 S 下选择动作 A

　　　　执行动作 A，获得奖励 R 和下一状态 S'

　　　　$$Q^*(s,a) \leftarrow Q(s,a) + \alpha \left[r + \gamma \max_a Q(s',a) - Q(s,a) \right]$$

　　　　$S \leftarrow S'$，记录状态

　　当前状态 S 为终态时结束循环

输出：动作状态值函数 $Q(s, a)$

9.4.4　Q-learning 实现格子世界

接下来我们将利用 9.3.4 节中搭建的格子世界的环境，在这个环境中用 Q-learning 来实现这个小游戏，具体代码如下所示。其中 Q-learning 的输入为环境（env）、训练游戏的回合数（total_eps）、衰减因子（discount_rate）、学习率（learning_rate）、贪婪系数（epsilon）等，根据 Q 表的更新值，并且在贪婪系数的制约下选择最好的动作值，这就是 Q-learning 算法。

【例 9-3】用 Q-learning 算法实现格子世界。

```
#调取numpy用于数值、矩阵计算
import numpy as np
#从game中调取Game函数，game为【例9-1】所搭建的格子世界
from game import Game
#调用格子世界的环境
env = Game()
#定义Q-learning中的参数
#初始化回合数
total_eps = 100
T = 10
#衰减因子
discount_rate = 0.99
#学习率
learning_rate = 0.1
# 用于策略提升的参数设定
# 贪婪系数
epsilon = 1.0
#贪婪衰减率
epsilon_decay_rate = 0.003
#初始化Q表，用于存储动作和状态值
Q = np.zeros((len(env.stateSpace), len(env.actionSpace)))

#进行经验迭代，利用Q-learning算法更新动作、状态值
for ep in range(total_eps):
    #重建环境
```

```
        env.reset()
        #初始化开始状态
        state = env.currentState
        #每一时间步的迭代
        for t in range(T):
            #在策略的指导下，选择下一步动作
            if np.random.uniform(0, 1) > epsilon:
                action = np.argmax(Q[env.currentState])
            else:
                action = np.random.choice(env.actionSpace)
            # 在gridworld环境中做出下一步动作，得到状态、奖励、完成情况
            next_state, reward, done = env.step(action)
            # 利用Q-learning算法更新动作、状态值
            Q[state, action] += learning_rate * (reward + discount_rate * Q[next_
    state].max() - Q[state, action])
            #更新状态
            state = next_state
            # 进一步判断是否到达终止状态
            if done:
                break
            # 更新探索率，用于更新策略影响动作的选择
            epsilon = np.exp(-epsilon_decay_rate * ep)

    # 输出Q表
    print('Action-Value function for all states and actions:')
    print(Q)

    # 用学习到的策略运行格子世界
    env.playGame(Q)
```

用 Q-learning 算法使得格子世界能够更快、更好地运行起来，并找到最优策略去到达目标所在。为了便于观察，将本次运行的 Q 表显示出来，如图 9-19 所示。

在格子世界这个小游戏中，我们分别使用了值迭代算法和 Q-learning 算法来实现。在一定程度上，Q-learning 算法更快，当然由于最初搭建的格子世界本身就很简单，动作空间、状态空间等都不是很多，可能两个算法的差别表现得不是那么明显。但如果将这两种算法应用于更为复杂的环境中，很自然就能比较出两个算法在速度和精确度等方面的高下了。

当然格子世界还是一个简单的问题，那么是否上述这些算法就能够解决生活中的复杂问题呢？如下围棋、无人驾驶等。一旦状态、动作变多，我们需要多大的一张 Q 表才能放下所需的数据？庆幸的是，在强化学习发展的这些年里，又有很多更快、更精确的算法被提出，并被验证。在后面的章中，我们会继续学习这些优秀的算法，体会它们如何应用在小车立杆的游戏中，以及它们之间存在的差别。

```
Action-Value function for all states and actions:
[[-6.7933558  -5.85198506 -5.85198506 -6.79340495]
 [-5.85163886 -4.90099501 -6.7841455  -6.79260409]
 [-4.90065543 -3.940399   -4.90022872 -5.85092618]
 [-3.94019024 -3.94022462 -2.9701     -4.9002343 ]
 [-6.7909203  -6.78851433 -4.90099501 -5.84789522]
 [-5.85102531 -6.63009946 -6.71661505 -5.8510451 ]
 [ 0.          0.          0.          0.        ]
 [-3.94013471 -2.96921281 -1.99       -2.96959127]
 [-5.84933242 -4.90059219 -3.940399   -4.89093796]
 [ 0.          0.          0.          0.        ]
 [-2.72178566 -1.98792179 -1.98781627 -2.76647153]
 [-2.96846579 -1.98848259 -1.         -2.95459604]
 [-4.89694097 -2.9701     -3.93974653 -3.93930861]
 [-2.96966006 -1.99       -2.96906171 -3.93904717]
 [-2.95195771 -1.         -1.98953599 -2.96815563]
 [ 0.          0.          0.          0.        ]]
```

图 9-19　Q-learning 算法中的 Q 表

9.5　思考与练习

1. 概念题

1）强化学习能够解决什么样的问题？

2）强化学习的基本组成元素有哪几个？各元素之间的关系是什么？

3）强化学习的算法分为几类？每一类都有哪些代表性的算法？

4）简述策略迭代和值迭代的共同点和不同点。

5）简述蒙特卡罗算法和时间差分法的区别。

2. 操作题

1）利用策略迭代算法实现格子世界。

2）通过学习 Q-learning 算法，实现 9.1.2 节寻找宝藏的小游戏。

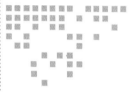

Chapter 10 第 10 章

深度强化学习

　　AlphaGo 的推出使得强化学习进入人们的视野，其中 AlphaGo 最引人瞩目的就是将强化学习和深度学习结合起来，创造了更加便捷、快速、计算能力强的深度强化学习。深度强化学习采用了深度学习优秀的感知能力和强化学习优秀的决策能力。在深度学习中，智能体根据输入的数据，感知到数据的本质，并对其建模，为后面的智能决策和控制提供更为坚实的基础。然后，智能体将深度学习强大的感知能力加在强化学习上，利用强化学习优秀的决策能力对实际任务进行有效的求解。这样就实现了一种极强的感知控制决策系统，具有很强的通用性，共同扩大了强化学习和深度学习的适用范围。

　　正是由于深度强化学习极强的通用性，各行各业都希望能够运用深度强化学习来便捷人们的生活，因此吸引了越来越多的人来研究和开发深度强化学习。在接下来的两章中，我们将浅显地介绍深度强化学习的知识和其中经典的算法，并对这些经典的算法做一个小应用，也就是我们在强化学习中提到的小车立杆的小游戏。利用不同的算法实现同一个游戏，这样能够使我们更加清楚不同算法之间的区别与联系。

10.1　深度强化学习框架

　　强化学习主要通过求解策略 π、状态值函数 $v(s)$ 和动作值函数 $q(s, a)$ 来让智能体选择下一步的动作。在之前的强化学习中，所有的值函数都是放在一个二维的表格中，通过对表格的求解来解决学习任务。但在求解实际问题中，我们需要处理的数据会非常庞大，很难再找到一个表格能够放下所有的数据，因此，我们将深度学习中搭建的网络应用到强化学习中，提出了深度强化学习算法。这个算法使智能体能够感知更加复杂的学习环境，并构建起更加复杂的动作、策略，从而提高强化学习的求解能力和通用性。

深度强化学习的一般学习框架如图 10-1 所示。

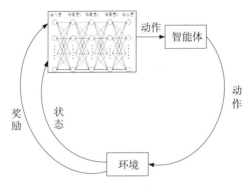

图 10-1　深度强化学习框架

智能体通过深度学习的网络来接收表示策略、状态值函数等，然后接收深度学习网络中的动作 a。在环境中智能体通过执行动作 a 来得到下一状态及奖励，并将奖励和状态值输入深度学习的网络中，将其中奖励作为损失函数的参数。然后，在深度学习的网络中，通过随机梯度算法对损失函数进行求导，经过网络模型的训练优化深度网络中的权值参数，以便给出更佳的策略。

大多数的深度强化学习网络都是基于价值网络和策略网络来近似价值函数和策略函数。同样，我们在学习深度强化学习网络时，也分为两个方向去学习，一个方向是基于值的算法更新；另一个方向是基于策略的算法更新。这两个方向包含的算法大致如图 10-2 所示。

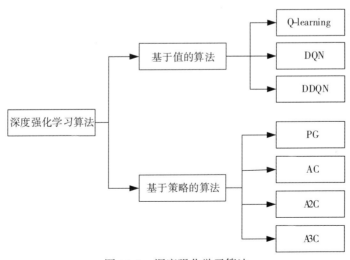

图 10-2　深度强化学习算法

10.2 TensorFlow 编程

"工欲善其事，必先利其器。"为了更好地解决深层次的强化学习任务，就需要找到一个强大的工具。而 TensorFlow 就是符合要求的求解工具之一，它能够完成处理数据、构建模型、训练模型和预测等工作，同时它具有更强的便捷性、可视性和扩展性等。对编写者而言，Keras 中很多都是固定模块化的东西，对于模块内的数据很难修改。而 TensorFlow 则拥有灵活的框架结构，对环境或算法的改动都很便捷，这也是 TensorFlow 被普遍适用的原因之一。对读者而言，在阅读过程中，可以提高对本书中所编写程序的接受能力。

本章将介绍 TensorFlow 中的几个重要概念，这些概念主要是计算图（Graph）、张量（Tensor）、会话（Session）等，使得读者能够对这几个重要的概念有一个初步的了解，再通过每个概念的实际应用进一步加深理解。

在后面的章节中，会频繁地使用 TensorFlow 中的计算图、张量、会话等主要概念，读者可在阅读了后续章节后再回过头翻阅本章内容，从而对 TensorFlow 有一个更深层次的认识。

10.2.1 TensorFlow 的计算模型——计算图

TensorFlow 是一种通过计算图模型来表述计算的编程系统。它的核心操作分为以下两步：

❑ 构建计算图
❑ 执行计算图

计算图就是 TensorFlow 中用来表示数据之间的关系、记录数据的"流向"结构。在计算图中，我们可以直接看出数据的计算流程。而借助 TensorFlow 中自带的绘制计算图的工具——TensorBoard，能够使得计算图显示出来，便于读者理解其中的结构和数据流向。因此掌握了计算图，就掌握了 TensorFlow 的基本运作原理。

计算图中使用节点（node）来表示运算形式，每个节点可以有多个输入和输出，并且输入和输出都为张量（tensor）。节点和节点之间用箭头连接，连接线表示两个节点之间的依赖关系，箭头表示数据流动的方向。

在 TensorBoard 中我们能够找到简单的计算图中主要包含的几种元素。如图 10-3 所示为这几种元素的表现形式及意义。

计算图中包含了一个计算任务中的所有变量和计算方式。例如（1+2）可以被看作两个常量表达式，以一个二元运算表达式连接起来，包含了两个张量（tensor）和一个运算（op）。详细介绍计算图，可以从两个向量相加的例子开始。

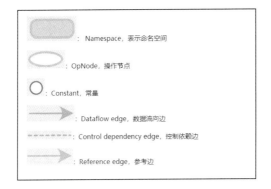

图 10-3　计算图中主要元素

【例 10-1】利用 TensorFlow 计算 1+2，并显示计算图。

```
#导入TensorFlow模块，便于后续对TensorFlow中的函数进行调用
import tensorflow as tf
#constant将计算结果保存在变量a中
a = tf.constant([1.0], name='a')
# constant将计算结果保存在变量b中
b = tf.constant([2.0], name='b')
#常量相加计算
result = tf.add_n([a,b],name='add')
#为了查看结果，必须创建一个会话，并用函数eval来查看计算的值
sess=tf.Session()
with sess.as_default():
    print('结果是: ', result.eval())
    #生成一个具有写权限的日志文件操作对象，将当前命名空间的计算图写到日志中
    writer = tf.summary.FileWriter('/Users/user008/log',tf.get_default_graph())
    writer.close()
```

执行上述程序后得到的结果如图 10-4 所示。

在得到结果后，我们仍然想看看是怎么得到结果的，这时就
需要使用 TensorFlow 中自带的绘图工具 TensorBoard。

结果是: 　[3.]

图 10-4　a+b 的运算结果

编写 TensorFlow 程序时，系统会自动维护一个默认的计算图，在上述代码中，
TensorFlow 会自动将定义的 a 和 b 转化为计算图中的节点添加到默认的计算图中，并通过
tf.get_default_graph() 函数来获取当前默认的计算图。

【例 10-2】计算图的创建。

```
import tensorflow as tf
#使用Graph()创建一个计算图
g1=tf.Graph()
#将定义的计算图使用as_default()函数设置为默认
with g1.as_default():
    #创建计算图中的变量并设置初始值
```

```
    a=tf.get_variable("a",[2],initializer=tf.ones_initializer())
with tf.Session(graph=g1) as sess:
    #初始化计算图中所有变量
    tf.global_variables_initializer().run()
    with tf.variable_scope('',reuse=True):
        print(sess.run(tf.get_variable('a')))
```

执行上述程序后得到的结果如图 10-5 所示。

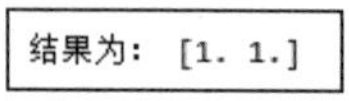

结果为：[1. 1.]

图 10-5　创建计算图结果

计算图的运行结果输出的并不是一个数值，而是一个张量，表明 a 为一个一维张量，张量能够表示计算图的数据模型，具体的用法在下一节中会讲到。

计算图的创建和执行都运行完后，如果想更加直观地查看计算图的数据结构，我们就需要用到 TensorFlow 中自带的绘图模块 TensorBoard。下面将会对 TensorBoard 的启动做一个详细的说明。在 Windows 系统中，按照下列步骤启动 TensorBoard：

1）在 Windows 系统中打开"命令提示符"。

使用 dir 显示目录，本次程序放置在目录 C:\Users\user008\log 中。执行的目录和放置的文件夹有关，放置位置不同，则执行目录不同。读者可根据情况自己修改。

2）先确认 log 目录文件是否生成。

```
C:\Users\user008>dir c:\Users\user008\log
```

3）启动 TensorFlow 的虚拟环境。

```
C:\Users\user008>activate tensorflow
```

4）启动 tensorboard。

```
(tensorflow) C:\Users\user008>tensorboard --logdir==c:\Users\user008\log
```

5）在上述步骤都完成后，命令提示符中会给出一个网址。

```
TensorBoard 1.13.1 at http://DESKTOP-ING31PO:6006 (Press CTRL+C to quit)
```

将上述网址复制到浏览器后，浏览器会打开 TensorBoard 的界面，如图 10-6 所示。在这个界面里，我们可以看到上述程序中的计算关系，如图 10-7 所示。

在上述的小例子中，实际上用到了一些我们还没有了解的知识，比如使用 with 运行会话（session）等，这些相关知识会在后面的几节中进行讲解。这个小例子中，我们重点关注的是如何创建计算图和如何查看所创建的计算图。

计算图是静态的，在你搭建完模块后，这个计算图的每个节点接收和输出什么样的张量都已经被固定下来了。要运行这个图，就需要一个会话（session），在会话中，这个图才会动起来，真正运行起来。

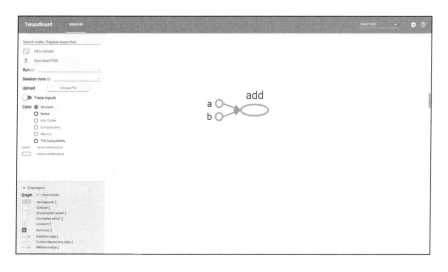

图 10-6　TensorBoard 的界面

10.2.2　TensorFlow 的数据模型——张量

从 TensorFlow 的命名就可以看出，在整个 TensorFlow 的模型中，张量（Tensor）可谓贯穿其中。在 TensorFlow 中，所有的数据都可以用张量的形式表达出来。

图 10-7　a+b 的计算图

1. 张量的概念

张量，通俗一点讲就是不同维度的数组。从功能角度上讲，零维张量表示的是一个标量，也就是一个数；一维张量表示的是一个向量，也就是一维数组；二维张量表示的是一个矩阵；N 维张量表示的是 N 维矩阵。张量中保存的并不是数组、数字，而是对运算结果的引用，保存的是如何得到这些运算结果的过程。张量中主要保存了 3 个属性："名字（name）""维度（shape）""类型（type）"。

（1）name

它是张量的唯一标识符，同时给出了这个张量是如何计算出来的。TensorFlow 的计算可以通过计算图模型来建立，而计算图上的每个节点代表了一个计算，计算的结果就保存在张量之中，这样张量的命名就可以通过 " node:str_output" 的形式来给出。其中 node 为节点的名称，str_output 表示当前张量来自节点的第几个输出。

（2）shape

它表示张量的维度信息，维度是一个张量很重要的属性。TensorFlow 提供了很多修改数据维度的函数，如 reshape() 等。

（3）type

它表示张量的数据类型。在一个计算图中，要保证参与运算的张量类型一致，否则就会报错，每一个张量都会有唯一的类型。TensorFlow 中有 14 种不同的数据类型，可以大致分为 6 类：有符号整型（tf.int8、tf.int16、tf.int32、tf.int64）、无符号整型（tf.uint、tf.unit16）、浮点型（tf.float16、tf.float32、tf.float64、tf.double）、字符串型（tf.string）、布尔型（tf.bool）、复数型（tf.complex64、tf.complex128）。在声明变量或常量时，可以用 dtype 参数指定所需数据类型，若不指定数据类型，则系统将会给出给定类型，无小数部分的给定类型为 tf.int32，有小数部分的给定类型为 tf.float32。不过这样不给数据定类型而使用默认类型，经常会导致在运算过程中出现错误，因此在编写程序的过程中，最好给定数据类型。

2. 张量的使用

张量在 TensorFlow 的应用中并没有特殊的单独使用规则，而是渗透到了每一个地方。比如，在【例 10-1】中，a 和 b 就被定义为张量运用于计算图中，且 a 和 b 都是作为一维张量出现的。在本节中，我们将 a 和 b 的张量定为二维，继续执行相加的任务。

【例 10-3】利用 TensorFlow 计算二维张量相加。

```
#导入TensorFlow模块，便于对TensorFlow中的函数进行调用
import tensorflow as tf
#constant将计算结果保存在变量a中
a = tf.constant([1.0, 2.0], name='a')
# constant将计算结果保存在变量b中
b = tf.constant([3.0, 1.0], name='b')
result = a + b
#定义会话
with tf.Session()as sess:
    tf.initialize_all_variables().run()
#运行会话
    print(sess.run(result))
```

a 和 b 都为一行两列的张量，两个张量相加的结果依然是一行两列的张量，输出的结果如图 10-8 所示。

结果为 [4. 3.]

图 10-8　二维张量相加结果

当计算图构建完成之后，可以使用张量对运算的具体数值进行查看。这需要用到 TensorFlow 中的另一个重要模型——会话。在调用会话的 run 函数时，将想要得到的真实数字的张量传递进去，而【例 10-3】展示了这个运行过程。

10.2.3　TensorFlow 的运行模型——会话

会话是 TensorFlow 中控制和输出文件的执行语句，运行会话可以获得你要知道的运算结果，或你所要运算的部分。在前面几节中，其实我们在查看运算结果的时候已经使用了

会话的程序，但也仅仅是知道必须要用 session 的相关几句程序，才能得到我们想要的结果。但是为什么要这样使用呢？接下来，对会话的概念及使用进行介绍。

1. 会话的概念

会话就是用户使用 TensorFlow 时的交互式接口，它被实现为 Session 类。Session 类提供了 run() 方法来执行计算图。

会话（Session）的意义就是执行上面定义好的张量（Tensor）和计算图（Graph）进行运算。举个例子来说明它们之间的关系：计算图是计划书，张量是完成计划所需要的物资，会话就是计划的执行者。会话拥有并管理 Tensorflow 程序运行时的所有资源。Session 可以管理运行时的所有资源，帮助资源回收。

前文介绍过 TensorFlow 会自动生成一个默认的计算图，如果没有特殊指定，运算会自动加入这个计算图中。TensorFlow 中的会话也有类似的机制，但 TensorFlow 不会自动生成默认的会话，而是需要手动指定。默认的会话被指定之后可以通过 tf.tensor.eval() 函数来计算一个张量的取值。

2. 会话的使用

会话拥有并管理 TensorFlow 程序运行的所有资源，当所有程序运行结束后需要关闭会话来帮助系统回收资源，否则就可能出现资源泄露的问题。

因为矩阵 c 不是直接计算的步骤，所以我们要使用会话来激活矩阵 c 并得到计算结果。有两种模式使用会话控制：第 1 种模式需要明确调用会话生成函数 sess = tf.Session() 和关闭会话函数 sess.close()，使用这种模式时，所有计算完成后，需要明确调用 sess.close() 函数关闭会话并释放资源；然而当程序因为异常而退出时，关闭会话函数 sess.close() 可能就不会被执行，从而导致资源泄露。第 2 种模式通过 Python 的上下文管理器 with 来使用会话，这就解决了异常退出导致资源泄露的问题。接下来将利用两个矩阵相乘的例子来解释两种会话模式是如何运行的。

【例 10-4】两个矩阵相乘，利用会话模式 1 显示结果。

```
#导入TensorFlow模块，便于对TensorFlow中的函数进行调用
import tensorflow as tf
#创建一个一行两列的矩阵a
a = tf.constant([[2,3]])
#创建一个两行一列的矩阵b
b = tf.constant([[3],
                 [2]])
#两个矩阵相乘得到一个新矩阵c
c = tf.matmul(a, b)
#创建会话
sess = tf.Session()
#使用这个创建好的会话得到运算结果
```

```
result = sess.run(c)
#输出运算结果
print('(1)结果为: ', result)
#关闭会话，防止内存泄露
sess.close()
```

矩阵相乘的结果为一个一行一列的矩阵，如图 10-9 所示。

【例 10-5】两个矩阵相乘，利用会话模式 2 显示结果。

```
#导入TensorFlow模块，便于对TensorFlow中的函数进行调用
import tensorflow as tf
#创建一个一行两列的矩阵a
a = tf.constant([[2,3]])
#创建一个两行一列的矩阵b
b = tf.constant([[3],
                 [2]])
#两个矩阵相乘得到一个新矩阵c
c = tf.matmul(a, b)
#创建会话，并通过Python中的上下文管理器来管理这个会话
with tf.Session() as sess:
    #使用创建好的会话来计算结果
    result2 = sess.run(c)
    #输出矩阵相乘结果
    print('(2)结果为: ', result2)
```

```
(1)结果为: [[12]]
```
图 10-9 会话模式 1 得到的矩阵相乘结果

利用不同的会话模式得到的结果相同，如图 10-10 所示。

```
(2)结果为: [[12]]
```
图 10-10 会话模式 2 得到的矩阵相乘结果

两种会话模式得到的运行结果是一样的，这说明两种会话模式在本质上没有区别。第 2 种会话模式在退出时自动完成会话关闭和资源释放，因此解决了第 1 种模式在异常关闭时的资源泄露问题，因此第 2 种会话模式使用率更高。

10.2.4 TensorFlow 变量

当训练模型的时候，用变量来存储和更新参数。变量包含张量，存放于内存的缓存区。建模时它们需要被明确地初始化，模型训练后它们需要被存储到磁盘中，这些变量的值可在之后模型训练和分析中被加载进来。TensorFlow 变量是表示程序处理的共享持久状态的方式。在函数体内使用 tf.variable() 或者 tf.get_variable() 定义变量的时候，与其他语言不同，在 TensorFlow 的函数体内定义的变量并不会随着函数的执行结束而消失，这是因为 TensorFlow 内部包含了全局变量及局部变量的设置。

1. 变量的创建

当创建一个变量时，将一个张量作为初始值传入构造函数 Variable() 中，TensorFlow 提供了一系列的操作来初始化张量，初始值是常量或随机值。当然，所有这些操作符都

需要指定张量的 shape，形状自动成为变量的 shape。变量的 shape 通常都是固定的，但 TensorFlow 提供了高级的机制来重新调整其行列数。

```
weights = tf.Variable(tf.random_normal([784, 200], stddev=0.35),
name="weights")
biases = tf.Variable(tf.zeros([200]), name="biases")
```

调用 tf.Variable() 添加一些操作（operation，Op）到 graph：

1）一个 Variable 操作存放变量的值。

2）一个初始化操作将变量设置为初始值，这事实上是一个 tf.assign 操作。

3）初始值的操作，例如示例中对 biases 变量的 zeros 操作也被加入到 graph。

tf.Variable 的返回值是 Python 的 tf.Variable 类的一个实例。

2. 变量的初始化

在 TensorFlow 中，声明一个变量需要使用变量声明函数 Variable()，因为在声明这个变量时就要为这个变量提供初始值，所以函数的内部需要给出这个变量的初始化方法。

变量的初始化必须在模型的其他操作运行之前明确地完成。最简单的方法就是添加一个给所有变量初始化的操作，并在使用模型之前首先运行初始化操作。

使用 tf.initialize_all_variables() 添加一个操作对变量做初始化，并记得在完全构建好模型并加载之后再运行初始化操作。

```
#创建两个变量'weights',' biases'
weights = tf.Variable(tf.random_normal([784, 200], stddev=0.35),
name="weights")
biases = tf.Variable(tf.zeros([200]), name="biases")
...
#初始化所有变量
init_op = tf.initialize_all_variables()
#运行会话
with tf.Session() as sess:
#运行初始化操作
sess.run(init_op)
```

TensorFlow 中的变量的初始值除了可以设置为随机数外，还可以设置为常数，或者由其他变量的初始值得到。下面将给出常量的生成函数。

有时候会需要用另一个变量的初始化值给当前变量初始化。由于 tf.initialize_all_variables() 是并行地初始化所有变量，所以在有这种需求的情况下需要小心。在用其他变量的值初始化一个新的变量时，使用其他变量的 initialized_value() 属性。可以直接把已经初始化的值作为新变量的初始值，或者把它当作 tensor 计算得到一个值赋给新变量。

```
#产生一个范围在[784,200]的随机值
weights = tf.Variable(tf.random_normal([784, 200], stddev=0.35),
name="weights")
```

```
#创建另一个与'weights'具有相同值的变量
w2 = tf.Variable(weights.initialized_value(), name="w2")
#创建另一个变量，其值为'weights'的2倍
w_twice = tf.Variable(weights.initialized_value() * 2, name="w_twice")
```

自定义初始化：tf.initialize_all_variables() 函数通过便捷地添加一个操作来初始化模型的所有变量，也可以给它传入一组变量进行初始化，包括检查变量是否被初始化。

3. 变量的保存和加载

最简单的保存和加载模型的方法是使用 tf.train.Saver()。构造器给 graph 中的所有变量或定义在列表里的变量添加 saver 和 restore ops。saver 对象提供了方法来运行这些操作，定义存储文件的读写路径。

检查点文件：变量存储在二进制文件里，主要包含从变量名到 tensor 值的映射关系。当创建一个 saver 对象时，可以选择性地为检查点文件中的变量挑选变量名。默认情况下，每个变量的属性值是与这个变量相关联的存储单元的内容。

（1）保存变量

用 tf.train.Saver() 创建一个 saver 来管理模型中的所有变量。

```
#创建多个变量
v1 = tf.Variable(..., name="v1")
v2 = tf.Variable(..., name="v2")
...
#初始化变量
init_op = tf.initialize_all_variables()
#存储所有变量
saver = tf.train.Saver()
#运行会话，并把变量存储到磁盘中
with tf.Session() as sess:
sess.run(init_op)
#对会话中的数据进行操作
...
#将变量存储到磁盘中
save_path = saver.save(sess, "/tmp/model.ckpt")
print "Model saved in file: ", save_path
```

（2）恢复变量

用同一个 saver 对象来恢复变量。注意，当从文件中恢复变量时，不需要事先对它们初始化。

```
#创建多个变量
v1 = tf.Variable(..., name="v1")
v2 = tf.Variable(..., name="v2")
...
#存储所有变量
saver = tf.train.Saver()
```

```
#运行会话，使用保护程序从磁盘中恢复变量，并对模型进行一些操作
with tf.Session() as sess:
# 从磁盘中恢复变量
saver.restore(sess, "/tmp/model.ckpt")
print "Model restored."
```

（3）选择存储和恢复哪些变量

如果不给 tf.train.Saver() 传入任何参数，那么 saver 将处理 graph 中的所有变量。其中每一个变量都以变量创建时传入的名称被保存。

有时在文件中明确定义变量的名称很有用。举个例子，你也许已经训练得到了一个模型，其中有个变量命名为"weights"，你想把它的值恢复到一个新的变量"params"中，可以将训练得到的变量"weights"明确定义为"params"。

有时仅保存和恢复模型的一部分变量很有用。再举个例子，你也许训练得到了一个 5 层神经网络，现在想训练一个 6 层的新模型，可以将之前的 5 层模型的参数导入新模型的前 5 层中。

可以通过给 tf.train.Saver() 构造函数传入 Python 字典，很容易地定义需要保存的变量及对应名称：键对应使用的名称，值对应被管理的变量。

10.2.5　TensorFlow 共享变量

TensorFlow 中的变量一般就是模型的参数，通过 tf.variable() 函数生成变量，而当模型变得复杂的时候，变量的使用就异常繁琐。但是如果想要参数共享，就需要将一般变量定义成全局变量。TensorFlow 使用了 get_variable() 来实现变量共享，并有一个特殊的机制来共享变量，这个机制为 Variable Scope()，其用法如下：

```
#创建或返回给定名称的变量
tf.get_variable(<name>, <shape>, <initializer>)
#管理传给get_variable()的变量名称的作用域
tf.variable_scope(<scope_name>)
```

其中，name 就是变量的名称，shape 是变量的维度，initializer 是变量初始化的方式。初始化的方式有以下几种：

```
tf.constant_initializer(): 常量初始化函数
tf.random_normal_initializer(): 正态分布初始化函数
tf.truncated_normal_initializer(): 截取的正态分布初始化函数
tf.random_uniform_initializer(): 均匀分布初始化函数
tf.zeros_initializer(): 全部置0的初始化函数
tf.ones_initializer(): 全部置1的初始化函数
tf.uniform_unit_scaling_initializer(): 满足均匀分布，但不影响输出数量级的随机值
```

tf.get_variable() 和 tf.Variable() 不同的一点是，前者拥有一个变量检查机制，会检

测已经存在的变量是否被设置为共享变量。如果已经存在的变量没有被设置为共享变量，TensorFlow 运行到第 2 个拥有相同名字的变量的时候，就会报错。

tf.Variable() 和 tf.get_variable() 的另一个区别是前者的 name 可以为空，也就是说系统会自行处理；而后者的 name 则是必须被指定的，系统不会自行处理。这个看似细微的区别其实恰恰反映出二者本质上的不同。事实上，使用 tf.Variable() 时，如果检测到命名冲突，系统会自己处理；而使用 tf.get_variable() 时，系统不会处理冲突，而会报错。

10.3　Gym 的安装及使用

在讲解深度强化学习算法时，我们需要对这些算法加以应用。这里需要被提及的就是 Gym 这个强大的工具。虽然在前面我们学习了 TensorFlow 这个便捷、强大的工具，它也能够帮助我们完成很多强化学习的任务，但是还有很多工作是 TensorFlow 不能完成的，这时就需要 Gym 来辅助 TensorFlow 更好地完成深度强化学习的任务。Gym 主要是用来生成常见的深度强化学习模拟环境，有了这个工具，我们可以直接与环境进行交互学习、训练模型，而不必考虑环境中种种复杂的逻辑。Gym 的使用方便和拥有大量的仿真环境等特点，使得其具有易用性。

10.3.1　Gym 的安装

Gym 的安装是在 anaconda 目录下，执行以下命令：

```
pip install gym
```

完成这一步后，我们就成功地安装了基本的 gym 库。

同样，还有另一种安装方式，直接克隆 GitHub 里面的资源进行安装。这种方法在需要自己添加环境时或者修改环境时会比较有用。用下面的命令进行下载和安装：

```
git clone https://github.com/openai/gym
cd gym
pip install -e .
```

然后可以运行以下命令安装环境中包含的所有游戏：

```
pip install -e .[all]
```

接下来，我们通过一个小例子来检查 gym 是否安装完成。

1）导入 gym。

```
import gym
```

2）创建小车立杆的模拟环境。

```
env = gym.make('CartPole-v0')
```

3）初始化环境。

```
env.reset()
```

4）刷新当前环境并显示。

```
env.render()
```

通过运行上述代码，我们可以看到一个小车立杆的画面，如图 10-11 所示。

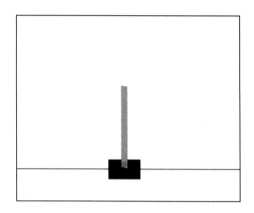

图 10-11　小车立杆

能够将小例子运行成功，也就说明 Gym 的安装成功了。小车立杆是一个非常经典的游戏，在接下来讲解深度强化学习算法时，我们就会利用这个经典的游戏和不同的算法进行结合，看看不同的算法在同一个游戏中如何应用，而哪种算法更适合这个游戏。

10.3.2　Gym 的使用

Gym 中接触的第 1 个对象就是环境，它模拟了人机交互的环境，并将一些常用的功能封装起来，我们只需要知道游戏对应的名字就可以创建对应的环境。

```
import gym
env = gym.make('gym name')
```

gym 库的核心是使用 env 对象作为统一的环境接口。其中 env 对象包含以下 3 个核心方法。

1）reset(self)：重置环境状态，将环境设置成初始状态 s_0。

2）step(self,action)：传入一个动作值，这个动作值为智能体在此时此刻将要完成的动作。环境会返回的信息有，状态（state）、奖励（reward）、任务是否结束标志（done）和游戏的附加信息（info）。

3）render(self,mode='home', close=False)：重新绘制环境。

env 环境的 3 个核心方法加上智能体的操作，就组成了一个完整的学习交互过程，如图 10-12 所示。

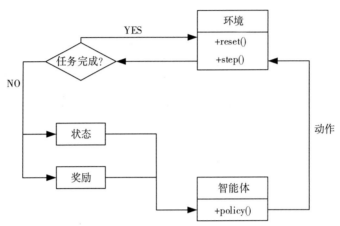

图 10-12　基于 Gym 的学习交互过程

在了解了 Gym 的学习交互过程后，接下来利用它们实现一个最简单的小游戏。游戏中小车的行动完全随机，不考虑每一步带来的影响。

【例 10-6】调用 gym，实现小车立杆的游戏。

```
#导入gym库，便于后面对环境的调用
import gym
#声明调用的环境
env = gym.make('CartPole-v0')
#迭代次数
for i in range(20):
    #环境中产生状态
    state = env.reset()
    #时间步的迭代
    for i in range(100):
        #刷新环境并显示
        env.render()
        #执行随机选择的动作，并得到环境返回的信息：下一个状态、奖励、完成状态和其他信息
        state_, reward, done, info = env.step(env.action_space.sample())
        #如果任务已经完成，则对环境进行刷新
        if done:
            env.reset()
```

执行完【例 10-6】可以看到我们所调用的 CartPole-v0 环境，并看到其迭代的过程，如图 10-13 所示。

在这个例子中，每一次的迭代都是随机选择动作来执行的，函数 env.action_space.sample() 返回的就是随机产生的动作 action，env.step(action) 函数主要来执行对应的动作。

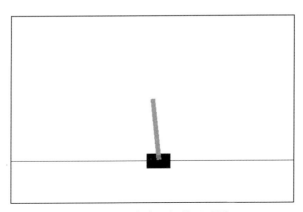

图 10-13 小车立杆的显示图

10.4 基于值的算法更新

我们知道，深度强化学习的算法大致分为两个方向，一个方向是基于值的算法更新，另一个算法是基于策略的算法更新。这一节中，我们将学习基于值的算法，以 Q 网络为例。接下来将 Q 网络的各种算法 Q-learning、DQN、DDQN 与 gym 中的 CartPole-v0 环境结合起来，进一步理解深度强化学习算法。

10.4.1 Q-learning 实现

Q-learning 实际上是强化学习里的算法，其算法流程等可以在 9.4.3 节中查看，在这里就不多做介绍了。Q-learning 算法的更新公式如下：

$$Q^*(s,a) \leftarrow Q(s,a) + \alpha \left[r + \gamma \max_a Q(s',a') - Q(s,a) \right] \qquad (10.1)$$

Q-learning 算法在初始化状态 s 后，直接进入经验轨迹的迭代中，并根据贪婪策略在状态 s' 下选择动作 a'。

【例 10-7】利用 Q-learning 算法实现 CartPole-v0 的游戏。

这个游戏比较简单，基本要求就是控制下面的 cart（小车）移动，使连接在上面的 pole（杆）保持垂直不倒。这个任务只有两个离散动作，要么向左用力，要么向右用力。而 state 状态就是这个 cart 的位置和速度，以及 pole 的角度和角速度，4 维的特征。

```
#导入gym库，便于后面对环境的调用
import gym
#导入numpy库，便于后面的矩阵的调用
import numpy as np
#便于对随机数据的采用
```

```
import random
#便于对数学公式的调用
import math
#导入画图模块
import matplotlib.pyplot as plt
#初始化 "Cart-Pole" 环境
environment = gym.make('CartPole-v0')
environment.seed(0)

#有4个观测值：0，小车的位置；1，小车的速度；2，杆的角度；3，杆的角速度
#每个状态维度的离散状态数
number_states = (1, 1, 6, 3)   # (x, x', theta, theta')

#有2个动作：0，向左；1，向右
#环境动作的数目
number_actions = environment.action_space.n # (左，右)

#每个离散状态的界限
state_bounds = list(zip(environment.observation_space.low,   environment.
observation_space.
high))
state_bounds[1] = [-1, 1]
state_bounds[3] = [-math.radians(50), math.radians(50)]
#用于存储奖励值
GLOBAL_RUNNING_R = []
#测试的相关参数设定
max_iteration = 300
max_step = 250
success_to_end = 100
pretest_number = 199

#学习的相关参数设定
min_explore_rate = 0.01
min_learning_rate = 0.1

#创建Q表并初始化
q_table = np.zeros(number_states + (number_actions,))

def observation_to_state(observation):
    states_list = []
    #确定状态值的范围
    for i in range(len(observation)):
        if observation[i] <= state_bounds[i][0]:
            state_index = 0
        elif observation[i] >= state_bounds[i][1]:
            state_index = number_states[i] - 1
        else:
            #将状态边界映射到状态数组
            bound_width = state_bounds[i][1] - state_bounds[i][0]
            offset = (number_states[i]-1)*state_bounds[i][0]/bound_width
            scaling = (number_states[i]-1)/bound_width
```

```
            state_index = int(round(scaling*observation[i] - offset))
        states_list.append(state_index)
    return tuple(states_list)
#选择所要执行的动作
def select_action(state, explore_rate):
    #选择一个随机的动作
    if random.random() < explore_rate:
        action = environment.action_space.sample()
    #选择Q值最大的动作
    else:
        action = np.argmax(q_table[state])
    return action
#获取探索率
def get_explore_rate(t):
    return max(min_explore_rate, min(1, 1.0 - math.log10((t+1)/25)))
#获取学习率
def get_learning_rate(t):
    return max(min_learning_rate, min(0.5, 1.0 - math.log10((t+1)/25)))

if __name__ == "__main__":

    #初始化学习参数
    learning_rate = get_learning_rate(0)
    explore_rate = get_explore_rate(0)
    discount_factor = 0.98
    num_success = 0

    #训练模型得到最大迭代事件
    for i in range(max_iteration):
        #重建环境
        observation = environment.reset()
        total_reward = 0
        #初始化状态
        state_0 = observation_to_state(observation)
        #历经迭代过程中的每一步
        for t in range(max_step):
            environment.render()
            #从状态中选择一个动作
            action = select_action(state_0, explore_rate)
            #在每一步动作之后获取状态、奖励、是否完成任务
            observation, reward, done, _ = environment.step(action)
            #观察得到的状态信息
            state = observation_to_state(observation)
            #找到Q表中的最大值
            best_q = np.amax(q_table[state])
            #利用Q-learning算法更新动作值函数q(s,a)
            q_table[state_0 + (action,)] = q_table[state_0 + (action,)] +
learning_rate * (reward + discount_factor * (best_q) - q_table[state_0 +
(action,)])
            #设置下一次迭代s--s'
            state_0 = state
```

```
        total_reward += reward
        #输出观测的几个值

        if done:
            print('Iteration No: %d -- TimeSteps:%d -- Success: %d -- Best Q:
%f --Explore rate: %f --Learning rate: %f --Total reward: %d' % (i + 1, t, num_
success,best_q,explore_rate,learning_rate,total_reward))
                # after pretest_number
                if (t >=pretest_number):
                    num_success += 1
                else:
                    num_success = 0
                break

    #当成功次数在100次以上时，游戏结束
    if num_success > success_to_end:
        break
    # 更新两个参数
    explore_rate = get_explore_rate(i)
    learning_rate = get_learning_rate(i)
    #将奖励值存储到数列中
    GLOBAL_RUNNING_R.append(total_reward)
    #画出奖励值和时间步的关系
    plt.plot(np.arange(len(GLOBAL_RUNNING_R)), GLOBAL_RUNNING_R)
    plt.title('Q-Learning reward' )
    plt.xlabel('time step')
    plt.ylabel('moving reward')
    plt.show()
```

我们将 Q-learning 算法和已知的游戏 CartPole-v0 相结合，并将奖励值和时间步的对应关系展现出来，如图 10-14 所示。在图中，可以明显看到随着迭代次数的增加，小车能够得到的奖励值在不断提升，最终会保持在 200 左右。当然在这个迭代过程中，仍然会出现一些得分值较低的时刻，这是因为存在着探索环境和利用环境的过程，在贪婪指数的控制下选择一些之前未尝试过的动作。本次显示的图像由于迭代次数很少，显现出来的结果并不是很稳定，读者可查阅代码后将迭代次数增加，这样训练出来的模型会更加稳定。

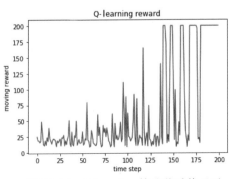

图 10-14　Q-learning 算法奖励值显示

10.4.2　DQN 算法原理

DQN 算法是由 Google DeepMind 团队首先提出的第一个深度强化学习算法，并在 2015 年进一步完善，发表在 2015 年的 *Nature* 上。DeepMind 将 DQN 应用在计算机玩 Atari 游戏中，不同于以往的做法，它仅使用视频信息作为输入，也就是将视频帧数据作为输入状态，运行方式大致与人类玩游戏一样。在这种情况下，基于 DQN 算法的程序在多种 Atari 游戏上取得了超越人类水平的成绩。这也是深度强化学习概念的第一次提出，并由此开始快速发展。

DQN 的主要算法流程是把神经网络与 Q-learning 算法相结合，利用了神经网络强大的感知能力，把视频帧数据作为强化学习中的状态，并作为智能体的输入。

DQN 之所以能够将深度学习和强化学习较好地结合来，是因为 DQN 引入了三大核心技术。

1. 目标函数

DQN 算法中的卷积神经网络是在对连续状态下的动作值函数 $Q(s, a)$ 进行近似。首先需要确定网络优化的目标，然后选择合适的已学的参数学习方法（如最小二乘法、梯度下降法等）去更新权重，通过对权重参数的更新进而得到对动作值函数的近似。而目标函数的确定是通过 Q-learning 算法构建了网络可优化的损失函数。

将更新 Q 值的目标函数设置为 Q-learning 算法中差值的均方差：

$$L(\omega) = E[(r + \gamma \max_{a'} Q(s', a', \omega) - Q(s, a, \omega))^2] \tag{10.2}$$

式（10.2）中的 ω 为卷积神经网络的权重参数，则目标 Q 值为：

$$\text{Target} Q = r + \gamma \max_{a'} Q(s', a', \omega) \tag{10.3}$$

DQN 算法中的损失函数基于 Q-learning 算法的更新公式，都是基于当前的 Q 值，逼近目标 Q 值。

接下来就可以采用梯度下降法对卷积神经网络中损失函数的权重参数 ω 进行求解，如下：

$$\frac{\partial L(\omega)}{\partial \omega} = E\left[\left(r + \gamma \max_{a'} Q(s', a', \omega^-) - Q(s, a, \omega)\right) \frac{\partial Q(s, a, \omega)}{\partial \omega}\right] \tag{10.4}$$

2. 目标网络

智能机器人选择什么样的动作，实际上对环境是有影响的，也就是当预测的 Q 值变化时，目标的 Q 值也会随之而变化。这就意味着后面产生数据的分布也在变化，训练出来的策略可能不稳定，这在一定程度上增加了模型震荡和发散的可能性。

为了解决上述问题，DQN 算法提出在网络参数的更新中进行改革，使用两个结构相同但参数不同的神经网络。首先，使用旧的网络参数 ω^- 来评估一个经验样本中的下一个时间步的状态 Q 值，然后，相隔设定的步数后，再一次更新旧的网络参数 ω^-。而新的网络参数是实时更新的，为待拟合的网络提供了一个稳定的训练目标，并给予了充分的训练时间，也就是相隔的步数，这样参数不同的神经网络能够更好地控制估计误差。

DQN 算法使用两个不同的神经网络进行学习，网络 1 为：预测网络 $Q(s, a, \omega)$，用来评估当前状态动作的价值函数；网络 2 为：目标网络 $Q(s, a, \omega^-)$，用来产生目标价值函数。

目标网络的更新是先利用梯度下降法，也就是利用式（10.4）来求解预测网络中的网络参数 ω，然后经过设定的迭代次数后，将预测网络中的参数 ω 复制给 ω^-，更新目标网络。

DQN 算法使用这种在一段时间内保持 Q 值不变的方法，能够在一定程度上降低目标网络和预测网络之间的相关性，也就解决了开始提到的模型震荡和不易收敛的问题，从而提高了算法的稳定性。

3. 经验回放

在强化学习中，我们知道输入的样本数据是序列产生的，具有强关联性，但在深度学习中，其输入样本数据服从独立同分布。两者输入数据样本的类型不同，这样两种学习是不能直接相连接的，会导致模型难收敛。

DQN 算法引入了经验回放机制，以解决两者的兼容性问题。经验回放机制是在深度强化学习任务中，把智能体在环境中的每次交互得到的经验信息都存放在经验池中，当需要进行网络训练时，从经验池中随机抽取小批量的数据进行训练。这样就可以有效地减少数据之间的依赖性和相关性，进而减少值函数估计时的偏置，提高模型收敛率。

DQN 的经验池中所有的数据都是按照 (s, a, r, s', T) 进行存储的，故在迭代 N 次后，从经验池中抽取的数据也是按照这五组元素进行抽取的。其中 T 为布尔值类型，表示下一状态 s' 是否为终结状态。

上面我们介绍了 DQN 算法的三大核心思想，但也仅仅是对 DQN 算法有了简单的了解。其算法流程还存在一些问题，接下来我们将着重对 DQN 算法的流程做详细的介绍。

在状态 s 下经过多次试验会得到多个 Q 值，只有当试验的次数越多时，神经网络产生的估计 Q 值才会越接近真实的 Q 值。通过卷积神经网络对各个 Q 值进行估计，多次实验中最优的值函数为 $Q^*(s, a)$，如下所示：

$$Q(s, a, \omega) \approx Q^*(s, a) \tag{10.5}$$

通过贝尔曼方程可以得到，当前状态的动作值函数表示为：

$$Q(s, a) \leftarrow r + \gamma \max Q(s', a') \tag{10.6}$$

由式（10.5）和式（10.6）可以看出，通过贝尔曼方程得到的 Q 估计和通过卷积神经网络得到的 Q 估计是存在差异的。为了减小两者的差异，我们引入了一个深度卷积神经网络的损失函数。

$$L(\omega) = E[(\underbrace{r + \gamma \max_{a'} Q(s',a',\omega)}_{\text{目标Q值}} - \underbrace{Q(s,a,\omega)}_{\text{估计Q值}})^2] \tag{10.7}$$

式（10.7）是基于 Q-learning 算法中更新 Q 值的方式，对应到 DQN 算法中，我们对目标 Q 值使用目标网络，对估计 Q 值使用预测网络，改进后的损失函数为：

$$L(\omega) = E[(r + \gamma \max_{a'} Q(s',a',\omega^-) - Q(s,a,\omega))^2] \tag{10.8}$$

然后利用梯度下降法求解卷积神经网络中的权重参数 ω。

$$\frac{\partial L(\omega)}{\partial \omega} = E\left[\left(r + \gamma \max_{a'} Q(s',a',\omega^-) - Q(s,a,\omega)\right)\frac{\partial Q(s,a,\omega)}{\partial \omega}\right] \tag{10.9}$$

通过上述过程对目标函数进行优化，从而得到最佳的动作状态 Q 值。

下面我们将对 DQN 算法的流程做一个整理，具体流程如下。

初始化：容量为 N 的经验池 D

　　　　预测网络 $Q(s, a, \omega)$ 值和参数 ω

　　　　目标网络 $Q(s, a, \omega^-)$ 值和参数 ω^-

循环：从 1 到 M 迭代经验轨迹：

　　初始化环境得到初始状态 s_1，并计算输入序列 $\phi_1 = \phi(s_1)$

　　循环：从 $t = 1$ 到 T 重复经验轨迹中的时间步：

　　　　以 ε 的概率随机选择动作 a_t

　　　　否则根据 $a_t = \max\limits_a Q^*(\phi(s_t),a,\omega)$ 选择动作 a_t

　　　　执行动作 a_t，得到新的状态 s_{t+1} 和奖励 r_{t+1}

　　　　预处理得到 $\phi_{t+1} = \phi(s_{t+1})$

　　　　将样本 $\{\phi_t, a_t, r_t, \phi_{t+1}\}$ 存储到经验池 D 中

　　　　从经验池 D 中随机抽取小批量的存储样本 $\{\phi_j, a_j, r_j, \phi_{j+1}\}$

　　　　计算 y_j

$$y_j = \begin{cases} r_{j+1} & \text{如果经验轨迹终止在时间步 } j+1 \\ r_{j+1} + \gamma \max\limits_{a'} Q(\phi_{j+1},a',\omega^-) & \text{没有达到终止状态} \end{cases}$$

　　　　对目标函数 $(y_j - Q(\phi_j, a_j, \omega))^2$ 用梯度下降法更新权重参数 ω

　　　　每隔 C 步，完成参数更新 $\omega^- \leftarrow \omega$

　　t=T 时，结束循环

结束循环

10.4.3　DQN 算法实现

　　DQN 算法集合了三大核心技术：目标函数、目标网络、经验回放。下面将在实际应用中结合代码体验这三大核心技术带来的便利，并通过与 Gym 中的 CartPole-v0 结合，详细阐述算法中的关键细节。

　　【例 10-8】利用 DQN 算法实现 CartPole-v0 的游戏。

```
#导入gym库，便于后面对环境的调用
import gym
#导入numpy库，便于后面的矩阵的计算
import numpy as np
#导入tensorflow库，便于后面的编程使用
import tensorflow as tf
#便于将图画出来
import matplotlib.pyplot as plt
#DQN算法的主程序
class DeepQNetwork:

    #对后续计算所用到的参数进行初始化
    def __init__(
            self,
            n_actions, #输出action的值
            n_features, #接收多少个观测的相关特征
            learning_rate = 0.01, #学习率
            reward_decay = 0.9, #reward衰减因子
            e_greedy = 0.9, #学习中的ε贪婪算法参数
            replace_target_iter = 300, #更新Q值现实网络参数的步骤数
            memory_size = 1000, #存储记忆的数量
            batch_size = 30, #每次从记忆库中抽取的样本数量
            e_greedy_increment = None, #ε贪婪算法参数的增量置0，用来不断缩小随机的范围
            output_graph = False, #决定是否输出TensorBoard
            ):
        self.n_actions = n_actions
        self.n_features = n_features
        self.lr = learning_rate
        self.gamma = reward_decay
        self.epsilon_max = e_greedy
        #步数更新
        self.replace_target_iter = replace_target_iter
        #记忆上限
        self.memory_size = memory_size
        #每次更新时从memory里抽取出多少记忆样本
        self.batch_size = batch_size
        #表示不断扩大epsilon，以便有更大的概率抽取到好的值
        self.epsilon_increment = e_greedy_increment
        #是否开启探索模式，并逐步减少探索次数
        self.epsilon = 0 if e_greedy_increment is not None else self.epsilon_max
        #用这个记录学习了多少步，用于判断是否更换target_net参数
```

```
        self.learn_step_counter = 0
        #对记忆进行初始化全为0 [s, a, r, s_]
        #储存一个行为self.memory_size、列为n_features * 2 + 2的记忆表
        #对一条记忆信息而言s和s_都有n_features的长度，而a和r都各有一个单值信息
        #故为n_features+1+1+n_features = n_features * 2 + 2
        self.memory = np.zeros((self.memory_size, n_features * 2 + 2))
        #创建[target_net, evaluate_net]
        self._build_net()
        #获取target_net的神经网络参数
        t_params = tf.get_collection('target_net_params')
        #获取eval_net的神经网络参数
        e_params = tf.get_collection('eval_net_params')
        #更新target_net参数
        self.replace_target_op = [tf.assign(t, e) for t, e in zip(t_params, e_params)]
        self.sess = tf.Session()#初始化session
        #激活所有变量
        self.sess.run(tf.global_variables_initializer())
        #记录cost变化，用于最后画出来观看
        self.cost_his = []


#创建两个网络
def _build_net(self):
    #创建 eval 神经网络，及时提升参数
    self.s = tf.placeholder(tf.float32, [None, self.n_features], name='s')
    #输入当前状态，作为NN的输入
    self.q_target = tf.placeholder(tf.float32,[None, self.n_actions], name='Q_target')
    #输入Q_target为了后面误差计算反向传递
    with tf.variable_scope('eval_net'):
            #首先对图层进行配置，w、b初始化，第1层网络的神经元数n_l1
            #c_names是收集存储变量的，\表示没有[]、()的换行
            c_names, n_l1, w_initializer, b_initializer = \
                ['eval_net_params', tf.GraphKeys.GLOBAL_VARIABLES], 10, \
                tf.random_normal_initializer(0., 0.3), tf.constant_initializer(0.1)

            #eval_net 的第1层
            with tf.variable_scope('l1'):
                w1 = tf.get_variable('w1', [self.n_features, n_l1],
                                    initializer=w_initializer, collections=c_names)
                b1 = tf.get_variable('b1', [1, n_l1],
                                    initializer=b_initializer, collections=c_names)
                #实现一个激活函数为relu的隐含层
                l1 = tf.nn.relu(tf.matmul(self.s, w1) + b1)

            #eval_net 的第2层
            with tf.variable_scope('l2'):
                w2 = tf.get_variable('w2', [n_l1, self.n_actions],
                                    initializer=w_initializer, collections=c_names)
                b2 = tf.get_variable('b2', [1, self.n_actions],
                                    initializer=b_initializer, collections=c_names)
                #L2输出Q估计维度[None,self_action]
```

```
            self.q_eval = tf.matmul(l1, w2) + b2
        #基于q_target与q_eval，构造损失函数
        with tf.variable_scope('loss'):
            self.loss = tf.reduce_mean(tf.squared_difference(self.q_target, self.q_eval))
        #进行训练
        with tf.variable_scope('train'):
            self._train_op = tf.train.RMSPropOptimizer(self.lr).minimize(self.loss)

#创建target神经网络，提供 Q_target
        #输入当前状态，作为NN的输入
        self.s_ = tf.placeholder(tf.float32, [None, self.n_features], name='s_')
        with tf.variable_scope('target_net'):
            #c_names是收集存储变量的
            c_names = ['target_net_params', tf.GraphKeys.GLOBAL_VARIABLES]

            with tf.variable_scope('l1'):   #target第1层
                w1 = tf.get_variable('w1', [self.n_features, n_l1],
                                        initializer=w_initializer, collections=c_names)
                b1 = tf.get_variable('b1', [1, n_l1],
                                        initializer=b_initializer, collections=c_names)
                l1 = tf.nn.relu(tf.matmul(self.s_, w1) + b1)


            with tf.variable_scope('l2'):   #target第2层
                w2 = tf.get_variable('w2', [n_l1, self.n_actions],
                                        initializer=w_initializer, collections=c_names)
                b2 = tf.get_variable('b2', [1, self.n_actions],
                                        initializer=b_initializer, collections=c_names)
                self.q_next = tf.matmul(l1, w2) + b2

#对记忆进行存储
    def store_transition(self, s, a, r, s_):
        if not hasattr(self, 'memory_counter'):
            self.memory_counter = 0   #替换记忆的个数置0

        transition = np.hstack((s, [a, r], s_))    #记录一条[s,a,r,s_]
        #总memory大小是固定的，如果超出总大小，旧 memory就被新 memory替换
        index = self.memory_counter % self.memory_size
        self.memory[index, :] = transition       #替换的过程
        self.memory_counter += 1                  #记录替换总数

    #对动作的选择
    def choose_action(self, observation):
        #因为observation加入时是一维的数值
        #np.newaxis 为 numpy.ndarray（多维数组）增加一个轴，多加了一个行轴
        observation = observation[np.newaxis, :]
        #让eval_net神经网络生成所有action的值，并选择值最大的action
        if np.random.uniform() < self.epsilon:
            actions_value = self.sess.run(self.q_eval, feed_dict={self.s: observation})
            action = np.argmax(actions_value)
        #如果随机产生的动作值比探索的动作值还要大，那就选择随机产生的动作值
```

```
        else:
            action = np.random.randint(0, self.n_actions)
        return action
```

\#如何学习及更新参数，两个网络的交互
```
    def learn(self):
        #检查是否替换target_net参数
        if self.learn_step_counter % self.replace_target_iter == 0:
            self.sess.run(self.replace_target_op)
            print('\ntarget_params_replaced\n')
        #从所有的memory中抽取batch_size的memory
        #如果需要记忆的步数超过记忆库容量
        if self.memory_counter > self.memory_size:
            #从给定的一维阵列self.memory_size生成一个随机样本
            sample_index = np.random.choice(self.memory_size, size=self.batch_size)
        #如果没有超过，则最多在self.memory_counter个记忆值中选择batch_size个索引数值
        else:
            sample_index = np.random.choice(self.memory_counter, size=self.
batch_size)
        #抽取记忆表self.memory中前sample_index行
        batch_memory = self.memory[sample_index, :]
        q_next, q_eval = self.sess.run(
            [self.q_next, self.q_eval],   #运行两个神经网络
            feed_dict={
                #q_next由目标值网络用记忆库中倒数n_features个列（observation_）的值做输入s_
                self.s_: batch_memory[:, -self.n_features:],
                # q_eval由预测网络用记忆库中正数n_features个列（observation）的值做输入s
                self.s: batch_memory[:, :self.n_features],})
        q_target = q_eval.copy()
        #返回一个长度为self.batch_size的索引值列表aray([0,1,2,...,31])
        batch_index = np.arange(self.batch_size, dtype=np.int32)
        #返回一个长度为32的动作列表，从记忆库batch_memory中标记的第self.n_features列，提
取出记忆库中的action
        eval_act_index = batch_memory[:, self.n_features].astype(int)
        #返回一个长度为32的奖励列表，提取出记忆库中的reward
        reward = batch_memory[:, self.n_features + 1]
        #更新q_target表
        q_target[batch_index,
            eval_act_index] = reward + self.gamma * np.max(q_next, axis=1)
        #训练 eval_net
        #_train_op由目标值网络用记忆库中正数n_features个列（observation_）的值做输入s
        #loss由q_target中的值带入
        _, self.cost = self.sess.run([self._train_op, self.loss],
                                     feed_dict={self.s: batch_memory
                                        [:, :self.n_features],
                                        self.q_target: q_target})

        #将得到的cost值增添到整个cost中
        self.cost_his.append(self.cost)
        #因为在训练过程中会逐渐收敛，所以此处动态设置增长epsilon
        self.epsilon = self.epsilon + self.epsilon_increment\
            if self.epsilon < self.epsilon_max else self.epsilon_max
```

```
            #记录总的学习次数
            self.learn_step_counter += 1

#环境的创建及参数的设定
env = gym.make('CartPole-v0')      #定义使用Gym中的CartPole-v0环境

 #定义使用DQN的算法，及参数初始化
RL= DeepQNetwork(n_actions=env.action_space.n,
                 n_features=env.observation_space.shape[0],
                 learning_rate=0.01, e_greedy=0.9,
                 replace_target_iter=300, memory_size=1000,
                 e_greedy_increment=0.001,)
#记录步数
total_steps = 0
#用于存放奖励值
GLOBAL_RUNNING_R = []
#在环境中进行训练
for i_episode in range(1000):
    observation = env.reset()   #获取回合 i_episode中第1个 observation
    ep_r = 0   #记录总奖励值
    while True:
        #刷新环境
        env.render()
        #DQN根据观测值选择行为
        action = RL.choose_action(observation)
        #获取下一个状态，奖励
        observation_, reward, done, info = env.step(action)
        #reward的设置
        #x是车的水平位移，theta是杆偏移的角度
        x, x_dot, theta, theta_dot = observation_
        #x离边界越近，reward值越小
        r1 = (env.x_threshold - abs(x))/env.x_threshold - 0.8
        #theta角度越小，reward值越大
        r2 = (env.theta_threshold_radians\- abs(theta))/env.theta_threshold_radians - 0.5
        #总reward是r1和r2的结合，既考虑位置，也考虑角度，DQN学习更有效率
        reward = r1 + r2
        #保存这一组的记忆
        RL.store_transition(observation, action, reward, observation_)
        #至少要训练1000次
        if total_steps < 1000:
            RL.learn()
        #总奖励值
        ep_r += reward
        if done:
            #训练的回合数，保留两位小数的总奖励值，保留两位小数的贪婪参数
            print('episode: ', i_episode,
                  'ep_r: ', round(ep_r, 2),#
                  ' epsilon: ', round(RL.epsilon, 2))
            break
        #更新位置信息
        observation = observation_
```

```
        #记录总步数
        total_steps += 1
    #将奖励值存储到数列中
    GLOBAL_RUNNING_R.append(ep_r)
    #画出奖励值和时间步的关系
    plt.plot(np.arange(len(GLOBAL_RUNNING_R)), GLOBAL_RUNNING_R)
    plt.title('DQN reward' )
    plt.xlabel('time step')
    plt.ylabel('moving reward')
    plt.show()
#关闭打开的环境
env.close()
```

通过观察 DQN 算法奖励值我们可以很清楚地看出，DQN 算法能够很快地将小车获得的奖励值维持在 100 左右，如图 10-15 所示。当然由于探索和利用的原因，我们观察到的奖励值有高有低，随着迭代次数的不断增加这个情况会不断稳定。当把迭代次数调到 1000甚至更多后，稳定的效果会更加明显。

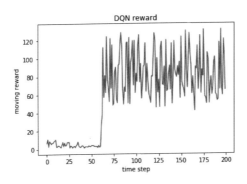

图 10-15　DQN 算法奖励值显示

10.4.4　DDQN 算法原理

在 DDQN 算法出现之前，基本上所有的目标 Q 值都是通过贪婪法直接得到的，无论是Q-learning 还是 DQN，都是如此。比如，对于 DQN，虽然用了两个 Q 网络，并使用目标 Q网络计算 Q 值，但其第 j 个样本的目标 Q 值的计算还是通过贪婪法得到的，计算如下所示：

$$y_j = \begin{cases} r_{j+1} & \text{终止在时间步} j+1 \\ r_{j+1} + \gamma \max_{a'} Q(\phi_{j+1}, a', \omega^-) & \text{没有达到终止状态} \end{cases} \tag{10.10}$$

使用 max 虽然可以快速让 Q 值向可能的优化目标靠拢，但是很容易过犹不及，导致过度估计（Over Estimation）。所谓过度估计就是最终我们得到的算法模型有很大的偏置

（bias）。为了解决这个问题，DDQN 通过分离目标 Q 值在动作的选择和目标 Q 值的计算这两步，来达到消除过度估计的问题。

DQN 对于非终止状态时计算目标 Q 值的计算公式为：

$$y_j = r_{j+1} + \gamma \max_{a'} Q(\phi_{j+1}, a', \omega^-) \tag{10.11}$$

但是对于 DDQN，将不再直接在目标 Q 网络里面寻找各个动作中的最大 Q 值，而是先在当前 Q 网络中先找出最大 Q 值对应的动作，即：

$$a^{\max}(s_{j+1}, \omega) = \arg\max_{a'} Q(\phi_{j+1}, a, \omega) \tag{10.12}$$

然后将利用式（10.12）得到的动作 $a^{\max}(s_{j+1}, \omega)$ 放到目标网络里去计算目标 Q 值，即：

$$y_j = r_{j+1} + \gamma \max_{a'} Q(\phi_{j+1}, a^{\max}(s_{j+1}, \omega), \omega^-) \tag{10.13}$$

因此，DDQN 对于非终止状态时的计算式为：

$$y_j = r_{j+1} + \gamma \max_{a'} Q(\phi_{j+1}, \arg\max_{a'} Q(\phi_{j+1}, a, \omega), \omega^-) \tag{10.14}$$

除了在上述方面，也就是对目标 Q 值的计算和 DQN 有差异外，其他的流程与 DQN 一样。

DDQN 的具体算法流程如下所示。

输入： 当前网络 Q，目标网络 Q'，动作集 A，迭代次数 M，状态特征维度 n，步长 α，衰减因子 γ，探索率 ε，批量梯度下降的样本数 m，目标 Q 网络参数的更新频率 C

初始化：状态、动作值函数 $Q(s, a)$

当前 Q 网络的参数 ω

目标网络 Q' 中的 ω'

$\omega' = \omega$

容量为 N 的经验池 D

循环：从 1 到 M 迭代经验轨迹：

初始化环境得到初始状态 s_t，并计算输入序列 $\phi = \phi(s_t)$

循环：从 $t=1$ 到 T 重复经验轨迹中的时间步：

以 ε 的概率随机选择动作 a_t

执行动作 a_t，得到新的状态 s_{t+1} 和奖励 r_{t+1}

预处理得到的 $\phi_{t+1} = \phi(s_{t+1})$

将样本 $\{\phi_t, a_t, r_t, \phi_{t+1}\}$ 存储到经验池 D 中

从经验池 D 中随机抽取小批量的存储样本 $\{\phi_j, a_j, r_j, \phi_{j+1}\}$

计算 y_j

$$y_j = \begin{cases} r_{j+1} & \text{，终止在时间步 } j+1 \\ r_{j+1} + \gamma \max_{a'} Q(\phi_{j+1}, \arg\max_{a'} Q(\phi_{j+1}, a, \omega), \omega^-) & \text{，没有达到终止状态} \end{cases}$$

$$\text{对} \frac{1}{m}\sum_{j=1}^{m}(y_j - Q(\phi_j, a_j, \omega))^2 \text{ 用梯度下降法更新权重参数 } \omega$$

每隔 C 步，完成参数更新 $\omega^- \leftarrow \omega$

t=T 时，结束循环

结束循环

10.4.5　DDQN 算法实现

DDQN 在算法上结合了 DQN 算法中的核心技术，同时在一定程度上防止 Q 值过度估计，能够在训练结果有很好收敛性的同时避免过优化。在实现 DDQN 算法时，我们同样选择了 Gym 中的 CartPole-v0 游戏，利用算法和环境相结合，从迭代的经验轨迹中看出算法的优劣。

【例 10-9】利用 DDQN 算法实现 CartPole-v0 的游戏。

```
#导入numpy库，便于后面的矩阵的计算
import numpy as np
#便于对随机数据的使用
import random
#导入集合collections库中的队列模块deque
from collections import deque
#导入tensorflow库，便于库中变量的使用
import tensorflow as tf
#导入gym库，便于后面对环境的调用
import gym
#便于将图画出来
import matplotlib.pyplot as plt


#DDQN算法主要组成部分
class DDQN_Solver():
    #设定算法中所需的重要参数
    def __init__(self, gamma, memory_size, min_memory_size, learning_rate_adam,
                 HL_1_size, HL_2_size, batch_size,epsilon_all):
        #衰减因子
        self.gamma = gamma
        #记忆缓存区的大小
        self.memory_size = memory_size
        #第1个隐藏层的节点数目
        self.HL_1_size = HL_1_size
        #第2个隐藏层的节点数目
        self.HL_2_size = HL_2_size
        #adam优化器的学习率
        self.learning_rate_adam = learning_rate_adam
        #训练的步长
        self.batch_size = batch_size
        #存储的最小记忆库的大小
```

```
        self.min_memory_size = max(self.batch_size, min_memory_size)
        #初始化贪婪策略
        self.epsilon_initial = epsilon_all['initial']
        #每一时间步的衰减系数
        self.epsilon_decay = epsilon_all['decay']
        #贪婪系数的最小值
        self.epsilon_min = epsilon_all['min']
        #初始化属性
        self.replay_buffer = deque()
        #计算模型的训练次数
        self.global_step = 0
        #初始化当前最大的得分函数
        self.most_recent_score = tf.Variable(0, dtype=tf.int32)
        tf.summary.scalar('most_recent_score', self.most_recent_score)
        #初始化所需的贪婪指数
        self.epsilon = self.epsilon_initial
        #设置可视化参数
        self.epsilon_tensor = tf.Variable(self.epsilon, dtype=tf.float32)
        tf.summary.scalar('epsilon', self.epsilon_tensor)
        #建立在线目标Q网络
        self.__build_Q_net()
        #合并日记
        self.overall_summary = tf.summary.merge_all()
        #初始化变量和日记
        self.__init_session()
        self.update_target_network()


    #建立Q网络
    def __build_Q_net(self):
        #设置占位符
        self.input_state = tf.placeholder(tf.float32, [None, 4], 'Input_state')
        self.input_action = tf.placeholder(tf.float32, [None, 2], 'Input_action')
        self.target = tf.placeholder(tf.float32, [None], 'Target')

        #设置在线网络参数中的变量
        self.W1_on = tf.Variable(tf.truncated_normal([4, self.HL_1_size]))
        self.b1_on = tf.Variable(tf.constant(0.1, shape=[self.HL_1_size]))
        self.HL_1_on = tf.nn.relu(tf.matmul(self.input_state, self.W1_on) + self.b1_on, )

        self.W2_on = tf.Variable(tf.truncated_normal([self.HL_1_size, self.HL_2_size]))
        self.b2_on = tf.Variable(tf.constant(0.1, shape=[self.HL_2_size]))
        self.HL_2_on = tf.nn.relu(tf.matmul(self.HL_1_on, self.W2_on) + self.b2_on)

        self.W3_on = tf.Variable(tf.truncated_normal([self.HL_1_size, 2]))
        self.b3_on = tf.Variable(tf.constant(0.1, shape=[2]))
        self.Q_ohr_on = tf.matmul(self.HL_2_on, self.W3_on) + self.b3_on

        #设置目标网络中的参数
        self.W1_tn = tf.Variable(tf.truncated_normal([4, self.HL_1_size]))
        self.b1_tn = tf.Variable(tf.constant(0.1, shape=[self.HL_1_size]))
```

```
        self.HL_1_tn = tf.nn.relu(tf.matmul(self.input_state, self.W1_tn) +
self.b1_tn, )

        self.W2_tn = tf.Variable(tf.truncated_normal([self.HL_1_size, self.HL_2_
size]))
        self.b2_tn = tf.Variable(tf.constant(0.1, shape=[self.HL_2_size]))
        self.HL_2_tn = tf.nn.relu(tf.matmul(self.HL_1_tn, self.W2_tn) + self.b2_tn)

        self.W3_tn = tf.Variable(tf.truncated_normal([self.HL_1_size, 2]))
        self.b3_tn = tf.Variable(tf.constant(0.1, shape=[2]))
        self.Q_ohr_tn = tf.matmul(self.HL_2_tn, self.W3_tn) + self.b3_tn
        #定义Q值
        self.Q_on = tf.reduce_sum(tf.multiply(self.Q_ohr_on, self.input_action),
reduction_indices=1)
        #定义损失函数
        self.loss = tf.reduce_mean(tf.square(self.target - self.Q_on),
name='loss')
        tf.summary.scalar("loss", self.loss)
        #设置训练指针
        self.train_op = tf.train.AdamOptimizer(self.learning_rate_adam).
minimize(self.loss)

    #运行会话，将变量调动起来
    def __init_session(self):
        self.session = tf.InteractiveSession()
        self.session.run(tf.global_variables_initializer())

    #训练网络
    def train(self):
        self.global_step += 1
        #当内存不够大，比存储的最小记忆大小还小的时候，只需确保它在开头时断开
        if len(self.replay_buffer) < self.min_memory_size:
            return
        # 不需要更换记忆样本
        mini_batch = random.sample(self.replay_buffer, self.batch_size)
        batch_s_old = [element[0] for element in mini_batch]
        batch_a = [element[1] for element in mini_batch]
        batch_r = [element[2] for element in mini_batch]
        batch_s_new = [element[3] for element in mini_batch]
        batch_d = [element[4] for element in mini_batch]

        #生成目标网络参数
        Q_new_on = self.Q_ohr_on.eval(feed_dict={self.input_state: batch_s_new})
        Q_new_tn = self.Q_ohr_tn.eval(feed_dict={self.input_state: batch_s_new})
        argmax = np.argmax(Q_new_on, axis=1)
        Q_target = np.reshape(np.array([Q_new_tn[i][argmax[i]] for i in range
(self.batch_size)]),newshape=self.batch_size)
        #生成目标Q值
        batch_target = []
        for i in range(self.batch_size):
```

```
            if batch_d[i]:
                #下一状态是终止状态，其目标Q值为0
                batch_target.append(batch_r[i])
            else:
                batch_target.append(batch_r[i] + self.gamma * Q_target[i])

        #训练网络并记录数据
        _, summary_str = self.session.run([self.train_op, self.overall_summary],
feed_dict={
            self.target: batch_target,
            self.input_state: batch_s_old,
            self.input_action: batch_a,})
        #定义衰减贪婪指数
        self.__decay_epsilon()

    #更新目标网络
    def update_target_network(self):
        #利用部分在线网络中的数据更新目标网络中的数据
        ops_list = []
        ops_list.append(self.W1_tn.assign(self.W1_on))
        ops_list.append(self.b1_tn.assign(self.b1_on))
        ops_list.append(self.W2_tn.assign(self.W2_on))
        ops_list.append(self.b2_tn.assign(self.b2_on))
        ops_list.append(self.W3_tn.assign(self.W3_on))
        ops_list.append(self.b3_tn.assign(self.b3_on))
        #运行上述参数
        self.session.run(ops_list)

    #设置衰减贪婪指数
    def __decay_epsilon(self, printme=False):
        if self.epsilon > self.epsilon_min:
            self.epsilon = max(self.epsilon_min, self.epsilon * self.epsilon_decay)
        if printme:
            print('The current value of epsilon is ' + str(self.epsilon))

    #定义记忆库中的参数
    def memorize(self, s_old, action, reward, s_new, done):
        #将操作转化为一位有效编码
        a_ohr = np.zeros(2)
        a_ohr[action] = 1
        # 确保参数都有足够的维度
        s_old.shape = (4,)
        a_ohr.shape = (2,)
        s_new.shape = (4,)
        #将新的数据放到缓存区，并在必要的时候将缓存区的旧数据弹出
        memory_element = tuple((s_old, a_ohr, reward, s_new, done))
        self.replay_buffer.append(memory_element)
        if len(self.replay_buffer) > self.memory_size:
            self.replay_buffer.popleft()
```

```
        #定义选择动作的方式
        def choose_action(self, s_old, policy_from_online):
            #在贪婪指数的指导下判断是否需要随机产生动作
            if np.random.rand() < self.epsilon:
                #选择探索未知数据
                return np.random.choice([0, 1], 1)[0]
            else:
                # 选择利用已有数据，并确保选择的状态和已有的数据格式一致
                s_old.shape = (1, 4)
                if policy_from_online:
                    return np.argmax(self.Q_ohr_on.eval(feed_dict={self.input_state:
s_old}))
                else:
                    return np.argmax(self.Q_ohr_tn.eval(feed_dict={self.input_state:
s_old}))

    #将最新的数据传输到分类器中，便于程序的可视化
    def feed_most_recent_score(self, score):
        op1 = self.most_recent_score.assign(score)
        op2 = self.epsilon_tensor.assign(self.epsilon)
        self.session.run([op1, op2])
#总的训练次数
number_of_episodes = 500

#DDQN算法的主要参数及主要算法过程
#policy_from_online用来判别贪婪策略是来自在线网络，还是目标网络
policy_from_online = True
#定义算法中的参数
param_dict = {'gamma': 1,
              'batch_size': 64,
              'HL_1_size': 24,
              'HL_2_size': 24,
              'memory_size': 200,
              'min_memory_size': 50,
              'learning_rate_adam': 0.01,
              'epsilon_all': {'initial': 1, 'decay': 0.9, 'min': 0.01}}
#对算法中的终态进行设定
#number_of_consecutive_episodes = 5
#平均阈值
#threshold_average = 200
#初始化环境参数
my_solver = DDQN_Solver(**param_dict)
env = gym.make('CartPole-v0')
solved = False
results = []
#用于存储奖励值
GLOBAL_RUNNING_R = []
#主要的算法过程
for e in range(number_of_episodes):
    s_old = env.reset()
```

```
    done = False
    t = 0
    while not done:
        #记录循环次数
        t += 1
        #刷新环境参数
        env.render()
        #从存储中的记忆和当前网络中的数据中选取下一步的动作
        a = my_solver.choose_action(s_old, policy_from_online)
        #采取行动a获取下一个状态值、当前奖励、任务是否完成，以及其他信息
        s_new, r, done, _ = env.step(a)
        #存储新旧状态、奖励、动作，以及是否完成任务于记忆库中
        my_solver.memorize(s_old, a, r, s_new, done)
        #当任务没有完成时，就一直训练
        if not done:
            my_solver.train()
        #更新状态值
        s_old = s_new
    #更新结果，并检查任务是否已经完成
    # Append results and check if solved
    results.append(t)
    #将奖励值存储到数列中
    GLOBAL_RUNNING_R.append(total_reward)
    #画出奖励值和时间步的关系
    plt.plot(np.arange(len(GLOBAL_RUNNING_R)), GLOBAL_RUNNING_R)
    plt.title('DDQN reward' )
    plt.xlabel('time step')
    plt.ylabel('moving reward')
    plt.show()
    my_solver.feed_most_recent_score(t)
    my_solver.update_target_network()
#关闭调用的环境，释放资源
env.close()
```

DDQN 在 DQN 的基础上对目标 Q 值做了改进，这一改进在奖励值的获得上体现得十分明显，单步智能体获得的奖励值提升到了 200，并随着迭代次数的增加，可能还会增加，然后稳定在某一值，如图 10-16 所示。

10.5 思考与练习

1. 概念题

1）TensorFlow 的重要模型有哪几个？模型之间的关系是什么？

2）会话是如何使用的？有几种方式？差异是什么？

3）TensorFlow 的核心操作是什么？

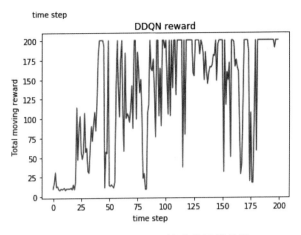

图 10-16　DDQN 算法奖励值显示

4）TensorFlow 在创建变量时需要注意什么？可以创建哪些变量？

5）简述本章所讲的 3 种算法的具体算法流程。

6）简述本章所讲的 3 种算法的优劣性。

2. 操作题

1）利用 TensorFlow 知识，实现 3 个矩阵的相乘。

2）利用所学的 Gym 的知识，调用一个 Gym 库中的不同游戏。

3）利用 Q 网络中的任意一个算法实现 Gym 库中的游戏。

Chapter 11 | 第 11 章

基于策略的算法更新与趋势

深度强化学习的算法分为两个方向，在上一章中，我们具体地了解了基于值的 3 种算法，并将这些算法和 OpenAI Gym 中的小游戏 CartPole-v0 相结合，实现了算法的实际应用。在这一章中，我们将学习深度强化学习中的另一个方向的算法——基于策略的算法。

前一章中所讲的 Q-learning、DQN、DDQN 算法都是在状态动作值函数上进行改进，这些算法都是通过优化值函数，进而得到最优策略。但是我们可以回想一下，在介绍强化学习时，我们对于求解有模型的强化学习的算法也分了两类，一类是值迭代，另一类是策略迭代。而上一章里的算法网络都是在有模型的值迭代的基础上进行改进的，那么本章将从新的角度出发在策略上做一些改进，对基于值的算法中动作值的选取做了优化，不再局限于离散动作值的选取，而对于连续性的动作也能获得很好的效果。同时也不再采用迂回的方式去更新策略，而是直接计算策略可能的更新方向。策略算法的提出，进一步推动了深度强化学习应用于实际生活的进程。

本章将介绍策略梯度法（Policy Gradient）的基本原理及应用，同时也会介绍在策略梯度法上衍生出来的演员 – 评论家法（Actor-Critic，AC），以及在实际中取得比较好结果的 A2C、A3C。

11.1 策略梯度法

本节介绍策略梯度法，这种算法和前面介绍的算法大有不同。之前所介绍的 Q 网络系列的算法，存在以下 3 点不足：

1）对连续性动作的处理能力不足。Q 网络的算法大多只是处理离散动作，无法处理连续性动作，因此很难搭建一个合适的模型。

　　2）对受限状态下的问题的处理能力不足。使用抽象特征来描述状态空间中的某一个状态时，有可能因为个体观测的限制或者建模的局限，导致真实环境下本来不同的两个状态却在我们建模后拥有相同的特征描述，进而很有可能导致无法得到最优解。

　　3）对随机策略问题的处理能力不足。基于值的深度强化学习算法对应的最优策略通常都是确定性策略，因为是从众多动作、状态值函数中选择一个最大价值的动作，而有些问题的最优策略却是随机策略，这种情况是无法通过基于值函数的学习来求解的。

　　在深度学习了 Q 网络后，这些问题约束了我们解决深度强化学习任务的快慢和精确度。针对这些问题，策略梯度法（Policy Gradient）被提出来了。我们将值函数表示为策略参数的某个函数，这样就可以求出价值函数关于策略参数的梯度，并使参数沿着梯度上升的方向进行更新，也就可以提升策略了。

　　在基于值的算法中，我们对价值函数进行了近似优化处理，找到了最优值函数为：

$$Q(s, a, \theta) \approx Q^*(s, a) \tag{11.1}$$

　　在基于策略的深度强化学习中，采用和值函数优化类似的思路，只不过是对策略进行近似，此时策略 π 可以被描述为一个包含参数 θ 的函数：

$$\pi_\theta(s, a) = P(a|s, \theta) \approx \pi(a|s) \tag{11.2}$$

　　其中，参数 θ 为拟合模型的权重参数，策略拟合模型中的权重参数 θ 和上一章中的近似函数的权重参数 ω 作用相同，只是为了和基于值的深度强化学习做个区分，选用了不同的表示方式。$\pi_\theta(s, a)$ 表示使用参数向量 θ 进行函数拟合获得策略函数，进而获得智能体在状态 s 下采取的动作 a 的概率。

11.1.1　策略目标函数

　　将策略表示成一个连续性的函数之后，我们就可以通过对这个连续性的函数进行优化，从而找到最优策略。首先需要找到一个可以优化的目标函数，用目标函数去衡量策略的好坏，去更新权值。下面将介绍 3 种目标函数的表示方法，并用 $J(\theta)$ 来表示需要优化的目标函数。

1. 起始价值

　　在能够产生完整的经验轨迹的情况下，我们可以使用起始价值来表示目标函数。从起始状态 s_1 开始计算，以一定的概率分布到达轨迹的终点，这条经验轨迹中累计获得的奖励为 v_1，而这条经验轨迹是根据策略 π_θ 选择的路径，算法优化的目标为最大化该策略下的起始价值。该策略放入起始价值的计算方式如下：

$$J_1(\theta) = V^{\pi_\theta}(s_1) = E_{\pi_\theta}[v_1] \qquad\qquad (11.3)$$

2. 平均价值

在连续性的环境中，我们可以使用平均价值来表示目标函数，不必再与第 1 种表示方法一样，每次都从状态 s_1 开始，而是采取某一状态的奖励平均值，通过知道在时刻 t 下的时间、状态的概率分布，针对每个可能的状态，从当前时刻 t 开始，计算智能体持续与环境进行交互过程中获得的奖励，并按照时间状态分布概率进行求和。平均价值的计算方式如下：

$$J_{avV}(\theta) = \sum_s d^{\pi_\theta}(s)V^{\pi_\theta}(s) \qquad\qquad (11.4)$$

其中，$d^{\pi_\theta}(s)$ 表示在策略 π_θ 下，关于状态 s 的静态分布的马尔科夫链。

3. 每一时间步的平均奖励

在连续性环境中，我们也可以使用每一时间步的平均奖励来表示目标函数。每一时间步的平均奖励和上面介绍的平均价值的最大区别在于策略目标的计算，每一时间步的平均奖励值使用时刻 t 下的所有状态的动作值期望，将每一时间步的平均奖励作为策略目标函数，这样是为了获取当前状态下奖励的分配值，能够得到更好的回报值。每一时间步的平均奖励计算方式如下：

$$J_{avR}(\theta) = \sum_s d^{\pi_\theta}(s)\sum_a \pi_\theta(s,a)R_s^a \qquad\qquad (11.5)$$

11.1.2　策略梯度定理

在基于策略的深度强化学习任务中，主要是通过对策略目标函数进行策略梯度的计算。虽然有 3 种不同方式表示优化目标函数，但是最后通过对 θ 求导，会得到同一个策略梯度的公式，如下：

$$\nabla_\theta J(\theta) = E_{\pi_\theta}\left[\nabla_\theta \log \pi_\theta(s,a)Q^{\pi_\theta}(s,a)\right] \qquad\qquad (11.6)$$

其中，$\nabla_\theta \log\pi_\theta(s,a)$ 部分被称为分值函数，$Q^{\pi_\theta}(s,a)$ 部分被称为动作值函数。

分值函数 $\nabla_\theta \log\pi_\theta(s,a)$ 可以通过 softmax 策略函数或者高斯策略函数求得。两种不同的求解方式对应两种不同的环境的任务，softmax 策略函数应用的场景为离散型深度强化学习任务，高斯策略函数应用的场景为连续性深度强化学习任务。动作值函数 $Q^{\pi_\theta}(s,a)$ 就可以通过有限差分策略梯度法、蒙特卡罗策略梯度法和演员—评论家策略梯度法达到求解目的。

我们在各种求解方法中挑选了具有代表性的 softmax 策略函数求解分值函数 $\nabla_\theta \log\pi_\theta$ (s,a) 和蒙特卡罗策略梯度法求解动作值函数 $Q^{\pi_\theta}(s,a)$。下面就对这两种方法分别进行介绍。

（1）softmax 策略函数求解 $\nabla_\theta \log\pi_\theta(s,a)$

softmax 策略函数主要是针对离散型的任务的求解，故在离散型的任务中，动作和状态之间不存在依赖关系。用描述状态和动作的特征向量 $\phi(s, a)$ 与参数 θ 的线性组合表示在状态 s 下执行动作 a 的概率函数，表示为：

$$\phi(s, a)^T \theta \tag{11.7}$$

从上式可以看出，策略的动作值概率和特征函数值成正比的关系。利用 softmax 策略函数表示策略函数如下：

$$\pi_\theta(s,a) = \frac{e^{\phi(s,a)^T\theta}}{\sum\limits_{a' \in A} e^{\phi(s,a')^T\theta}} \tag{11.8}$$

通过对上式对数求导得到 softmax 策略函数的梯度函数：

$$\nabla_\theta \log \pi_\theta(s,a) = \phi(s,a) - \sum_{a' \in A} \pi_\theta(s,a')\phi(s,a')] \tag{11.9}$$

综上所述，我们可以通过 softmax 策略函数输出状态 s 下的所有可能执行动作 a 的概率分布。

（2）蒙特卡罗策略梯度法求解动作值函数 $Q^{\pi_\theta}(s, a)$

在强化学习中，我们曾经学习过蒙特卡罗算法，知道它是一种基于经验轨迹的采样的算法，在时刻 t，从状态 s_1 出发，在某一策略 π_θ 的指导下，选取动作 a_1，到达下一状态 s_2，并获得奖励 r_2。不断地按状态→动作→状态这样执行下去，最终到达终止状态 s_T，形成一条完整的经验轨迹。在这条经验轨迹中，会得到累计回报奖励为：

$$G_t = r_t + \gamma r_{t+1} + \gamma^2 r_{t+2} + \cdots + \gamma^{T-1} r_T \tag{11.10}$$

而累计回报奖励 G_t 在蒙特卡罗策略梯度法中等价于动作值函数 $Q^{\pi_\theta}(s, a)$，故基于蒙特卡罗法的策略梯度为：

$$\Delta \theta_t = \alpha \nabla_\theta \log \pi_\theta(s_t, a_t) G_t \tag{11.11}$$

蒙特卡罗策略梯度法的具体算法流程如下。

输入：N 个蒙特卡罗完整序列

　　　训练步长 α

　　　可微的策略函数 $\pi_\theta(s, a)$

初始化：策略函数的参数 θ，其中 θ 为实数

循环：每条经验轨迹：

　　　根据确定性策略 $\pi_\theta(s, a)$ 产生一条经验轨迹 $\{s_1, a_1, r_2, \cdots, s_{T-1}, a_{T-1}, r_T\}$

　　　循环：从 $t=1$ 到 $T-1$，经验轨迹中的时间步：

　　　　　$G_t \leftarrow$ 时间步积累的回报奖励

计算策略梯度，$\Delta\theta_t = \alpha\nabla_\theta\log\pi_\theta(s_t, a_t)G_t$

返回策略函数的参数 θ

11.1.3 策略梯度算法实现

在实现策略梯度算法时，我们仍然使用了 OpenAI Gym 中的 CartPole-v0 游戏来作为算法应用。它比较简单，基本要求就是控制下面的小车移动，使连接在上面的杆保持垂直不倒。这个任务只有两个离散动作，要么向左用力，要么向右用力。而状态信息就是这个小车的位置和速度，杆的角度和角速度，这样的 4 维特征。

【例 11-1】利用策略梯度算法实现 CartPole-v0 的游戏。

```python
#导入gym库，便于后面对环境的调用
import gym
#导入numpy库，便于后面的矩阵的计算
import numpy as np
#导入tensorflow库，便于库中变量的使用
import tensorflow as tf
#导入画图模块
import matplotlib.pyplot as plt

#对记忆库中的变量进行设定及初始化
class Memory(object):
    #对状态、动作、奖励进行初始化
    def __init__(self):
        self.ep_obs, self.ep_act, self.ep_rwd = [], [], []

    #对数据存储
    def store_transition(self, obs0, act, rwd):
        self.ep_obs.append(obs0)
        self.ep_act.append(act)
        self.ep_rwd.append(rwd)

    #将数据转化为数组便于使用
    def covert_to_array(self):
        array_obs = np.vstack(self.ep_obs)
        array_act = np.array(self.ep_act)
        array_rwd = np.array(self.ep_rwd)
        return array_obs, array_act, array_rwd

    #对状态、奖励、动作进行刷新
    def reset(self):
        self.ep_obs, self.ep_act, self.ep_rwd = [], [], []

#建立演员网络
class ActorNetwork(object):
    #对动作值进行初始化
```

```
    def __init__(self, act_dim, name):
        self.act_dim = act_dim
        self.name = name

    #获得动作值最大的动作概率、状态
    def step(self, obs, reuse):
        with tf.variable_scope(self.name, reuse=reuse):
            h1 = tf.layers.dense(obs, 10, tf.nn.tanh,
                kernel_initializer=tf.random_normal_initializer(mean=0, stddev=0.3))
            act_prob = tf.layers.dense(h1, self.act_dim, None,
                    kernel_initializer=tf.random_normal_initializer(mean=0,
stddev=0.3))
            return act_prob

    #使用softmax分类器挑选动作值
    def choose_action(self, obs, reuse=False):
        act_prob = self.step(obs, reuse)
        all_act_prob = tf.nn.softmax(act_prob, name='act_prob')
        return all_act_prob

    def get_neglogp(self, obs, act, reuse=True):
        act_prob = self.step(obs, reuse)
        neglogp = tf.nn.sparse_softmax_cross_entropy_with_logits(logits=act_
prob, labels=act)
        return neglogp

#搭建策略梯度网络进行设定
class PolicyGradient(object):
    #对参数初始化
    def __init__(self, act_dim, obs_dim, lr, gamma):
        self.act_dim = act_dim
        self.obs_dim = obs_dim
        self.lr = lr
        self.gamma = gamma

        #对状态、动作、奖励的参数类型进行规定，利用TensorFlow中的placeholder暂时存储变量
        self.OBS = tf.placeholder(tf.float32, [None, self.obs_dim],
name="observation")
        self.ACT = tf.placeholder(tf.int32, [None, ], name="action")
        self.RWD = tf.placeholder(tf.float32, [None, ], name="discounted_reward")

        #从演员网络中获取演员行为，并调取记忆值
        actor = ActorNetwork(self.act_dim, 'actor')
        self.memory = Memory()

        #在当前状态下根据choose_action的规则选取动作，并利用优化器计算loss值
        self.action = actor.choose_action(self.OBS)
        neglogp = actor.get_neglogp(self.OBS, self.ACT)
        loss = tf.reduce_mean(neglogp * self.RWD)
        self.optimizer = tf.train.AdamOptimizer(self.lr).minimize(loss)
```

```
        #激活所设定的规则及变量初始化
        self.sess = tf.Session()
        self.sess.run(tf.global_variables_initializer())

    #对每次动作的选择做出了规定
    def step(self, obs):
        if obs.ndim < 2: obs = obs[np.newaxis, :]
        prob_weights = self.sess.run(self.action, feed_dict={self.OBS: obs})
        action = np.random.choice(range(prob_weights.shape[1]), p=prob_weights.ravel())
        return action

    #学习并计算折损奖励的值
    def learn(self):
        #从记忆数组中选取所需的状态、动作、奖励
        obs, act, rwd = self.memory.covert_to_array()
        #计算折损的奖励
        discounted_rwd = self.discount_and_norm_rewards(rwd)

        self.sess.run(self.optimizer, feed_dict={self.OBS: obs, self.ACT: act,
self.RWD: discounted_rwd})
        #对记忆库进行更新
        self.memory.reset()

    #折扣和规范奖励
    def discount_and_norm_rewards(self, rwd):
        discounted_rwd = np.zeros_like(rwd)
        running_add = 0
        for t in reversed(range(0, len(rwd))):
            running_add = running_add * self.gamma + rwd[t]
            discounted_rwd[t] = running_add

        discounted_rwd -= np.mean(discounted_rwd)
        discounted_rwd /= np.std(discounted_rwd)
        return discounted_rwd

#对环境进行创建
env = gym.make('CartPole-v0')
env.seed(1)
env = env.unwrapped

#从策略梯度中引用一些参数
PG = PolicyGradient(act_dim=env.action_space.n, obs_dim=env.observation_space.
shape[0], lr=0.02, gamma=0.99)
#用于存储奖励值
GLOBAL_RUNNING_R = []
#训练次数
nepisode = 1000

#每次进行训练都会更新环境
for i_episode in range(nepisode):
    obs0 = env.reset()
```

```
ep_rwd = 0
while True:
    #刷新环境
    env.render()
    #当前状态下选择的动作
    act = PG.step(obs0)
    #当前动作下的下一个状态、奖励，并判断是否完成
    obs1, rwd, done, _ = env.step(act)
    #存储信息
    PG.memory.store_transition(obs0, act, rwd)
    #将下一个状态传递给上一个状态
    obs0 = obs1
    ep_rwd += rwd
    #判断是否完成，并输出观测值
    if done:
        PG.learn()
        print('Ep: %i' % i_episode, "|Ep_r: %i" % ep_rwd)
        break
#将奖励值存储到数列中
GLOBAL_RUNNING_R.append(ep_rwd)
#画出奖励值和时间步的关系
plt.plot(np.arange(len(GLOBAL_RUNNING_R)), GLOBAL_RUNNING_R)
plt.xlabel('time step')
plt.ylabel('moving reward')
plt.show()
```

通过前面一章的学习，我们也看到了基于值的算法在游戏 CartPole-v0 上的表现，例如
Q-learning、DQN、DDQN 算法。这一章中我们从策略的角度对算法进行了改进，如图 11-1
所示。在 200 步的迭代中，单步获得的奖励值增加了，增长趋势很大，最高的单步奖励达
到了 1700 左右，更加验证了策略算法的重要性。同样，由于图形仅仅展示了 200 步的迭代
效果，若增加迭代次数，策略算法相比值算法的优势效果会更加明显。

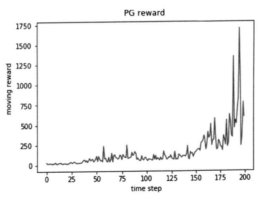

图 11-1　PG 算法奖励值显示

11.2 演员 – 评论家算法

求解策略梯度时，我们采用的是蒙特卡罗法求解策略梯度法。在蒙特卡罗策略梯度法中，我们利用累计回报奖励 G_t 来近似动作值函数 $Q^{\pi_\theta}(s, a)$ 的无偏估计，但在近似的过程中，带来了较大的难处理的噪声和方差。因此，有人提出了新的算法去改善噪声和方差，这种算法是演员 – 评论家算法（Actor-Critic，AC），它能够相对准确地对动作值函数 $Q^{\pi_\theta}(s, a)$ 做出估计，然后用动作值函数指导下的动作去更新策略，这样能够相对准确地找到最优的策略。

11.2.1 演员 – 评论家算法原理

演员 – 评论家算法从命名中就可以看出它是由两个部分组成的，演员（Actor）用来更新网络，评论家（Critic）用来更新动作值函数。因此，演员 – 评论家算法结合了策略梯度和值函数近似两种方法，演员基于策略选择动作，评论家基于演员选择动作评价该动作并给出评分，演员根据评论家的评分修改选择动作的概率，不断地循环这个执行动作→给出评分→修改动作概率的过程，最终找到最优策略。

算法的输入为一个可微的策略参数化表示的 $\pi_\theta(s, a, \theta)$，对应的是演员；另一个为可微的状态值函数参数化表示的 $\hat{v}(s, \omega)$，对应的是评论家。演员 – 评论家算法的具体流程如下。

输入：

　可微分的策略参数化表示的 $\pi_\theta(s, a, \theta)$

　可微的状态值函数参数化表示的 $\hat{v}(s, \omega)$

参数：

　步长参数 α^θ，$a^\theta > 0$

　步长参数 α^ω，$a^\omega > 0$

初始化：

　策略权重参数 θ

　状态值权重参数 ω

　迭代次数 M

　更新时间步 T

循环：从 1 到 M 迭代经验轨迹：

　初始化本次经验轨迹中的状态 s

　给定衰减系数，$I=1$

　循环：在经验轨迹中从 $t=1$ 到 T 迭代时间步

　　根据策略选择动作 $a \sim \pi_\theta(\cdot | s)$

执行动作 a 得到下一状态值 s' 和奖励 r

$\delta \leftarrow r + \gamma \hat{v}(s', \omega) - \hat{v}(s, \omega)$

$\omega \leftarrow \omega + \alpha^{\omega} I \delta \nabla_{\omega} \hat{v}(s, \omega)$，更新评论家参数

$\theta \leftarrow \theta + \alpha^{\theta} I \nabla_{\theta} \log \pi_{\theta}(a \mid s)$，更新演员参数

$I \leftarrow \gamma I$，更新衰减系数

$s \leftarrow s'$，更新状态

在上述过程中需要注意的是，如果在迭代中，已经到达终止状态 s'，那么此时的 $\hat{v}(s, \omega) = 0$。通过学习策略梯度法和演员－评论家算法我们知道，这两种算法的学习不再是学习某个动作对应的期望值 Q，而是直接学习在当前环境中应该采取的策略，也就是利用策略梯度法算出每个动作 a 对应的概率，不好的动作的概率会小，好的动作的概率会大。这样做之后，将有更好的收敛性。

11.2.2　演员－评论家算法实现

演员－评论家算法在应用中收敛效果好，能够有效地防止局部最优，同时对高维或者连续性的动作能够使得训练和输出的结果都更高效。

同样，我们还是要使用演员－评论家算法与 Gym 中的 CartPole-v0 游戏进行结合，实现这个游戏。读者可结合上一节中的算法流程，了解算法和环境是如何连接在一起的，以此来对算法应用的理解有一个很好的提升。

【例 11-2】利用演员－评论家算法实现 CartPole-v0 的游戏。

```
#导入numpy库，便于后面的矩阵的计算
import numpy as np
#导入tensorflow库，便于库中变量的使用
import tensorflow as tf
#导入gym库，便于后面对环境的调用
import gym
#导入画图模块
import matplotlib.pyplot as plt


#  对超参数的设定
#最大回合数
MAX_EPISODE = 200
#每一回合中最大的时间步
MAX_EP_STEPS = 200
#  时间差分法的奖励折扣
GAMMA = 0.9
#  演员网络的学习率
LR_A = 0.001
#  评论家网络的学习率
LR_C = 0.01
```

```python
#对Gym中的环境进行调用
env = gym.make('CartPole-v0')
env.seed(1)
env = env.unwrapped
#环境中的状态和动作空间
N_F = env.observation_space.shape[0]
N_A = env.action_space.n


#搭建演员网络
class Actor(object):
    def __init__(self, sess, n_features, n_actions, lr=0.001):
        self.sess = sess
        #状态
        self.s = tf.placeholder(tf.float32, [1, n_features], "state")
        #动作
        self.a = tf.placeholder(tf.int32, None, "act")
        #时间差分误差
        self.td_error = tf.placeholder(tf.float32, None, "td_error")  # TD_error

        #对演员的参数进行初始化
        with tf.variable_scope('Actor'):
            l1 = tf.layers.dense(
                inputs=self.s,
                units=20,    #隐藏层的单元
                activation=tf.nn.relu,
                kernel_initializer=tf.random_normal_initializer(0., .1),  #权重
                bias_initializer=tf.constant_initializer(0.1),  #偏置
                name='l1'
            )

            self.acts_prob = tf.layers.dense(
                inputs=l1,
                units=n_actions,   #输出的单元
                activation=tf.nn.softmax,   #通过softmax函数获取动作概率
                kernel_initializer=tf.random_normal_initializer(0., .1),   #权重
                bias_initializer=tf.constant_initializer(0.1),   #偏置
                name='acts_prob'
            )

        #演员网络的损失函数
        with tf.variable_scope('exp_v'):
            #使用平方差
            log_prob = tf.log(self.acts_prob[0, self.a])
            #时间差分误差
            self.exp_v = tf.reduce_mean(log_prob * self.td_error)

        #演员网络的优化器
        with tf.variable_scope('train'):
            self.train_op = tf.train.AdamOptimizer(lr).minimize(-self.exp_v)
    #演员网络训练
```

```
    def learn(self, s, a, td):
        #对状态的存储格式进行转换，便于神经网络的输入
        s = s[np.newaxis, :]
        feed_dict = {self.s: s, self.a: a, self.td_error: td}
        #计算误差
        _, exp_v = self.sess.run([self.train_op, self.exp_v], feed_dict)
        return exp_v

    #演员网络的动作选择
    def choose_action(self, s):
        #对状态的存储格式进行转换，便于神经网络的输入
        s = s[np.newaxis, :]
        #从神经网络中获得所有动作值的概率
        probs = self.sess.run(self.acts_prob, {self.s: s})
        #返回一个动作值
        return np.random.choice(np.arange(probs.shape[1]), p=probs.ravel())


#搭建评论家网络
class Critic(object):
    #对评论家网络中的参数进行设定
    def __init__(self, sess, n_features, lr=0.01):
        self.sess = sess
        #状态
        self.s = tf.placeholder(tf.float32, [1, n_features], "state")
        #下一状态的Q值
        self.v_ = tf.placeholder(tf.float32, [1, 1], "v_next")
        #奖励
        self.r = tf.placeholder(tf.float32, None, 'r')
        #对评论家网络参数进行规划
        with tf.variable_scope('Critic'):
            #对评论家网络参量进行设定
            l1 = tf.layers.dense(
                inputs=self.s,
                units=20,   #隐藏层单元数
                activation=tf.nn.relu,   #激活函数
                kernel_initializer=tf.random_normal_initializer(0., .1), #设置权重参数
                bias_initializer=tf.constant_initializer(0.1),   #设置偏置参数
                name='l1'
            )
            #为v值包含的参量进行设定
            self.v = tf.layers.dense(
                inputs=l1,
                units=1,   #输出单元
                activation=None,   #不需要激活函数
                kernel_initializer=tf.random_normal_initializer(0., .1), #设置权重参数
                bias_initializer=tf.constant_initializer(0.1),   #设置偏置参数
                name='V'
            )

        #计算时间差目标值TD_error = (r+gamma*V_next) - V_eval和误差
```

```
            with tf.variable_scope('squared_TD_error'):
                self.td_error = self.r + GAMMA * self.v_ - self.v
                self.loss = tf.square(self.td_error)

        #评论家网络的优化器
          with tf.variable_scope('train'):
                #对网络进行优化
                self.train_op = tf.train.AdamOptimizer(lr).minimize(self.loss)
    #评论家网络的训练
    def learn(self, s, r, s_):
            #对当前状态和下一状态进行维度的扩充，以便神经网络的输入
            s, s_ = s[np.newaxis, :], s_[np.newaxis, :]
            #得到下一状态的Q值
            v_ = self.sess.run(self.v, {self.s: s_})
            #计算时间差分误差
            td_error, _ = self.sess.run([self.td_error, self.train_op],
                                        {self.s: s, self.v_: v_, self.r: r})
            #返回差分结果
            return td_error


#运行上述设定的变量
sess = tf.Session()
#对演员、评论家的参数进行设定
actor = Actor(sess, n_features=N_F, n_actions=N_A, lr=LR_A)
critic = Critic(sess, n_features=N_F, lr=LR_C)
#所有的变量初始化
sess.run(tf.global_variables_initializer())


#经验轨迹迭代
for i_episode in range(MAX_EPISODE):
    #环境初始化
    s = env.reset()
    t = 0
    track_r = []
    #遍历该经验轨迹
    while True:
        #刷新环境
        env.render()
        #根据策略网络（演员网络）选择动作
        a = actor.choose_action(s)
        #执行动作获得下一步状态、奖励、任务是否完成，以及其他信息
        s_, r, done, info = env.step(a)
        #更新奖励
        if done: r = -20
        track_r.append(r)
        #根据评论家网络计算时间差分误差
        td_error = critic.learn(s, r, s_)
        #更新策略网络
        actor.learn(s, a, td_error)
        #保存新的状态
```

```
        s = s_
        #记录执行次数
        t += 1
        #游戏结束输出经验数和奖励值
        if done or t >= MAX_EP_STEPS:
            ep_rs_sum = sum(track_r)
                #将奖励值添加到全局变量中
            if 'running_reward' not in globals():
                running_reward = ep_rs_sum
            else:
                running_reward = running_reward * 0.95 + ep_rs_sum * 0.05
            print("episode:", i_episode, "  reward:", int(running_reward))
            break
#画出奖励值和时间步的关系
plt.plot(np.arange(len(track_r)), track_r)
plt.title('AC reward' )
plt.xlabel('time step')
plt.ylabel(' moving reward')
plt.show()
```

AC 算法能够在 PG 算法上改善噪声和方差，并且它能够相对准确地对动作值函数 $Q^{\pi_\theta}(s, a)$ 做出估计，然后用动作值函数指导下的动作去更新策略，这样能够相对准确地找到最优的策略。在如图 11-2 所示的单步奖励值中可以明显地看出，噪声和方差有了很大改善，图像更加缓和，波动幅度也不大，但是其单步奖励值变小了，也就是运行的速度慢了，需要更多的迭代次数才能达到更高的奖励值。

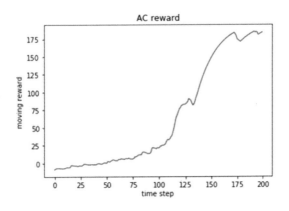

图 11-2　AC 算法奖励值显示

11.3　优势演员 – 评论家算法

优势演员 – 评论家算法（Advantage Actor-Critic，A2C）在 AC 算法中将评论家对动作好坏的评判做了进一步的提升，使得智能体能够以更大概率选择奖励值大的动作，进而优化整个算法。

11.3.1　优势演员 – 评论家算法原理

A2C 使用优势函数代替评论家网络中的原始回报，可以作为衡量选取动作值和所有动作平均值好坏的指标。

将优势函数表示为：

$$A_\pi(s, a) = Q_\pi(s, a) - V_\pi(s) \tag{11.12}$$

式中各个部分对应的解释如下。

❑ 状态值函数 $V_\pi(s)$：该状态下所有可能动作所对应的动作值函数乘以采取该动作的概率的和。

❑ 动作值函数 $Q_\pi(s, a)$：该状态下的 a 动作对应的值函数。

❑ 优势函数 $A_\pi(s, a)$：动作值函数相比于当前状态值函数的优势。

如果优势函数 $A_\pi(s, a)$ 大于 0，则说明该动作比平均动作好，如果优势函数 $A_\pi(s, a)$ 小于 0，则说明当前动作还不如平均动作好。通过优势函数的简化，我们可以很容易得到结果。A2C 的算法大多都还是在 AC 算法的框架上进行的，仅仅是在动作的选择上做了优化，能够使得选到好的动作值的概率增大。具体的算法流程如下。

输入：

可微分的策略参数化表示的 $\pi_\theta(s, a, \theta)$

可微分的状态值函数参数化表示的 $\hat{v}(s, \omega)$

参数：

步长参数 α^θ，$\alpha^\theta > 0$

步长参数 α^ω，$\alpha^\omega > 0$

初始化：

策略权重参数 θ

状态值权重参数 ω

迭代次数 M

更新时间步 T

循环：从 1 到 M 迭代经验轨迹：

初始化本次经验轨迹中的状态 s

给定衰减系数，$I=1$

循环：在经验轨迹中从 $t=1$ 到 T 迭代时间步

根据策略选择动作 $a \sim \pi_\theta(\cdot|s)$

执行动作 a 得到下一状态值 s' 和奖励 r

$\delta \leftarrow r + \gamma \hat{v}(s', \omega) - \hat{v}(s, \omega)$

$\omega \leftarrow \omega + \alpha^\omega I \delta \nabla_\omega \hat{v}(s, \omega)$，更新评论家参数

$\theta \leftarrow \theta + \alpha^\theta I \nabla_\theta \log \pi_\theta(a|s)$，更新演员参数

$I \leftarrow \gamma I$，更新衰减系数

$s \leftarrow s'$，更新状态

11.3.2　优势演员－评论家算法实现

优势演员－评论家算法（A2C）在演员－评论家算法（AC）的基础上，对动作值的选取做了一些优化，能够在一定程度上使得结果收敛速度加快。

同样，我们还是使用 Gym 中的小游戏 CartPole-v0 来演示算法的实现。

【例 11-3】利用优势演员－评论家算法实现 CartPole-v0 游戏。

```
#导入gym库，便于后面对环境的调用
import gym
#导入numpy库，便于后面的矩阵的计算
import numpy as np
#导入tensorflow库，便于库中变量的使用
import tensorflow as tf
#导入画图模块
import matplotlib.pyplot as plt

#搭建记忆库
class Memory(object):
    def __init__(self):
        self.ep_obs, self.ep_act, self.ep_rwd = [], [], []
    #用于存储记忆
    def store_transition(self, obs0, act, rwd):
        self.ep_obs.append(obs0)
        self.ep_act.append(act)
        self.ep_rwd.append(rwd)

    #将数据存入数组中，以便后面读取计算
    def covert_to_array(self):
        array_obs = np.vstack(self.ep_obs)
        array_act = np.array(self.ep_act)
        array_rwd = np.array(self.ep_rwd)
        return array_obs, array_act, array_rwd

    #对状态动作奖励进行重建
    def reset(self):
        self.ep_obs, self.ep_act, self.ep_rwd = [], [], []
```

```python
#演员网络
class ActorNetwork(object):
    def __init__(self, act_dim, name):
        self.act_dim = act_dim
        self.name = name
    #通过网络获取动作值概率
    def step(self, obs, reuse):
        with tf.variable_scope(self.name, reuse=reuse):
            h1 = tf.layers.dense(obs, 10, activation=tf.nn.tanh,kernel_
initializer=tf.random_normal_initializer(mean=0, stddev=0.3))
            act_prob = tf.layers.dense(h1, self.act_dim, None,kernel_initializer=
tf.random_normal_initializer(mean=0, stddev=0.3))
            return act_prob

    #利用softmax的分类器选择出动作概率值
    def choose_action(self, obs, reuse=False):
        act_prob = self.step(obs, reuse)
        #利用softmax分类器传递概率
        softmax_act_prob = tf.nn.softmax(act_prob, name='act_prob')
        #返回所需动作值概率
        return softmax_act_prob

    #得到交叉熵
    def get_cross_entropy(self, obs, act, reuse=True):
        act_prob = self.step(obs, reuse)
        cross_entropy = tf.nn.sparse_softmax_cross_entropy_with_logits(logits=act_
prob, labels=act)
        return cross_entropy

#策略网络
class ValueNetwork(object):
    def __init__(self, name):
        self.name = name
    def step(self, obs, reuse):
        with tf.variable_scope(self.name, reuse=reuse):
            h1 = tf.layers.dense(obs, 10, activation=tf.nn.tanh,kernel_
initializer=tf.random_normal_initializer(mean=0, stddev=0.3))
            value = tf.layers.dense(h1, 1, None,kernel_initializer=
tf.random_normal_initializer(mean=0, stddev=0.3))
            return value

    #执行状态得到策略值
    def get_value(self, obs, reuse=False):
        value = self.step(obs, reuse)
        return value

#演员-评论家网络
class ActorCritic:
    def __init__(self, act_dim, obs_dim, lr_actor, lr_value, gamma):
        self.act_dim = act_dim
        self.obs_dim = obs_dim
```

```
          self.lr_actor = lr_actor
          self.lr_value = lr_value
          self.gamma = gamma
          #对状态值设定
          self.OBS = tf.placeholder(tf.float32, [None, self.obs_dim],
name="observation")
          #对动作值设定
          self.ACT = tf.placeholder(tf.int32, [None], name="action")
          #对Q值设定
          self.Q_VAL = tf.placeholder(tf.float32, [None, 1], name="q_value")
          #对演员网络命名
          actor = ActorNetwork(self.act_dim, 'actor')
          #对评论家网络命名
          critic = ValueNetwork('critic')
          #对记忆库设定
          self.memory = Memory()
          #由状态生成动作
          self.act = actor.choose_action(self.OBS)
          #对交叉熵设定
          cross_entropy = actor.get_cross_entropy(self.OBS, self.ACT)
          #对值函数设定
          self.value = critic.get_value(self.OBS)
          #对优势函数设定
          self.advantage = self.Q_VAL - self.value
          #设定演员网络的误差
          actor_loss = tf.reduce_mean(cross_entropy * self.advantage)
          self.actor_train_op = tf.train.AdamOptimizer(self.lr_actor).
minimize(actor_loss)
          #设定值函数的误差
          value_loss = tf.reduce_mean(tf.square(self.advantage))
             self.value_train_op = tf.train.AdamOptimizer(self.lr_value).
minimize(value_loss)
          #运行所有的变量
          self.sess = tf.Session()
          self.sess.run(tf.global_variables_initializer())


#规定智能体运动方式
    def step(self, obs):
        if obs.ndim < 2: obs = obs[np.newaxis, :]
        prob_weights = self.sess.run(self.act, feed_dict={self.OBS: obs})
        #由动作状态概率值选择动作值
        action = np.random.choice(range(prob_weights.shape[1]), p=prob_weights.
ravel())
        #由状态得到状态值函数
        value = self.sess.run(self.value, feed_dict={self.OBS: obs})
        return action, value


    #智能体学习过程
    def learn(self, last_value, done):
    #从记忆库中调取状态、动作和奖励
```

```
        obs, act, rwd = self.memory.covert_to_array()
        #根据状态值和奖励计算q值
        q_value = self.compute_q_value(last_value, done, rwd)
        #运行动作值函数和状态值函数
        self.sess.run(self.actor_train_op, {self.OBS: obs, self.ACT: act, self.
Q_VAL: q_value})
        self.sess.run(self.value_train_op, {self.OBS: obs, self.Q_VAL: q_value})
        #记忆库重建
        self.memory.reset()

    def compute_q_value(self, last_value, done, rwd):
        q_value = np.zeros_like(rwd)
        value = 0 if done else last_value
        for t in reversed(range(0, len(rwd))):
            value = value * self.gamma + rwd[t]
            q_value[t] = value
        return q_value[:, np.newaxis]

#对运行环境调用
env = gym.make('CartPole-v0')
env.seed(1)
env = env.unwrapped
#用于存储奖励值
GLOBAL_RUNNING_R = []

#对A2C网络中的参数进行设定
A2C = ActorCritic(act_dim=env.action_space.n, obs_dim=env.observation_space.
shape[0], lr_actor=0.01, lr_value=0.02, gamma=0.99)
#规定迭代次数
nepisode = 1000
#规定时间步
nstep = 200

#迭代经验轨迹
for i_episode in range(nepisode):
#创建环境
    obs0 = env.reset()
#初始化回合奖励
    ep_rwd = 0
    #判断任务是否完成
    while True:
        #刷新环境
        env.render()
        #根据状态选择动作
        act, _ = A2C.step(obs0)
        #执行动作获得下一步状态、奖励、任务是否完成，以及其他信息
        obs1, rwd, done, info = env.step(act)
        #将上一步中的状态等信息存储到记忆库中
        A2C.memory.store_transition(obs0, act, rwd)
        #计算累计奖励值
```

```
        ep_rwd += rwd
        #更新状态
        obs0 = obs1
        #进一步判断任务是否完成，如果没有完成就继续运行
        if done:
            _, last_value = A2C.step(obs1)
            A2C.learn(last_value, done)
            break
    #将奖励值存储到数列中
    GLOBAL_RUNNING_R.append(ep_rwd)
    #画出奖励值和时间步的关系
    plt.plot(np.arange(len(GLOBAL_RUNNING_R)), GLOBAL_RUNNING_R)
    plt.title('A2C reward' )
    plt.xlabel('time step')
    plt.ylabel(' moving reward')
    plt.show()
    #输出迭代次数及每一回合的奖励值
print('Ep: %i' % i_episode, "|Ep_r: %i" % ep_rwd)
```

　　运行 A2C 算法，将算法和环境相结合，随着迭代次数的增加，奖励值在逐步提升。在最开始的时候，虽然有些回合中存在着一些不如之前奖励值的情况，但是通过不断的训练，可以明显地看出随着迭代回合数的增加，奖励值在不断的上升，如图 11-3 所示。这就说明，利用 A2C 算法能够使得 CartPole-v0 模型收敛。由于展示图形的有限，不能显示更多时间步的结果。迭代次数增多后，观察到的效果会更加明显，这就需要读者自己动手去操作了。

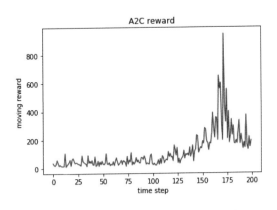

图 11-3　A2C 算法奖励值显示

11.4　异步优势演员 – 评论家算法

　　我们知道，直接使用更新策略的方法其迭代速度是很慢的。为了提高迭代的速度，异

步优势演员 – 评论家算法（Asynchronous Advantage Actor-Critic，A3C）被提出来了。其采用多线程并行的思想，大大加快了运算的速度。

A3C 算法在提升训练速度方面采用了异步训练的思想，即同时启动多个训练环境，同时进行采样，并直接使用采集的样本进行训练。相比 DQN 算法，A3C 算法不需要使用经验池来存储历史样本，节约了存储空间。并且采用异步训练，大大加快了数据的采样速度，因此也提升了训练速度。与此同时，采用多个不同训练环境采集样本，样本的分布更加均匀，更有利于神经网络的训练。

11.4.1 异步优势演员 – 评论家算法原理

A3C 算法完全使用了 AC 算法的框架，并且引入了异步训练的思想，在提升性能的同时也大大加快了训练速度。A3C 算法的基本思想与 AC 算法的基本思想是一样的，它对输出的动作的好坏进行评估，如果动作被认为是好的，那么就调整演员网络（Actor Network）使该动作出现的概率增加，反之如果动作被认为是坏的，则调整演员网络使该动作出现的概率减少。通过反复的训练，不断调整演员网络，能够尽快找到最优动作。在 A3C 算法中，我们将式（11.12）中的 $Q_\pi(s, a)$ 通过单步采样近似估计，即：

$$Q_\pi(s,a) = R + \gamma V(s') \tag{11.13}$$

这样优势函数去掉动作后可以表示为：

$$A(s,t) = R + \gamma V(s) - V(s) \tag{11.14}$$

其中，$V(s)$ 是在评论家网络中获得的。

为了更好地平衡模型的偏置和方差，A3C 算法使用了多步回报法，通过这个方法能够在早期更快地提升价值模型。这样的优势函数又可以表示为：

$$A(s,t) = \sum_{i=1}^{n} \gamma^{i-1} r_{t+1} + V(s') - V(s) \tag{11.15}$$

当然，为了增加模型的探索性，模型的目标函数中引入了策略的熵。最后得到的完整的策略梯度计算公式为：

$$\nabla_\theta J(\theta) = \frac{1}{T} \sum_t^T \nabla_\theta \log \pi(a_t \mid s_t; \theta) \left(\sum_{i=1}^{n} \gamma^{i-1} r_{t+1} + v(s') - v(s_t) \right) + \beta \nabla_\theta H(\pi(s_t; \theta)) \tag{11.16}$$

相比 AC，A3C 的优化主要有 3 点：异步训练框架，网络结构优化，Critic 评估点的优化。其中异步训练框架是最大的优化。

一般演员网络的输出有两种方式：一种是概率的方式，即输出某一个动作的概率；另一种是确定性的方式，即输出具体的某一个动作。

A3C 采用的是概率输出的方式。因此，我们从评论家的模块中得到对动作的评价，然后用输出动作的对数似然值（Log Likelihood）乘以动作的评价，作为演员网络的损失函数。演员网络的目标是最大化这个损失函数，即如果动作评价为正，就增加其概率，反之则减少，符合 AC 的基本思想。有了演员网络的损失函数，也就可以通过随机梯度下降的方式进行参数的更新。

为了使算法取得更好的效果，如何准确地评价动作的好坏也是算法的关键。A3C 在动作价值 Q 的基础上，使用优势 A（Advantage）作为动作的评价。优势 A 是指动作 a 在状态 s 下相对其他动作的优势。假设状态 s 的价值是 V，那么 $A = Q - V$。这里的动作价值 Q 是指在状态 s 下 a 的价值，与 V 的含义不同。从直观上来看，采用优势 A 来评估动作更为准确。因此，A3C 算法调整了评论家评判模块的价值网络，让其输出 V 值，然后使用多步的历史信息来计算动作的 Q 值，从而得到优势 A，进而计算出损失函数，对演员网络进行更新。A3C 算法的具体流程如下。

输入：

　全局策略模型参数 θ

　全局价值模型参数 ω

　线程内部的策略模型参数 θ'

　线程内部的价值模型参数 ω'

　全局共享计数器为 $T=0$

初始化：

　线程计数器 $t=1$

循环：

　重置 Actor 和 Critic 的梯度参数，$\mathrm{d}\theta \leftarrow 0$，$\mathrm{d}\omega \leftarrow 0$

　从全局的 A3C 神经网络同步到线程的神经网络，$\theta'=\theta$，$\omega'=\omega$

　$t_{\text{start}}=t$

　获取当前状态 s_t

　循环：

　　基于策略 $\pi(a_t \mid s_t; \theta)$ 选择动作 a_t

　　执行动作 a_t，获得奖励 r_t 和下一步的状态 s_{t+1}

　　更新参数 $t \leftarrow t+1$

　　更新计数器 $T \leftarrow T+1$

　　若当前状态 s_t 为终止状态或达到截断长度 $t - t_{\text{start}}=t_{\max}$，则返回初始循环，继续基于策略选择动作；否则就计算最后一个时间序列 s_t 的价值函数 $Q(s, t)$

$$Q(s,t) = \begin{cases} 0 & \text{终止状态} \\ V(s_t, \omega') & \text{非终止状态} \end{cases}$$

循环：从 $i=t-1$ 到 t_{start}

    计算每个时刻的 $Q(s, i)$，$Q(s, i) = r + \gamma Q(s, i + 1)$

    累计 Actor 的梯度，$d\theta \leftarrow d\theta + \nabla_\theta \log \pi_\theta(s_i, a_i)(Q(s, i) - V(s_i, w'))$

    累计 Critic 的梯度，$d\omega \leftarrow d\omega + \dfrac{\partial(Q(s,i) - V(s_i, \omega'))^2}{\partial \omega'}$

    使用 $d\theta$、$d\omega$ 更新全局参数，$\theta = \theta - \alpha d\theta$，$\omega = \omega - \beta d\omega$

    当 $T > T_{max}$，结束算法

    输出：

    全局参数 θ、ω

11.4.2 异步优势演员－评论家算法实现

异步优势演员－评论家算法（A3C）在演员－评论家算法（AC）的基础上，首次采用了多线程并行的思想，提高了数据的收集速度。A3C 算法通过对输出的动作进行好坏评估，如果动作被认为是好的，那么就调整网络使该动作出现的可能性增加，通过反复的训练，不断调整行动网络，最终找到最优的动作。

同样，我们还是使用 Gym 中的小游戏 CartPole-v0 来演示 A3C 算法的实现。

【例 11-4】利用异步优势演员－评论家算法实现 CartPole-v0 的游戏。

```
#导入tensorflow库，便于库中变量的使用
import tensorflow as tf
#导入numpy库，便于后面的矩阵的计算
import numpy as np
#调入游戏库中的游戏模型
import gym
#导入画图模块
import matplotlib.pyplot as plt
#对于程序所需要的参数，argparse可以进行正确的解析。另外，它还可以自动生成help和 usage信息，当
程序的参数无效时，它可以自动生成错误信息
import argparse
#创建一个有序的列表，并且可以从两端进行删除和插入，以提高效率
from collections import deque
#global指定全局变量、奖励总值
global total_rewards
total_rewards = deque(maxlen=100)
total_rewards.append(0)
#指定全局变量、回合数
global episode
episode = 0
```

```python
#创建多线程，以节省时间，提高效率
import threading
#调用gym中的游戏CartPole-v0
env = gym.make('CartPole-v0')

#搭建演员评论家的网络
class ActorCritic():
    #给新对象赋初值
    def __init__(self, input_size, output_size, optimizer, name):
        #设定输入大小
        self.input_size = input_size
        #设定输出大小
        self.output_size = output_size
        #设定优化器
        self.optimizer = optimizer
        #设定变量名称
        self.name = name
        #设定隐含层的数目
        self.hidden1 = 128
        #设定网络建立
        self._build_network()

    #搭建网络
    def _build_network(self):
        #定义变量初值
        with tf.variable_scope(self.name):
            #状态输入
            self.state = tf.placeholder(dtype=tf.float32, shape=[None, self.
input_size], name='state')
            #定义全连接层，用于后面生成动作和评论家的反馈
            self.dense1 = tf.layers.dense(inputs=self.state, units=self.
hidden1, activation=tf.nn.relu, kernel_initializer=tf.contrib.layers.xavier_
initializer())
            #动作的输出
            self.actor_output = tf.layers.dense(inputs=self.dense1, units=self.
output_size, activation=tf.nn.softmax, kernel_initializer=tf.contrib.layers.
xavier_initializer())
            #评论家的输出
            self.critic_output = tf.layers.dense(inputs=self.dense1, units=1,
activation=None, kernel_initializer=tf.contrib.layers.xavier_initializer())
            #检查全局网络是否命名正确
            if self.name != 'global_network':
                #奖励值
                self.advantages = tf.placeholder(dtype=tf.float32,
name='advantages')
                #目标值
                self.targets = tf.placeholder(dtype=tf.float32, name='targets')
                #动作值
                self.actions = tf.placeholder(dtype=tf.int32, name='actions')
                #评论家的误差，tf.squared_difference计算张量self.targets和self.
```

```
                    #critic_output的差的平方
                    self.critic_loss = tf.reduce_mean(tf.squared_difference(self.
Targets, self.Critic_output))
                    #输出动作序列
                    self.actions_one_hot = tf.squeeze(tf.one_hot(self.actions, self.
output_size, dtype=tf.float32))
                    #使用平方差
                    self.log_probs = tf.log(tf.reduce_sum(self.actor_output * self.
actions_one_hot))
                    #动作loss的计算
                    self.actor_loss = -tf.reduce_mean(self.log_probs * self.
advantages)
                    self.entropy = - tf.reduce_sum(self.actor_output * tf.log(self.
actor_output))
                    #对误差的计算
                    self.loss = self.actor_loss + self.critic_loss - 0.01 * self.
entropy
                    #对所有变量的整合
                    local_variables = tf.get_collection(tf.GraphKeys.
TRAINABLE_VARIABLES, self.name)
                    #设定梯度参数
                    self.gradients = tf.gradients(self.loss, local_variables)
                    #全局变量的设定
                    global_variables = tf.get_collection(tf.GraphKeys.
TRAINABLE_VARIABLES, 'global_network')
                    #zip将self.gradients, global_variables的元素打包成元组
                    self.apply_gradients = self.optimizer.apply_gradients(zip(self.
gradients, global_variables))


    #对动作的选择
    def get_action(self, sess, state):
    #规定状态的形式
        state = np.reshape(state, newshape=[-1, self.input_size])
        #根据当前状态计算动作值概率
        prob = sess.run(self.actor_output, feed_dict={self.state: state})
        #根据上一步中的动作值概率选取相对好的动作
        action = np.random.choice(self.output_size, p=prob[0])
        #返回动作
        return action

    #值函数中的状态产生
    def get_value(self, sess, states):
        #对状态的生成
        states = np.reshape(np.array(states), newshape=[-1, self.input_size])
        return sess.run(self.critic_output, feed_dict={self.state: states})

#记忆库的创建
class Memory(object):
    #初始化参数
    def __init__(self):
```

```
            self.states = []
            self.actions = []
            self.rewards = []

        #对参数的存储
        def store(self, state, action, reward):
            self.states.append(state)
            self.actions.append(action)
            self.rewards.append(reward)

        #对参数清零
        def clear(self):
            self.states = []
            self.actions = []
            self.rewards = []

#A3C算法的主要流程
def main():
        #创建一个解析器
        #创建ArgumentParser对象，包含将命令行解析成Python数据类型所需的全部信息
        parser = argparse.ArgumentParser(description='parameter sets')
        #给一个 ArgumentParser 添加程序参数信息是通过调用add_argument()方法完成的
parser.add_argument('--input-size', type=int, default=env.observation_space.
shape[0], help='network input size')
        parser.add_argument('--output-size', type=int, default=env.action_space.n,
help='network output size')
        parser.add_argument('--learning-rate', type=float, default=1e-4,
help='learning_rate')
        parser.add_argument('--num-workers', type=int, default=1, help='number of
workers')
        parser.add_argument('--gamma', type=float, default=0.99, help='discount
factor, gamma')
        parser.add_argument('--env-name', type=str, default='CartPole-v0', help='game
environment name')
        parser.add_argument('--n-step', type=int, default=4, help='number of
transaction with environment')
#利用parse_args()方法解析参数
#它检查命令行，把每个参数转换为适当的类型，然后调用相应的操作
        args = parser.parse_args()
        with tf.device('/cpu:0'):
            optimizer = tf.train.AdamOptimizer(args.learning_rate)
                global_network = ActorCritic(args.input_size, args.output_size,
optimizer, name='global_network')
                #使得智能体运动起来
                with tf.Session() as sess:
                    agents = [Agent(args.env_name, global_network, args.input_size,
args.output_size, n_step=args.n_step,gamma=args.gamma, optimizer=optimizer,
sess=sess, index=_)

#完成一次任务后刷新环境、初始化变量
```

```
    for _ in range(1, args.num_workers + 1)]
            sess.run(tf.global_variables_initializer())
            #导入时间模块
            import time
            #不断刷新智能体的状态
            for agent in agents:
                time.sleep(5)
                agent.start()
                [agent.join() for agent in agents]


#对智能体的运动进行设定
class Agent(threading.Thread):
    #设置初始状态
    def __init__(self, env_name, global_network, input_size,
                    output_size, n_step, gamma, optimizer, sess, index):
        super(Agent, self).__init__()
        self.env_name = env_name
        self.env = gym.make(env_name)
        self.global_network = global_network
        self.input_size = input_size
        self.output_size = output_size
        self.sess = sess
        self.optimizer = optimizer
        self.n_step = n_step
        self.gamma = gamma
        self.index = str(index)
        #从演员评论家网络中调取输入和输出的大小及优化器
        self.local_network = ActorCritic(self.input_size, self.output_size,
                                        self.optimizer,
                                        name='local' + self.index)
        self.GLOBAL_RUNNING_R = []
    #让环境和算法进行交互
    def run(self):
        global episode
        memory = Memory()
        #当奖励的平均值没有达到理想值时，就一直进行训练
        while np.mean(total_rewards) <= 195:
            state = env.reset()
            env.render()
            episode += 1
            done = False
            step = 0
            #判断任务是否完成，未完成就继续迭代经验轨迹
            while not done:
                #根据local_network选取动作
                action = self.local_network.get_action(self.sess, state)
                #执行动作产生下一状态、奖励值、游戏是否结束
                next_state, reward, done, _ = env.step(action)
                #reward_sum += reward
                #对信息的存储
```

```
memory.store(state, action, reward)
#判断是否继续运行或者游戏已结束
if ((step + 1) % self.n_step == 0) or done:
    if done:
        #已经结束就不再运行
        running_add = 0.
    else:
        running_add = self.local_network.get_value(self.sess, next_state)
    # 获取对应奖励值
    discounted_returns = np.zeros_like(memory.rewards)
    #在经验轨迹中
    for i in reversed(range(0, len(memory.rewards))):
        running_add = memory.rewards[i] + self.gamma * running_add
        discounted_returns[i] = running_add
    #利用A3C的计算公式计算所需值
    values = self.local_network.get_value(self.sess, memory.states)
    advantage = discounted_returns - values
    #计算损失值
    loss, _ = self.sess.run([self.local_network.loss, self.local_network
        .apply_gradients], feed_dict={self.local_network
        .state: memory.states, self.local_network.
        Advantages: advantage, self.local_network.
        targets: discounted_returns,self.local_network
        .actions: memory.actions})
#更新状态
    state = next_state
    #计算迭代次数
    step += 1
#输出迭代的次数及损失函数的值
print("Episode {0:6d}".format(episode), end='')
#将奖励值存储起来
self.GLOBAL_RUNNING_R.append(reward_sum)
#画出奖励和时间步的关系
plt.plot(np.arange(len(self.GLOBAL_RUNNING_R)),self.GLOBAL_RUNNING_R)
plt.title('A3C reward' )
plt.xlabel('time step')
plt.ylabel('moving reward')
plt.show()
if __name__ == '__main__':
    main()
```

对于图 11-4 是否觉得很疑惑？明明 A3C 的算法应该更优于其他的算法，为什么在奖励值上感觉其表现还不如 AC 算法呢？其实主要有两个原因：其一，程序中设置的迭代次数太少，不足以评价到底哪个算法功能更强；其二，当把迭代次数设置到很大的时候，优化算法之间的差异还是很大话，这时就需要考虑是否算法和游戏之间的匹配性有问题。因此，在处理实际中的一些问题时，不是说选择当下最火、运算最快的算法，而是结合情况选择合适的算法。最好的不一定是最合适的。

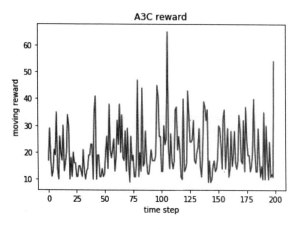

图 11-4　A3C算法奖励值显示

11.5　深度强化学习的发展趋势

　　深度学习领域的重要进展已经为强化学习和深度学习结合的领域带来了很多新的发展途径。尤其是深度学习带来的重要泛化能力，为处理大规模的高维状态和动作空间带来了新的可能性。它在与深度学习结合中可能的发展趋势有两种：其一，将优势算法微分化，将算法嵌入特定的神经网络中，实现端到端的训练，从而适用于在更抽象层面上的推理，这可以让智能算法在当前基础上进一步提升应用的范围，同时深度强化学习也可被用于分层学习中；其二，向元学习和终身学习的方向发展，将深度学习中的训练网络嵌入进来，以提升性能和改善训练时间。

　　深度强化学习作为现阶段人工智能的核心技术之一，使得包括无人驾驶在内的多个研究领域也迎来了里程碑式的进展，相关研究不断突破小样本（甚至零样本）阻碍，不断探索通用人工智能初始形态。

　　深度强化学习技术在信息科学各领域的应用已经无处不在，并且正在成为各自领域的发展方向，对医疗、法律、工程和金融等关键领域有着重大影响。

　　深度强化学习进一步发展的关键挑战是，如何将已完成训练的情况迁移到真实的情况中，这将是未来研究深度强化学习的重点方向。深度强化学习在未来几年里还会继续蓬勃发展，从而带来更高效的算法和更多新的应用。

11.6　思考与练习

1. 概念题

1）简述策略梯度的算法流程。

2）AC 算法在策略梯度算法上改进了哪些方面？

3）A2C 算法在 AC 算法上有什么方面的改进？

4）A3C 算法的优点有哪些？缺点有哪些？

2. 操作题

1）将 AC 算法应用到 Gym 库中的其他游戏。

2）将 A3C 算法应用到 Gym 库中的其他游戏。

推荐阅读

机器学习与深度学习：通过C语言模拟

作者：[日] 小高知宏 译者：申富饶 于僡 ISBN: 978-7-111-59994-4

本书以深度学习为关键字讲述机器学习与深度学习的相关知识，对基本理论的讲述通俗易懂，不涉及复杂的数学理论，适用于对机器学习与深度学习感兴趣的初学者。当前机器学习的书籍一般只讲述理论，没有具体的程序实例。有些以实例为主的机器学习书籍则依赖于一些函数库或工具，无法理解其内部算法原理。本书没有使用任何外部函数库或工具，通过C语言程序来实现机器学习和深度学习算法，读者不太理解相关理论时，可以通过C语言程序代码来进行学习。

本书从强化学习、蚁群最优化方法、神经网络、深度学习等出发，分阶段介绍机器学习的各种算法，通过分析C语言程序代码，实际执行C语言程序，使读者能快速步入机器学习和深度学习殿堂。

自然语言处理与深度学习：通过C语言模拟

作者：[日] 小高知宏 译者：申富饶 于僡 ISBN: 978-7-111-58657-9

本书详细介绍了将深度学习应用于自然语言处理的方法，并概述了自然语言处理的一般概念，通过具体实例说明了如何提取自然语言文本的特征以及如何考虑上下文关系来生成文本。书中自然语言文本的特征提取是通过卷积神经网络来实现的，而根据上下文关系来生成文本则利用了循环神经网络。这两个网络是深度学习领域中常用的基础技术。

本书通过实现C语言程序来具体讲解自然语言处理与深度学习的相关技术。本书给出的程序都能在普通个人电脑上执行。通过实际执行这些C语言程序，确认其运行过程，并根据需要对程序进行修改，读者能够更深刻地理解自然语言处理与深度学习技术。